医疗器械系列教材

医用电气安全工程

邹任玲　胡秀枋　编著

东南大学出版社
·南京·

内容提要

本书以国际医用电气安全标准 IEC 606.1 和国家标准 GB 9706.1 的检测标准为主线，紧紧围绕医用电气设备电气安全检测与性能检测两个方面，全面地阐述了医用设备电气安全检测的基本原理和方法，分析了典型医用设备电气安全性和故障发生的原因，研究运用电气安全检测、电气控制的方法获得安全的条件。同时，将最新的医用电气安全标准和更新的医疗设备安全以及安全检测设备内容编入教材，对提高医用电气设备操作人员和开发者的安全意识有较大帮助，也有助于减少仪器设计和使用不当所引起的医疗事故。本书适合医疗器械相关专业本、专科生的教学使用，也可作为医用电子仪器制造技术人员和医疗现场对医用电子仪器进行保养检查的临床工程师、安全技术人员及管理人员的参考书。

图书在版编目(CIP)数据

医用电气安全工程/邹任玲，胡秀枋编著.—南京：东南大学出版社，2008.8(2024.1重印)

(医疗器械系列教材)

ISBN 978-7-5641-0987-5

Ⅰ.医… Ⅱ.①邹… ②胡… Ⅲ.医用电气机械—安全技术—教材 Ⅳ.TH772

中国版本图书馆 CIP 数据核字(2008)第 114429 号

东南大学出版社出版发行

(南京四牌楼 2 号 邮编 210096)

出版人：江建中

各地新华书店经销 广东虎彩云印刷有限公司

开本：700mm×1000mm 1/16 印张：20.5 字数：387 千字

2008 年 8 月第 1 版 2024 年 1 月第 6 次印刷

ISBN 978-7-5641-0987-5

定价：39.80 元

(凡因印装质量问题，可与东大出版社营销中心联系。电话：025—83791830)

前言

医用电气设备的安全性因关系到人民的生命安全，备受世界各国的重视。在国际上于1978年由国际电工委员会制定并颁布IEC 601－1《医用电气设备安全通用标准》，中国依照国情于1995年制定并颁布GB 9706.1《医用电气设备第一部分：安全通用要求》，该标准为强制性执行标准。目前，关于医用电气安全方面的专业教材在国内未见公开出版，因此，我们比较系统、全面地编写了《医用电气安全工程》这本书，在一定程度上填补空白。同时，本书的公开出版将在一定程度上促进医用电气安全检测的普及，有利于标准的真正执行，确保医疗工作安全、有序进行，减少事故的发生，推动我国医疗器械行业质量安全的发展。

医用电气安全是一项综合性的工作，有医学工程技术的一面，也有组织管理的一面，两者密不可分。医用电气安全工作有两个主要任务，一方面研究各种电气安全事故的机理、原因、规律以及特点，另一方面寻找解决问题的方法，研究运用电气安全检测、电气控制的方法来获得安全的条件，以及评价系统的安全性。

本书以国际医用电气安全标准IEC 606.1和国家标准GB 9706.1的检测标准为主线，紧紧围绕医用电气设备电气安全检测与性能检测两个方面，全面地阐述了医用设备电气安全检测的基本原理和方法，分析了典型医用电气设备的安全性和故障发生的原因，有利于医患关系的沟通和理解。同时，将最新的医用电气安全标准、更新的医疗设备安全以及安全检测设备方面的内容编入教材，对提高医用电气设备操作人员和开发者的安全意识将会有较大的帮助，也有助于减少仪器设计和使用不当所引发的医疗事故。

本书共分九章，第一章介绍了电气设备有关安全方面的基础知识，如：普通用电气设备、防雷技术、接地技术、电气火灾事故防范、静电安全防护、电磁场防护等；第二章介绍了人和能量的关系，人体的物理特性，力、加速度和振动以及光和放射线对人体的作用，重点介绍了人体电流的生理效应；第三章介绍了医用电气设备的各种分类，医用电气设备漏电流的容许值及其制定，医用电气设备的电击防护措施等；第四、五章具体分析常用的几类医用电气设备的安全以及医用室的电气安全；第六章介绍了安全性能的测试方法；第七章介绍了医用电气设备的管理和保养，如：医用电气设备的前期管理、使用管理、报废管理以及医用电气设备的保养等；第八章从系统的角度讨论医用电气设备的安全性，分析人为的因素导致医用电气设备使用的错误，有助于改进仪器，提高系统的可靠性；附录重点介绍医用电气设备的通用标准 GB 9706.1 的内容，了解该标准对提高医用电气设备操作人员和开发者的安全意识的重要作用。

本书适合医疗器械相关专业本、专科生的教学使用，也可作为医用电子仪器制造技术人员、医疗现场对医用电子仪器进行保养检查的临床工程师、安全技术人员及管理人员的参考书。本书在编写过程中得到了上海理工大学周颖、徐秀林老师，上海医疗器械高等专科学校严红剑、胡兆燕等老师的热情指导，也得到了上海三菱电梯有限公司舒爱萍同志的大力帮助，谨在此表示衷心的感谢。

由于作者水平有限，加之时间仓促，书中难免存在不少错误和疏漏，敬请读者批评指正。

编　者

2017 年 1 月

目　录

第一章　电气安全工程基础

第一节　工业用电概述

一、发电与输电

发电厂按照所利用的能源种类可分为水力、火力、风力、核子能、太阳能、沼气等几种。现在世界各国建造最多的，主要是水力发电厂和火力发电厂。近几年来，核电站也发展较快。

各种发电厂中的发电机几乎都是三相同步发电机，分为定子和转子两个基本组成部分。定子由机座、铁心和三相绕组等组成，与三相异步电动机的定子基本相同。同步发电机的定子常称为电枢。同步发电机的转子是磁极，有显极和隐极两种。显极式转子具有凸出的磁极，励磁绕组绕在磁极上，如图 1-1 所示。隐极式转子是圆柱形，励磁绕组分布在转子表面大半个槽中，如图 1-2 所示。和同步电动机一样，励磁电流也是经电刷和滑环流入励磁绕组的。目前已采用半导体励磁系统，即将交流励磁机（也是一台三相发电机）的三相交流经三相半导体整流器转变为直流，供励磁用。

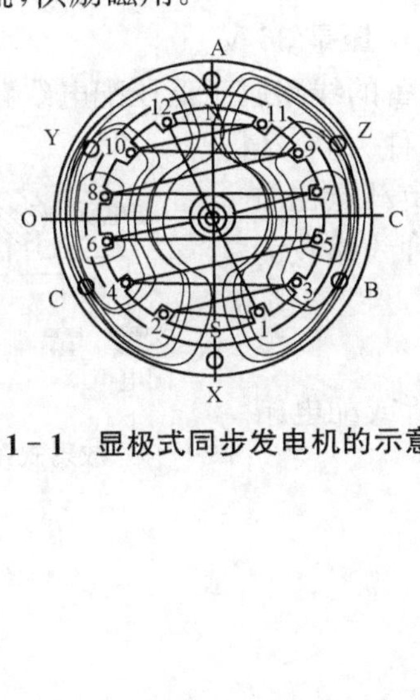

1-1　显极式同步发电机的示意图

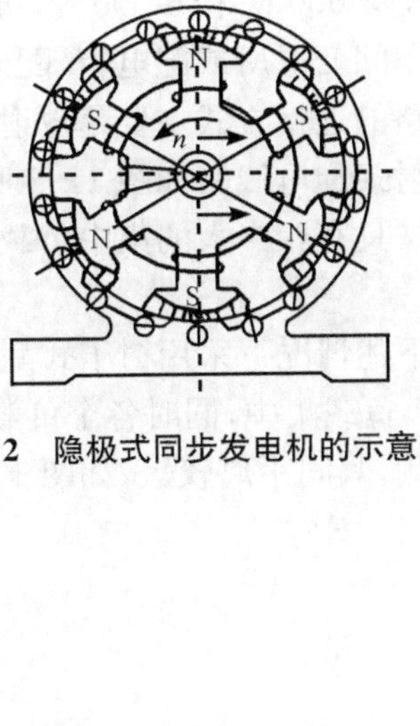

1-2　隐极式同步发电机的示意图

显极式同步发电机的结构较为简单，机械强度较低，适用于低速（通常 $n=$ 1 000 r/min 以下）。水轮发电机（原动机为水轮机）和柴油发电机（原动机为柴油机）皆为显极式。例如国产 550 MW 水轮发电机的转速为 142.9 r/min（极数为 42）。隐极式同步发电机的制造工艺较为复杂，但是机械强度较高，它用于高速（$n=$3 000 r/min 或 1 500 r/min）。汽轮发电机（原动机为汽轮机）多半为隐极式。

国产三相同步发电机的电压等级有 400/230 V 和 3.15 kV、6.3 kV、10.5 kV、13.8 kV、15.75 kV 和 18 kV 等多种。

大中型发电厂大多建在产煤地区或水力资源丰富的地区附近，距离用电地区往往是几十千米，几百千米以至一千千米以上。所以，发电厂生产的电能要用高压输电线输送到用电地区，然后再降压分配给各用户。电能从发电厂传输到用户，要通过导线系统，该系统称为电力网。

现在常常将同一地区的各种发电厂联合起来组成一个强大的电力系统。这样可以提高各发电厂的设备利用率，合理配备发电厂的负载，以提高供电的可靠性和经济性。

送电距离愈远，要求输电线的电压愈高。我国国家标准中规定输电线的额定电压为 35 kV、110 kV、220 kV、330 kV、500 kV 等。

二、工业配电

从输电线末端的变电所将电能分配给各工业企业和城市。工业企业设有中央变电所和车间变电所（小规模的企业往往只有一个变电所）。中央变电所接受送来的电能，然后分配到各车间，再由车间变电所或配电箱（配电板）将电能分配给各用电设备。高压配电线的额定电压有 3 kV、6 kV 和 10 kV 三种。低压配电线的额定电压是 380/220 V。用电设备的额定电压多半是 220 V 和 380 V，大功率电动机的电压是 3 000 V 和 6 000 V，机床局部照明的电压是 36 V。

从车间变电所或配电箱（配电板）到用电设备的线路属于低压配电线路。低压配电线路的连接方式主要是放射式和树干式两种。

放射式配电线路如图 1-3 所示。当各个负载点比较分散而又具有相当大的集中负载时，则采用这种线路较为合适。

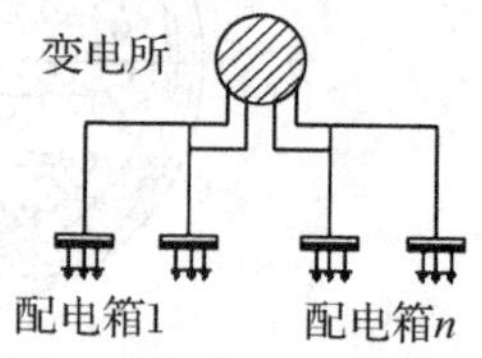

图 1-3　放射式配电线路

在下述情况下采用树干式配电线路：

(1) 负载集中，同时各个负载点位于变电所或配电箱的同一侧，其间距离较短，如图 1-4 所示。

(2) 负载比较均匀地分布在一条线上，如图 1－5 所示。

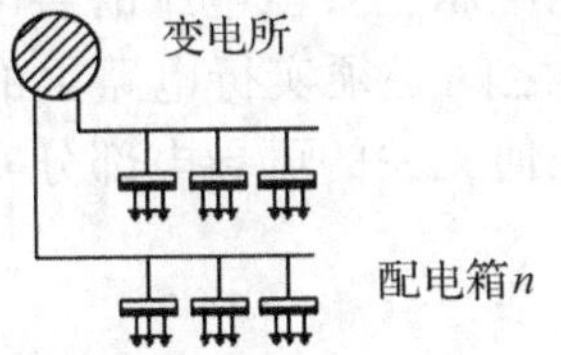

图 1－4　树干式配电线路 1

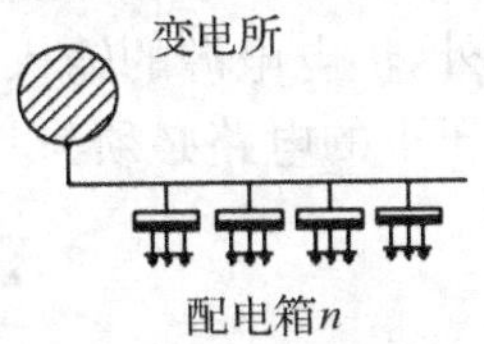

图 1－5　树干式配电线路 2

采用放射式或图 1－4 所示的树干式配电线路时，各级用电设备常通过总配电箱或分配电箱连接。用电设备既可独立地接到配电箱上，也可联成链状接到配电箱上。距配电箱较远，但彼此距离很近的小型用电设备直接接成链状，这样能节省导线。但是，同一链条上用电设备一般不得超过 3 个。

车间配电箱是放置于地面上(靠墙或靠柱)的一个金属柜。其中装有刀开关和管状熔断器。配出线路有 4～8 个不等。

采用图 1－5 的树干式配电线路时，干线一般采用母线槽。这种母线槽直接从变电所经开关引到车间，不经配电箱。支线再从干线经出线盒引到用电设备。

放射式和树干式这两种配电线路现在都被采用。放射式供电可靠，但敷设投资较高。树干式供电可靠性较低，因为一旦干线损坏或需要修理时，就会影响联在同一条线上的负载；但是树干式灵活性较大。另外，放射式与树干式比较，前者导线细，但总线路长，而后者则相反。

三、安全电压

选用安全电压是防止直接接触触电和间接接触触电的安全措施。根据欧姆定律，作用于人体的电压越高，通过人体的电流越大，因此，如果能限制可能施加于人体上的电压值，就能使通过人体的电流限制在允许的范围内。这种为防止触电事故而采用的由特定电源供电的电压系列称为安全电压。

安全电压值取决于人体的阻抗值和人体允许通过的电流值。人体对交流电是呈电容性的。在常规环境下，人体的平均总阻抗在 1 kΩ 以上，当人体处于潮湿环境、出汗、承受的电压增加以及皮肤破损时，人体的阻抗值都会急剧下降。国际电工委员会(IEC)制定了人体允许长期承受的电压极限值，称为通用接触电压极限。在常规环境下，交流(15～100 Hz)电压为 50 V，直流(非脉动波)电压为 120 V；在潮湿环境下：交流电压为 25 V，直流电压为 60 V。这就是说，在正常和故障情况下，交流安全电压的极限值为 50 V。我国规定工频有效值 42 V、36 V、24 V、12 V

和6 V为安全电压的额定值。电气设备安全电压值的选择应根据使用环境、使用方式和工作人员状况等因素选用不同等级的安全电压。安全电压的供电电源除采用独立电源外,供电电源的输入电路与输出电路之间必须实行电路上的隔离。工作在安全电压下的电路必须与其他电气系统和任何无关的可导电部分实行电气上的隔离。

第二节　防雷技术

一、雷电的形成与危害

雷电是雷云之间或雷云对地面放电的一种自然现象。在雷雨季节,地面上的水分受热变成水蒸气,并随热空气上升,在空气中与冷空气相遇,使上升气流中的水蒸气凝成水滴或冰晶,形成积云。云中的水滴受强烈气流的摩擦产生电荷,微小的水滴带负电,小水滴容易被气流带走形成带负电的云;较大的水滴留下形成带正电的云。由于静电感应,带电的云层在大地表面会感应出与云块异性的电荷,当电场强度达到一定值时,即发生雷云与大地之间放电;在两块异性电荷的雷云之间,当电场强度达到一定值时,便发生云层之间放电,放电时伴随着强烈的电光和声音,这就是雷电现象。

雷电会破坏建筑物,破坏电气设备和造成人畜雷击伤亡,所以必须采取有效措施进行防护。雷电的危害有以下三种基本形式:

(1) 直击雷:雷电直接击中建筑物或其他物体,并对其放电,强大的雷电流通过这些物体入地,产生破坏性很大的热效应和机械效应,造成建筑物、电气设备及其他被击中的物体损坏。当击中人、畜时会造成人、畜死亡。这就是我们常说的直击雷。

(2) 感应雷:雷电放电时能量很强,电压可达上百万伏,电流可达数万安培。强大的雷电流由于静电感应和电磁感应会使周围的物体产生危险的过电压,造成设备损坏、人畜伤亡。

(3) 雷电波:输电线路上遭受直击雷或发生感应雷,雷电波便沿着输电线侵入变、配电所及用户。强大的高电位雷电波如不采取防范措施就将造成变、配电所及用户电气设备损坏,甚至造成人员伤亡事故。

就其破坏因素来讲,雷电主要有以下几方面的破坏作用:

(1) 热效应:雷电放电通常温度很高,一般在6 000～20 000℃,甚至高达数万度。这么高的温度虽然只维持几十微秒,但它碰到可燃物时,能迅速燃烧起火。强大雷电流通过电气设备会引起设备燃烧、绝缘材料起火。

(2) 机械效应：雷电流温度很高，当它通过树木或墙壁时，其内部水分受热急剧气化或分解出气体剧烈膨胀，产生强大的机械力，使树木或建筑物遭受破坏。强大的雷电流通过电气设备会产生强大的电动力使电气设备变形损坏。

(3) 雷电反击：接闪器、引入线和接地体等防雷保护装置在遭受雷击时，都会产生很高的电位，当防雷保护装置与建筑物内部的电气设备、线路或其他金属管线的绝缘距离太近时，它们之间就会发生放电现象，即出现雷电反击。发生雷电反击时，可能引起电气设备的绝缘被破坏，金属管被烧穿，甚至可能引发火灾和人身伤亡事故。

(4) 雷电流的电磁感应：由于雷电流的迅速变化，在它的周围空间里就会产生强大变化的磁场，处于这个电磁场中间的导体就会感应出很高的电动势。这种强大的感应电动势可以使闭合回路的金属导体产生很大的感应电流，这种很大的感应电流的热效应(尤其是导体接触不良部位局部发热更厉害)会使设备损坏，甚至引发火灾。对于存放可燃物品，尤其是存放易燃易爆物品的建筑物将更危险。

(5) 雷电流引起跨步电压：当雷电流入地时，在地面上就会引起跨步电压。当人在落地点周围 20 m 范围内行走时，两只脚之间就会有跨步电压，造成人身触电事故。如果地面泥水很多、人脚潮湿，就更危险。

由上面的分析可以看到，雷电的破坏性很大，必须采取有效措施予以防范。

二、防雷设备

在雷击防护过程中常用到以下防雷设备。

1. 接闪器

在防雷装置中用以接受雷云放电的金属导体叫接闪器。接闪器有避雷针、避雷线、避雷带、避雷网等。所有接闪器都经过接地引下线与接地体相连，可靠接地。工频接地电阻要求不超过 10 Ω。

(1) 避雷针

避雷针通常采用镀锌圆钢或镀锌钢管制成(一般采用圆钢)，上部制成针尖形状。避雷针较长时，针体可由针尖和不同管径的钢管段焊接而成。避雷针一般安装在支柱(电杆)上或其他构架、建筑物上。避雷针必须经引下线与接地体可靠连接。

避雷针的作用原理是它能对雷电场产生一个附加电场(由雷云对避雷针产生静电感应引起)，使雷电场发生畸变，将雷云放电的通路，由原来可能从被保护物体通过的方向吸引到避雷针本身，使雷云间避雷针放电，由避雷针经引下线和接地体把雷电流泻放到大地中去，这样使被保护物体免受直击雷击。所以避雷针实质上是引雷针。

避雷针有一定的保护范围，以它对直击雷保护的空间来表示。

单支避雷针的保护范围可以用一个以避雷针为轴的圆锥形空间来表示，如图 1－6所示。

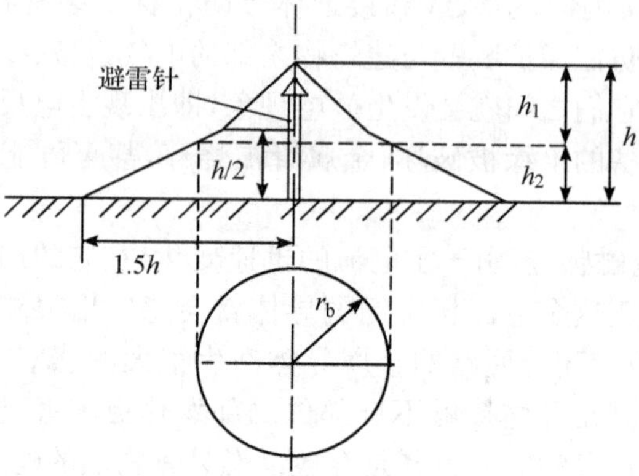

图 1－6　单支避雷针的保护范围

避雷针在地面上的保护半径如式(1－1)表示：

$$r=1.5h \tag{1-1}$$

式中　r——避雷针在地面上的保护半径(m)；

h——避雷针总高度(m)。

若保护物高为 h_2，则在水平面的保护范围 r_b修正为：

当 $h_2>0.5h$ 时，如式(1－2)：

$$r_b=(h-h_2)p=h_1p \tag{1-2}$$

r_b——避雷针在被保护物高度 h_2水平面上的保护半径(m)；

h_1——避雷针的有效高度(m)；

p——高度影响系数，$h<30$ m 时，$p=1$；30 m$<h<$120 m 时，$p=5.5/\sqrt{h}$。

当 $h_2<0.5h$ 时，如式(1－3)：

$$r_b=(1.5h-2h_2)p \tag{1-3}$$

(2) 避雷线

避雷线一般用截面不小于 35 mm^{2}的镀锌钢绞线，架设在架空线路上，以保护架空电力线路免受直击雷击。由于避雷线是架空敷设而且接地，所以避雷线又叫架空地线。避雷线的作用原理与避雷针相同，只是保护范围较小。

(3) 避雷带和避雷网

避雷带是沿建筑物易受雷击的部位(如屋脊、屋檐、屋角等处)装设的带形导体。避雷网是将屋面上纵横敷设的避雷带组成的网络，网格大小按有关规程确定，对于防雷等级不同的建筑物，其要求不同。

(4) 接闪器接地要求

避雷针(线、带)的接地除必须符合接地的一般要求外，还应遵守下列规定：

① 避雷针(带)与引下线之间的连接应采用焊接；

② 装有避雷针的金属筒体(如烟囱)，当其厚度大于 4 mm 时，可作为避雷针的引下线，但筒底部应有对称两处与接地体相连；

③ 独立避雷针及其接地装置与道路或建筑物的出入口等的距离应大于 3 m；

④ 独立避雷针(线)应设立独立的接地装置，在土壤电阻率不大于 100 Ω·m 的地区，其接地电阻不宜超过 10 Ω；

⑤ 其他接地体与独立避雷针的接地体之地中距离不应小于 3 m；

⑥ 不得在避雷针构架或电杆上架设低压电力线或通信线。

2. 避雷器

避雷器用来防护高电压雷电波侵入变、配电所或其他建筑物内损坏被保护设备。它与被保护设备并联，连接如图 1－7 所示：

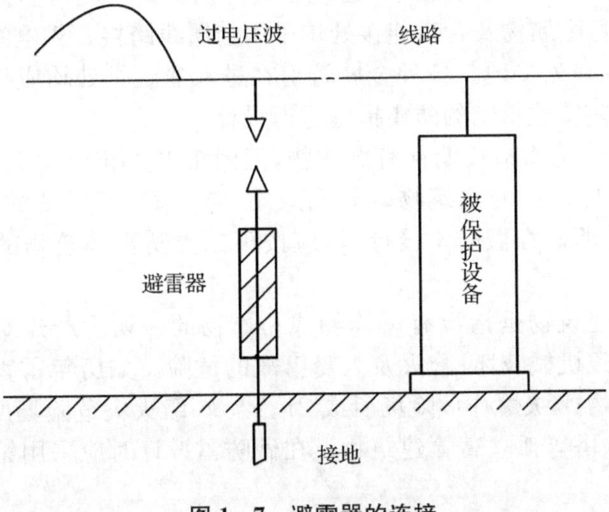

图 1－7 避雷器的连接

当线路上出现危及设备绝缘的过电压时，避雷器就对地放电，从而保护了设备的绝缘，避免设备遭高电压雷电波损坏。

避雷器可分为阀型避雷器、管型避雷器、氧化锌避雷器和保护间隙等。

3. 消雷器

消雷器是利用金属针状电极的尖端放电原理，使雷云电荷被中和，从而避免发生雷击现象。当雷云出现在消雷器及其保护设备(或建筑)上方时，消雷器及其附近大地均感应出与雷云电荷极性相反的电荷。绝大多数靠近地面的雷云带负电荷，因此大地上感应的是正电荷，由于消雷器浅埋地下的接地装置(称为“地电收集装置”)通过连接线(引下线)与消雷器顶端许多金属针状电极的“离子化装置”相连，使大地的大量正电荷(阳离子)在雷电场作用下，由针状电极发射出去，向雷云方向运动，使雷云被中和，雷电场减弱，从而防止雷击的发生。

三、防雷措施

建筑物的防雷措施根据 JGJ/T 16－1992《民用建筑电气设计规范》。建筑物的防雷分级分为三级：第一类防雷建筑物，第二类防雷建筑物以及第三类防雷建筑物。

第一类防雷建筑物是指长期存有爆炸物，因雷电火花发生爆炸以致引起巨大的房屋毁坏和人身伤亡事故的建筑物。如制造或贮存炸药、火药的建筑物；0 级或 10 级爆炸危险场所。主要采取措施是装设独立避雷针或架空避雷线及独立的接地装置，并与建筑物有一定的距离。建筑物内外的金属物均应多点接地。间距小于 100 mm 的平行金属物及管道连接处均采用金属线跨接。供电线路宜全线采用电缆敷设，并在入口处接地。各种金属管道在进入建筑物处均应接地。在做防雷设计时应按第一防雷建筑物的防雷措施进行设计。

第二类防雷建筑物指长期存有爆炸物，但因雷电火花而发生爆炸时，不致引起巨大破坏或人身伤亡的建筑物。如乙炔站、电石库、煤气站的主厂房；1 级或 11 级爆炸危险场所。在做防雷设计时，应按第二类防雷建筑物的防雷措施进行设计。

第三类防雷建筑物是指没有爆炸物或易燃物的一切生产建筑物及民用建筑物。但雷电有导致机械破坏、着火及人身事故的危险。如历年雷害事故较多地区中较主要的建筑物；2 级爆炸危险场所或 21、22、23 级火灾危险场所，高度在 15 m 及以上的烟囱、水塔等孤立高耸建筑物。在做防雷设计时应采用第三防雷建筑物的防雷措施。

防雷建筑物的防雷措施有如下三种。

1. 防直击雷

应在屋角、屋脊、屋檐上装设避雷带，并在屋面上装设不大于 10 m×10 m 网格。突出屋面的物体应沿其顶部四周装设避雷带，在屋面接闪器保护范围之外的物体应装接闪器，并和屋面防雷装置相连。

2. 防雷电波侵入

进入建筑物的各种线路及金属管道宜采用全线埋地引入，并在入户端将电缆的金属外皮、钢管及金属管道与接地装置连接。在电缆与架空线连接处，还应装设避雷器，并与电缆的金属外皮或钢管及绝缘子铁脚连在一起接地，其冲击接地电阻不应大于 10 Ω。进出建筑物的各种金属管道及电气设备的接地装置应在进出处与防雷接地装置连接。

防雷接地装置应符合接地要求。应优先利用建筑物钢筋混凝土基础内的钢筋作为接地体。当采用人工接地体时，接地体应围绕建筑物敷设成一个闭合环路，其冲击接地电阻应小于 10 Ω。

3. 防感应雷措施

由于雷电的静电感应或电磁感应引起的危险过电压，称之为感应雷。这种危险的过电压会引起建筑物、建筑物内设备爆炸和火灾事故。对于一、二级防雷建筑必须考虑防感应雷的措施，对于三级防雷建筑物一般不考虑，但电气设备金属外壳应接地。

为了防止静电感应产生的高压，应将建筑物内的金属敷埋设备、金属管道、结构钢筋予以接地。接地装置可以和其他接地装置共用。

根据建筑物的不同屋顶，应采取相应的防止静电的措施：对于金属屋顶，应将其妥善接地；对于钢筋混凝土屋顶，应将屋面钢筋焊成 6～12 m 网格，连成通路，并予以接地；对于非金属屋顶，应在屋顶上加装边长 6～12 m 金属网格，并予以接地。屋顶或屋顶上的金属网格的接地不得少于两处，其间距不得超过 18～30 m。

为了防止电磁感应，平行管道相距不到 100 mm 时，每 20～30 m 应该用金属线跨接；交叉管道相距不到 100 mm 时，应该用金属线跨接；管道与金属设备或金属结构之间距离小于 100 mm 时，应该用金属线跨接。此外，管道接头、弯头等连接地方，也应该用金属线跨接，其接地装置可与其他接地装置共用。

第三节　接地技术

一、概述

电气接地根据用途一般可分成两大类：工作接地和保护接地。

工作接地是指为了保证电气设备在系统正常运行和发生事故情况下能可靠工作而进行的接地。例如 380/220 V 低压配电网络中的配电变压器中性点接地就是工作接地，这种配电变压器假如中性点不接地，当配电系统中一相导线断线，其他两相导线电压就会升高$\sqrt{3}$倍，即 220 V 升高为 380 V，这样就会损坏用电设备；还有像避雷针、避雷器的接地也属于工作接地范畴，若避雷针、避雷器不接地或接地不好，则雷电流就不能向大地通畅泄放，这样避雷针、避雷器就不能起防雷保护作用。所以工作接地是指为了保证电气设备安全可靠工作的接地。

当然需要埋设接地或接零装置的地方很多，如电气设备以及工业企业中的某些生产设备、输电线路、通信线路和高大建筑物等。在这些不同的设备和环境里，对于接地和接零均有不同的要求和具体措施。但若就其作用来说，不外乎有两个：一是为了安全，避免因电气设备绝缘损坏时而遭受触电危险以及防止雷击，如电气设备的保护接地、保护接零、重复接地、静电接地和防雷接地等；二是为了保证电气设备的正常运行，如电力系统中的工作接地和无线电接收设备的静电屏蔽接地。

1. 保护接地的作用

保护接地，就是将电气设备在正常情况下不带电的金属部分与接地体之间作良好的金属连接，防止电气设备绝缘损坏或其他原因造成外壳部分带电时发生人身触电事故。同时由于线路与大地间存在电容，或者线路上某处绝缘不好，如果人体触及此绝缘损坏的电气设备外壳，则电流就经人体而成通路，这样人就遭受了触电的危害。

有接地装置的电气设备，当绝缘损坏外壳带电时，接地短路电流将同时沿着接地体和人体两条通路流过。流经每一条通路的电流值将与其电阻的大小成反比：

$$\frac{I_{\mathrm{R}}}{I_{\mathrm{d}}}=\frac{r_{\mathrm{d}}}{r_{\mathrm{R}}} \tag{1-4}$$

式中 I_{d}——沿接地体流过的电流；

I_{R}——流经人体的电流；

r_{R}——人体的电阻；

r_{d}——接地体的接地电阻。

从式(1-4)中可以看出，接地体电阻愈小，流经人体的电流也就愈小。通常人体的电阻比接地体电阻大数百倍，所以流经人体的电流也就比流经接地体的电流小数百倍。当接地电阻极为微小时，流经人体的电流几乎等于零，因而，人体就能避免触电的危险。

由此可见，在施工或在运行中，在一年中的任何季节，均应保证接地电阻不大于设计或规程中所规定的接地电阻值，以免发生触电危险。

电气设备埋设接地装置后当然较没有埋设接地装置时要安全得多。但是，与接地装置的布置形式有关，如果是单根接地体或外引式接地体，那么由于电位分布的不均匀，人体仍不免要受到触电的危险。人体距接地体愈远，所受到的接触电压愈大。当距接地体 20 m 以上时，人体接触电气设备时所受到的接触电压，将接近于接地体的全部对地电压，这是极为危险的。此外，单根接地体或外引式接地体的可靠性也比较差。而且，外引式接地体与室内接地干线相连接仅依靠两条干线。若这两条干线发生损伤时，整个接地干线就与接地体断绝。当然，两条干线同时发生损伤的情况是比较少的。

2. 接零的作用

接于 380/220 V 三相四线系统中的电气设备，可以采用接零的方法，即将电气设备在正常情况下不带电的金属部分与系统中的零线相连接，以避免人体遭受触电的危险。在三相四线系统中采用保护接零，是因为电压在 1 000 V 以下中性点接地良好的系统中，无论电气设备采用保护接地与否，均不能防止人体遭受触电的危险。其原因如下：当电气设备外壳与地和零线间均无金属连接时，设备外壳上将长期存在电压，当人体触及设备外壳，就会有电流流过人体，流经人体的电流大小为 $I_d=220\ V/1\ 000\ \Omega=0.22\ A$(系统中的工作接地电阻忽略不计)；当电气设备采用保护接地时，若电气设备发生短路时 $I=U/(R_0+R_D)$，在电压为1 000 V 以下中性点直接接地系统中，一般考虑变压器低压侧中性点的接地电阻 R_0为 4 Ω；电气设备的接地电阻 R_D也为 4 Ω；当电压为 380/220 V 系统中发生接地短路时，其短路电流为 $I=220\ V/(4+4)\Omega=27.5\ A$，为保证设备可靠动作，接地短路电流应不小于自动整定电流的 1.25 倍或熔断器额定电流的 3 倍，因此 27.5 A 的短路电流值仅能保证断开整定电流不超过 27.5/1.25＝22 A 的自动开关，或熔断额定电流不超过 27.5/3≈9.2 A 的熔断器。如果电气设备稍大，保护设备的额定值大于上述数值时，保护设备可能不动作。这样在设备外壳上将长时期存在对地电压，其值为：

$$U_d=I_d r_d=\frac{r_d}{r_0+r_d}U \tag{1-5}$$

当 $r_0 \leqslant r_d$或 r_0稍大于 r_d时，U_d值对于人体都是不安全的。若使 V_d值达到安全值，如为 65 V，则 r_0与 r_d比值必须是：

$$\frac{r_0}{r_d}=\frac{U-65}{65} \tag{1-6}$$

但是，这时其他两相的对地电压会大大升高。在电压为 380/220 V 时，其他两相的对地电压将升高到 $U'=\sqrt{(220-65)^2+220^2-2(220-65)\times 220\times \cos 120^\circ}=327\ V$。

这种情况依旧是不安全的。而此时，变压器低压侧中性点的对地电压将为

220－65＝155 V，若有人触及与此中性点相连接的导线时，仍有发生触电危险。因此，为了保证保护设备可靠地动作而使人体避免遭受触电危险，在中性点直接接地1 000 V以下的系统中，必须采用接零保护。

若电气设备的外壳直接接到系统的零线上，当发生碰壳短路时，短路电流经零线而成闭合回路。所以，电气设备外壳接零的作用，是将碰壳变成单相短路，使保护设备能可靠地迅速动作而断开故障设备。

在接零系统中，当电气设备发生接地短路时，必需要求保护设备能立即动作，不然，仍将有可能发生触电危险。为了在发生接地短路时保证保护设备能迅速地动作，接地短路电流必须符合式(1－7)：

$$I_d = U/Z_N \geqslant KI_H \tag{1-7}$$

式中 U——系统的相电压；

Z_N——“相—零回路”中的阻抗，包括变压器阻抗在内；

K——动作系数，当采用熔断器保护时，其值等于3；当采用自动开关保护时，其值等于1.25；

I_H——熔断器的额定电流或自动开关过电流继电器的整定电流。

通常，在采用接零保护的情况下，短路电流一般是远远超过熔断器额定电流所需要的倍数的，有时甚至超过数十倍，特别是在很多场合，接零系统与建筑物的金属结构、金属管道及电缆外皮等相连接，在很大程度上降低“相—零回路”的阻抗，促使保护设备迅速动作，并能等化电位，从而降低接触电压，使安全更有保证。

无论哪种接地，接地都必须良好，接地电阻都必须满足规定要求，否则就起不了接地的作用。

一般接地是通过接地装置来实施的。

二、电力系统中性点接地方式

电力系统中性点接地属于工作接地，是保证电力系统安全可靠运行的重要条件，假如不接地就不能保证电气设备安全可靠工作，电力系统安全运行也就不能得到保障。

我国对电力系统中性点接地方式规定如下：110 kV及以上系统采用中性点直接接地方式；35 kV及以下系统采用中性点不接地或经消弧线圈接地方式，但380/220 V配电系统采用中性点直接接地方式。

1. 中性点直接接地系统

三相交流电的三相绕组接成星形接线时，它的公共点称为中性点，中性点引出的线称为中性线。中性点有两种运行方式，一种是中性点运行中接地，这时中性点称为零点，零点引出的线称为零线。所以平时对 380/220 V 配电系统中常称火线（相线）和零线，这没有错，因为配电系统中配电变压器中性点是接地的，火线与零线之间电压是 220 V，火线与火线之间电压是 380 V。中性点接地后其电位便是零电位，无论哪一相断线，其他两相永远是相电压，不会变为线电压，这样每相绝缘就可按相电压考虑，不必按线电压考虑。这对 110 kV 及以上电力系统的经济意义是十分重大的，因为 110 kV 以上电力系统有数量极多的电气设备，这些设备的绝缘都只要按相电压考虑，就使生产制造设备的成本大大下降，而且系统绝缘水平也只要按相电压考虑，所以从经济角度考虑决定，110 kV 及以上电力系统采用中性点直接接地方式，接地点数量可根据系统运行情况及接地短路电流情况确定。但是采用中性点直接接地方式后，运行中有一相接地时就构成单相接地短路，线路会自动跳闸，对供电可靠性就有影响，为此，在线路上一般都装有自动重合闸装置，线路接地等故障往往都是瞬时性的，例如：飞鸟、树枝、刮风及其他小动物等引起线路故障，但很快线路又恢复正常，所以装了自动重合闸装置后，断路器自动跳闸马上又自动重合一次，往往就可立即恢复送电。据运行统计，重合闸重合成功率达 80％以上，这样对改善供电可靠性起到了很大作用。

中性点直接接地系统因为发生接地时构成单相接地短路，短路电流很大，所以中性点直接接地系统又称大接地电流系统。

目前世界各国对 $U_N>220$ kV 的电力系统，中性点均采用直接接地方式。美国、俄罗斯等国 110～154 kV 系统也采用直接接地。

2. 中性点不接地系统

电力系统中性点对地绝缘，这就是典型的不接地系统，如果发生单相接地，若不计元件对地的电容，则接地电流为零。实际上各元件对地都存在电容，特别是各相导体之间及相对地之间都存在沿全长均匀分布的电容，所以在不接地系统中发生单相接地时，会有电容电流存在，电容电流的大小决定于系统规模。一般在不接地系统中发生单相接地故障时，线路不会跳闸，不会影响送电。所以不接地系统最大的优点是供电可靠性相对较高。但不接地系统对绝缘水平的要求高，因为在不接地系统中发生单相接地后，相对地电压升高 $\sqrt{3}$ 倍，所以系统的绝缘及电气设备绝缘都要按线电压考虑，在绝缘上的投资相应要增加。另外，系统网络规模比较大时，单相接地电容电流会很大，在接地点会产生很大的间歇电弧，会引起系统发生谐振过电压，损坏电气设备。所以当系统接地电容电流大到一定数值时，需装消弧线圈，中性点经消弧线圈接地。

3. 中性点经消弧线圈接地系统

如上所述，在中性点不接地系统中，当电网规模较大时，发生单相接地时其接地电容电流较大，会产生严重的间歇电弧，引发系统产生很高的谐振过电压。为避免发生这种情况，应采取措施，通常是采用中性点经消弧线圈接地。消弧线圈是带铁心的电感线圈，用它补偿接地电容电流，达到减小接地电流、防止产生间歇电弧、避免发生谐振过电压、保护系统运行安全的目的。选择和装设消弧线圈时，一般采用过补偿方式。所谓过补偿方式就是使电感电流大于电容电流，只有这样才能在运行线路减少、线路对地电容减小、使电容电流减小的情况下也不会发生系统谐振。

一般在下列情况时，应装设消弧线圈，即中性点应经消弧线圈接地：

(1) 发电机直配系统的接地电容电流大于 5 A 时；

(2) 20～60 kV 系统的接地电容电流大于 10 A 时；

(3) 6～10 kV 系统的接地电容电流大于 30 A 时。

消弧线圈在电网中装设地点应符合下列要求：

(1) 应保证电网在任何运行方式下，断开一两条线路时，大部分电网不致失去补偿。

(2) 不应将多台消弧线圈集中安装在电网中一处，并应尽量避免电网中只装一台消弧线圈。

(3) 消弧线圈宜接在 Y/d 或 Y/Y/d 接线的变压器中性点上。消弧线圈容量不应超过变压器三相总容量的 50%，并不得大于三绕组变压器的任一绕组的容量。如果需将消弧线圈接于 Y/Y 接线的变压器中性点，消弧线圈的容量不应超过变压器三相总容量的 20%。但不应将消弧线圈接于零序磁通经铁心闭路的 Y/Y 接线的变压器。消弧线圈选择时，其额定电压、补偿容量、分接头允许电流以及中性点位移电压都应符合要求。

三、接地装置

电气设备的任何部分与土壤间作良好的电气连接，称为接地。与土壤直接接触的金属体或金属体组，称为接地体或接地极。连接于接地体与电气设备之间的金属导线，称为接地线。接地线和接地体合称为接地装置。

接地线可分接地干线和接地支线。接地体按其布置方式可分为外引式接地体和环路式接地体；若按其形状，则有管形、带形和环形几种基本形式；若按其结构，则有自然接地体和人工接地体之分。用来作为自然接地体的有：上下水的金属管道；与大地有可靠连接的建筑物和构筑物的金属结构；埋设于地下而其数量不少于两根的电缆金属包皮及埋设于地下的各种金属管道(可燃液体以及可燃或爆炸的气体管道除外)。用来作为人工接地体的，一般有钢管、角钢、扁钢和圆钢等钢材。如在有化学腐蚀性的土壤中，则应采用镀锌的上述几种钢材或铜质的接地体。

当电气设备发生接地短路时，电流通过接地体向大地作半球形散开。由于这个半球形的球面，在距接地体愈近的地方愈小，愈远的地方愈大，所以，在距接地体愈近的地方电阻愈大，而在接地体愈远的地方电阻愈小。实验证明：在距单根接地体或碰地处 20 m 以外的地方，呈半球形的球面已经很大，实际已没有什么电阻存在，不再有什么电压降。换句话说，该处的电位已近似为零。这个电位等于零的地方，称为电气上的"地"。若接地体不是单根而为多根组成时，上述 20 m 的距离可稍微增大。电气设备的接地部分，如接地外壳、接地线、接地体等，与大地零电位点之间的电位差，称为接地时的对地电压。

在接地电流回路上，一个人同时触及的两点间所呈现的电位差，称为接触电压。接触电压通常以水平方向 0.8 m 和垂直方向±1.8 m 计算。人触及发生碰壳的电气设备外壳时，所遭受到的接触电压等于电气设备的对地电压和脚所站立的地方的电位之差。电气设备接地部分的对地电压与接地电流之比，称为接地装置的接地电阻，为了降低接地电阻，往往用多根的单一接地体以金属体并联而组成复合接地体或接地体组。由于各单一接地体埋置的距离往往等于单一接地体长度而远小于 40 m，所以，此时，电流流入各单一接地体时，将受到相互制约，而妨碍电流的流散，换句话说，即等于增加各单一接地体的电阻。这种影响电流流散的现象，称为屏蔽作用。

1. 接地电阻

埋在地里的电极流过电流，表示通过电流流过难易程度的量为接地电阻。接地电极被埋置在地里，接地电阻是由接地电极的大小、材料、形状和电极周围土壤的电阻率等决定的。假若大地的电阻率和金属同样低，接地电阻将与接地电极和大地的接触电阻大致相等，但实际上大地的电阻率相当大，所以接地电阻的特性还是比较复杂的。

(1) 半球形接地电极的电阻

设半球形埋置接地电极的半球平面与地表面一致。球心为 O，半径为 r，周围的土壤组成是均匀的，其电阻率取为 ρ。接地电阻 R_{∞} 和距离为 r_d 处的电阻 R_d 之比为：

$$\frac{R_d}{R_{\infty}}=1-\frac{r}{r_d} \tag{1-8}$$

式(1-8)表示在接地电阻(R_{∞})中，距离为 r_d 范围内的电阻 R_d 所占的比率。这个比值如表 1-1 所示，接地电阻实际上集中在电极周围的区域内。在电极半径 10 倍的区域内的电阻值为总接地电阻的 90%，即电阻集中在这个区域内。为表示接地电阻集中的概念，将它称为电阻区域，即认为接地电阻是存在于电极周围的电阻区域内。可以把接地电阻分为两部分，一部分是距离电极 r_d 区域内的电阻 R_d，另一

部分是比 r_d 远的区域内的电阻 R_f，即：

$$R_\infty = R_d + R_f \tag{1-9}$$

由推理可得：

$$R_f = R_\infty - R_d = \rho/2\pi r_d \tag{1-10}$$

当接地电极一旦有接地电流 I 流经时，在距中心距离为 r_d 点的电位升高值为：

$$U_d = IR_f = \rho I/2\pi r_d \tag{1-11}$$

表 1-1　电阻区域

r_d/r	r_d 范围内电阻与接地电阻 R_∞ 比率
1	0
2	0.5
5	0.8
10	0.9
20	0.95
50	0.98
100	0.99

这样，在接地电极的附近如埋置其他接地电极时，由于电流流入另外一个电极使其电位升高，为防止接地电极之间互相干扰，埋置电极时要求接地电极间留有一定程度的距离。

（2）土壤的电阻率

如果接地电极的大小、形状一定，则接地电阻与电极周围的土壤电阻率成正比。土壤的电阻率随土质和含水量变化较大，表 1-2 是电阻率和土质关系的例子。

土壤的电阻率随温度的变化而变化，特别是当土壤中的水分冻结时，电阻率会发生显著变化。因此，大地的电阻率是不确定的，随多种因素而不断变化。大地的电阻率一般夏天低、冬天高。

在求半球形接地电极的接地电阻时，是把大地作为均匀物质的，但通常大地组成是呈层状的，因地层的土质各不相同，所以大地的电阻率又是随着深度而变化。

表 1-2　不同土质大地的电阻率

土　质	电阻率(Ω·m)
水田湿地(黏土质)	0～150
耕地(黏土质)	10～200
水田，旱田(地表面是土，下面是沙层)	100～1 000
山地	200～2 000
山地(岩石地带)	2 000～5 000
河岸，河床遗址(积沙)	1 000～5 000

(3) 电极周围土壤的接地电阻

在大地的电阻率超过 1 000 Ω·m 的地方，无论用多大的接地电极也很难降低接地电阻。在这种情况下，如果把接地电极周围的土壤换成电阻率低的土壤，就能使接地电阻值降低。因为接地电阻集中在电阻区内，所以，如果减小电阻区内的电阻率，接地电阻就会相应减小。

如使土壤的电阻率降低，接地电阻将随着减小，但如 r_d 为某一定值时，当电阻率的比值降到 1/10 以下，就没有显著效果了，如不变换电极周围的土壤而用增加电极周围的含水量或增加电解质含量的办法，也能降低接地电阻。此外，也有采用特殊的化学药品来处理土壤的，这类化学药品称为接地电阻降低剂。

降低电极周围土壤的电阻率，相当于加大接地电极的效果。按这种说法，可以把加大接地电极作用的部分称为模拟接地体，也可以把原埋置电极看做是模拟接地体的连接端。

(4) 实际的接地电极

为理论计算方便，常以半球形接地电极为例，但实际中多使用棒形或板形等电极。另外，在大规模的接地工程中还可用网状电极和埋置地线。

相关电极的接地电阻如下：

棒形电极：

$$R=\frac{\rho}{2\pi l}\ln\frac{4l}{d} \tag{1-12}$$

板形电极(垂直埋置)：

$$R=\frac{\rho}{8}\sqrt{\frac{\pi}{A}} \tag{1-13}$$

板形电极(与地面成水平埋置):

$$R=\frac{\rho}{4}\sqrt{\frac{\pi}{A}} \tag{1-14}$$

埋置地线(把裸电线水平埋置在地里,其中 t 为裸电线埋在地里的深度):

$$R=\frac{\rho}{2\pi l}\ln\frac{l^2}{dt} \tag{1-15}$$

(5) 建筑结构体接地电极

在特殊的接地电极中,利用建筑物的钢筋、铁架作为电极的使用效果很好。一般混凝土吸水性高,含水量大。因为混凝土进行凝固时可以游离出碱,所以潮湿状态下的混凝土电阻率相当低,约为数十 Ω·m。因此,建筑物的地下部分就成为一个大型的接地电极,可以达到较低的接地电阻。

建筑结构体接地电极的接地电阻估算方法是:把建筑物地下部分的外表面积取作 $A(m^2)$,现考虑用一个和这个面积相等的半球来替代,这个球的半径取为 r,半球表面积 $A=2\pi r^2$。

由前述已知半径为 r 的半球形接地电极的接地电阻 $R_{\infty}=\frac{\rho}{2\pi r}$

所以

$$R_{\infty}=\frac{\rho}{\sqrt{2\pi A}} \tag{1-16}$$

当表面积为 A 的地下部分和它相同面积的半球形接地电极作用相同时,式(1-16)即变为这个建筑物的接地电阻。因为实际的地下部分并不是半球形,所以式(1-16)并不十分准确,只是一个大约的值。

(6) 接地电阻的测定法

按照定义,求接地电极的电阻,即测量接地电极上通过的电流和以无限远点作为标准时的电极电位。但这是不可能实现的,为了测量接地电极上通过的电流,应使用辅助电极。如图 1-8(a)所示,埋置接地电极 a 和辅助电极 b,当电流 I 沿箭头方向流动时,地面上的电位如图 1-8(b)所示。

假若接地电极 a、b 间的距离 l 特别长,a、b 的电阻区没有重合,电位分布曲线在中间形成水平部分。将水平部分作为标准,a、b 的电位取为 E_a、E_b,不难算出 a、b 的接地电阻 R_a、R_b分别为:

$$R_a=\frac{E_a}{I},R_b=\frac{E_b}{I} \tag{1-17}$$

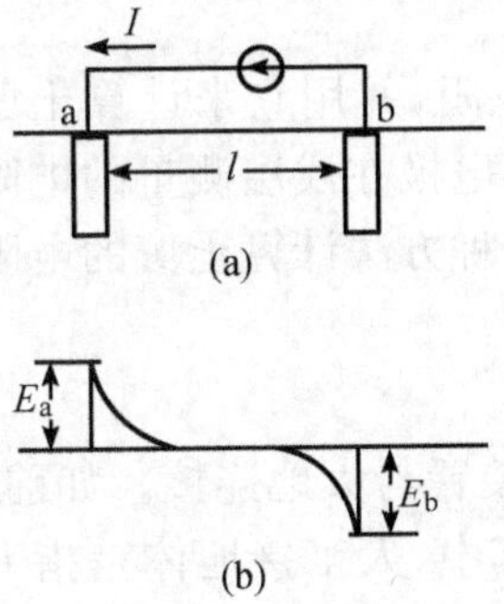

图 1-8　两个接地电极和电位分布

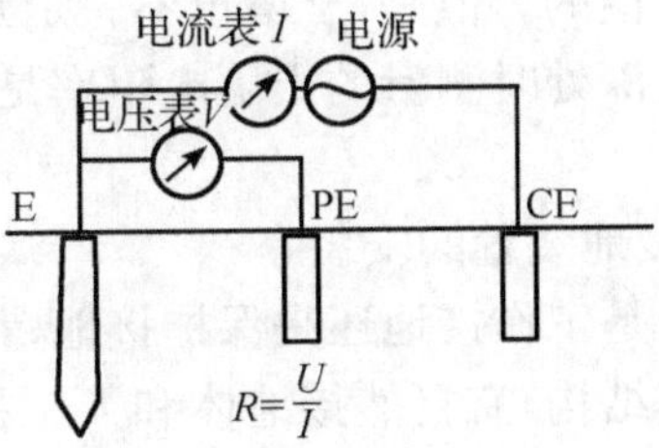

图 1-9　接地电阻的测量(电压降落法)

如果电极间的距离 l 较小时,两个电极的电阻区会重合,电位分布曲线上将不会出现水平部分,E_a 和 E_b 就不可能互相分开。

在实际测量接地电阻时,为了测量电极电位,取电位分布曲线上的水平部分作为测量标准,就需要使用测量电位用的辅助电极。如图 1-9 所示,被测量的对象接地电极以 E 表示,测量电流用辅助电极 CE 表示,测量电压用的辅助电极 PE 表示,各电极间的距离特别长,在 E 和 CE 之间有电流 I 通过时,在 PE 和 E 间有电压 U,这时得出接地电阻 R 值为:

$$R=\frac{U}{I} \tag{1-18}$$

用式(1-18)求得的电阻与辅助电极的电阻无关,这意味着,在测量接地电阻时,辅助电极的接地电阻可以不考虑。测量电流用辅助电极 CE 的电阻不影响电位分布曲线的水平部分和 PE 与 E 之间的电压,测量电压用电极 PE 的接地电阻即使与电压表的内阻相比充分小时,也没有问题。因此,辅助电极的接地电阻不影响测量的准确度,这种接地测量法是常用的方法,称为电压降落法。

(7) 土壤电阻率的推测

埋置已知形状大小的电极,如果测量出它的接地电阻就能推测出其周围土壤的电阻率 ρ。例如测量埋置长度为 l,直径为 d 的接地棒的接地电阻,测得 R 值可由式(1-19)得出:

$$\rho=R\times 2\pi l/\ln\frac{4l}{d} \tag{1-19}$$

利用建筑物结构体作为接地电极的大型接地电极,其电阻区也很大。因此,为测量接地电阻需在远处埋置辅助电极,并需要把测量用的电线加长接到电极上。如果在被测电极周围有充分的空地,这个测法是可行的,但比较困难。如果能测得土壤的电阻率，根据计算法就可以求出接地电阻。

测量埋置已知形状和大小的接地电极的接地电阻，并用它来计算土壤的电阻率是很方便的。但是，土壤也不一定是均质的，用小电极在浅层测量的电阻率和把电极埋在深处时测量的土壤电阻率是不同的。用这种方法计算土壤的电阻率只能粗略计算。

2. 接地装置的安装

无论是工作接地还是保护接地，都是经过接地装置与大地连接。如前所述，接地体按其结构，有自然接地体和人工接地体两类，其中，人工接地体是指人为埋入地下的金属导体，它又分为垂直安装和水平安装两种方式。水平接地体是指将接地体水平埋入土壤中；垂直接地体安装在装设接地体前，需按设计图规定的接地网的路线先挖沟。由于地表层容易冰冻，冰冻层会使接地电阻增大，且地表层容易被挖掘，会损坏接地装置。因此，接地装置埋设深度不小于 0.6 m，相邻接地体之间间距不小于接地体长度的 2 倍。接地体与建筑物之间的距离不能小于 1.5 m，接地体应与地面垂直。

接地干线安装时要注意以下问题：接地干线应水平或垂直敷设，在直线段不应有弯曲现象。安装位置应便于检修，并且不妨碍电气设备的拆卸与检修。接地干线与建筑物或墙壁之间应有 15～20 mm 的间隙。水平安装时离地面距离一般为 200～600 mm。接地线支持卡子之间的距离，水平部分为 1～1.5 m；垂直部分为 1.5～2 m；转角部分为 0.3～0.5 m。在接地干线上应按设计图纸做好接线端子，以便连接接地支线。接地线从建筑物内引出时，可从室内地坪下引出，也可由室内地坪上引出；接地支线安装时应注意：多个设备与接地干线相连接时必须每个设备用一根单独的接地支线，不允许几个设备合用一根接地支线，也不允许几根接地支线并接在接地干线的一个连接点上。明敷的接地支线在穿越墙壁或楼板时应穿管进行保护；固定敷设的接地支线需要加长时，连接必须牢固可靠；用于移动式电气设备的接地支线不允许中间有接头；接地支线的每一个连接处，都应设置在明显处，以便于检修；携带式用电设备应使用专用芯线接地，此芯线严禁同时用来通过工作电流，严禁利用其他用电设备的零线接地，零线和接地线应分别与接地网相连接。

第四节　电气火灾事故防范

一、电气火灾和爆炸的原因

电气线路、电动机、油浸电力变压器、开关设备、电灯、电热设备等电气设备，由于结构、运行各有特点，火灾和爆炸的危险性和原因也各不同。总的看来，除设备缺陷、安装不当等设计和施工方面的原因外，在运行中，电流的热量和各种电火花或电弧是引起火灾和爆炸的直接原因。

电气设备运行时总是会发热的。但是，正确设计、正确施工、正确运行的电气设备稳定运行时，即发热与散热平衡时，其最高温度和最高温升都不会超过某一允许范围。例如，裸导线和塑料绝缘线的最高温度不得超过 70℃，橡皮绝缘线的最高温度不得超过 65℃，变压器的上层油温不得超过 85℃；电力电容器外壳的最高温度不得超过 65℃；电动机定子绕组的最高温度，对应于所采用的 A 级、E 级或 B 级绝缘材料分别为 95℃、105℃或 110℃，定子铁心分别为 100℃、115℃或 120℃等。这就是说，电气设备正常的发热是允许的，但当电气设备的正常运行遭到破坏时，发热量增加，温度升高，在一定条件下可以引起火灾。引起电气设备过度发热的不正常运行大体包括以下几种情况。

1. 危险温度

危险温度是因电气设备过热引起的，而电气设备过热主要是由电流产生的热量造成的。

引起电气设备过热，产生危险温度的原因有如下几种情况：

(1) 故障短路

发生短路时，线路中的电流增加为正常时的几倍甚至几十倍，而产生的热量又与电流的平方成正比，使得温度急剧上升，大大超过允许范围。如果温度达到可燃物的引燃温度，即引起燃烧，从而导致火灾。

当电气设备的绝缘老化变质，或受到高温、潮湿或腐蚀的作用而失去绝缘能力，即可能引起短路事故。绝缘导线直接缠绕、挂在铁钉或铁丝上时，由于磨损和铁锈腐蚀，很容易破坏绝缘而形成短路。

由于设备安装不当或工作疏忽，使电气设备的绝缘受到机械损伤而形成短路。由于雷击等过电压的作用，电气设备的绝缘遭到击穿而形成短路。由于所选用设备的额定电压太低，不能满足工作电压的要求，形成击穿而短路。由于维护不及时，导电粉尘或纤维进入电气设备，引起短路事故。由于管理不严，小动物或生长的植物会引起短路事故。在安装和检修工作中，由于接线和操作错误，也会造成短路事故。此外，雷电放电电流极大，有类似短路电流但比短路电流更强的热效应，也能引起火灾。

(2) 过载

电气线路或设备通过的电流值超过其允许的数值则为过载。

过载也会引起电气设备过热。造成过载的原因大致有如下三种情况：

① 设计选用线路或设备不合理，或没有考虑适当的余量，以致在正常负载下

出现过热。

② 使用不合理，即线路或设备的负载超过额定值；或连续使用时间过长，超过线路或设备的设计能力，由此造成过热。管理不严，乱拉乱接，容易造成线路或设备过载运行。油断路器断流容量不能满足要求，引起火灾或爆炸。

③ 设备故障运行会造成设备和线路过载，如三相电动机缺一相运行或三相变压器不对称运行均可能造成过载。

(3) 接触不良

电气线路或设备上相互连接部分和接触部分是电路中的薄弱环节，是发生过热的一个重点部位。

不可拆卸的接头连接不牢、焊接不良或接头处混有杂质，都会增加接触电阻而导致接头过热。

对拆卸的接头连接不紧密或由于振动而松动也会导致接头发热。

活动触头，如刀开关的触头、接触器的触头、插式熔断器(插保险)的触头、插销的触头、灯泡与灯座的接触处等活动触头，如果没有足够的接触压力或接触表面粗糙不平，都会导致触头过热。

对于铜铝接头，由于铜和铝理化性能不同，接头处易因电解作用而腐蚀，从而导致接头过热。

电刷的滑动接触要保持足够的压力，还要保持光滑和清洁，以防产生过大的火花。

(4) 散热不良

电气设备温升不仅和发热量有关，也和热量散失条件好坏有关。由于环境温度过高，或使用方式不当，以及散热设施工作条件不正常，如变压器油量不足、电动机通风道堵塞等，使散热条件恶化，造成设备温度过高。

(5) 电气设备中的铁磁材料

在交流电流的作用下，因磁滞损耗和涡流损耗而产生热量。由于材料性能、工艺装配质量以及磁通密度过高等原因，会使磁损增大产生高温。

(6) 绝缘材料的绝缘劣化

绝缘材料的绝缘劣化会泄漏电流，介质损耗增加，导致绝缘热损坏；或由于绝缘性质劣化，在电场作用下电击穿产生大量热量使温度升高。

(7) 电热器具和照明灯具

大部分的危险温度是由于电加热设备在工作时，外表面有较高温度而产生的，如电熨斗、白炽灯泡等，这些设备平时工作温度就在几百摄氏度以上，若使用不当，如安全间距不够、安全措施不妥，常会引起火灾。

电炉电阻丝的工作温度高达 800℃，可引燃与之接触的或附近的可燃物。电炉连续工作时间过长，会因温度过高（恒温炉除外）烧毁绝缘材料，引燃起火；电炉电源线容量不够，可导致发热起火；电炉丝使用时间过长，截断后继续使用，将增加发热，甚至引燃成灾。

电烤箱内物品烘烤时间太长、温度过高会引起火灾。使用红外线加热装置时，如误将红外光束照射到可燃物上，会引起燃烧。

灯泡和灯具工作温度较高，如安装、使用不当，均会引起火灾。白炽灯泡表面温度随灯泡大小和生产厂家不同差异很大。200 W 的灯泡紧贴纸张时，十几分钟即可将纸张点燃。高压水银荧光灯的表面温度与白炽灯相差不多，约为150～250℃。卤钨灯灯管表面温度较高，1 000 W 卤钨灯灯管表面温度可达500～800℃。

当供电电压超过灯泡额定电压或大功率灯泡的玻璃壳发热不均匀，或凉水溅到灯泡上都会引起灯泡爆碎，炽热的钨丝落在可燃物上，会引起可燃物质的燃烧。

灯座内接触不良会使接触电阻增大，温度上升过高，易引燃可燃物。日光灯镇流器运行时间过长或质量不好，将使发热增加，温度上升，如超过镇流器内的绝缘材料的引燃温度也可引燃成灾。

(8) 漏电

漏电电流一般不大，线路保险丝不会动作。如漏电电流分散，则发热量分散，火灾发生的可能性不大；如漏电电流集中在某一点，则很容易造成火灾。漏电电流经常是经过金属螺丝或钉子引起木制构件起火。

2. 电火花和电弧

电火花是电极间的击穿放电，电弧由大量密集的电火花汇集而成。一般电火花温度很高，特别是电弧，温度可高达 3 000～6 000℃。

电火花和电弧的温度极高，不仅能引起绝缘物质燃烧，甚至还能使导体金属熔化、飞溅，构成火灾爆炸的危险源。电火花产生的原因可分为如下几种：

(1) 工作原因，指电气设备正常工作和操作过程中产生的火花，如电刷与滑动处的微小火花，插销拔出或插入时的火花、开关切合时的火花等；

(2) 事故原因，当线路和设备发生故障以及不正常操作时产生的火花，电弧，如短路、绝缘损坏、错误操作等；

(3) 外来原因，雷电、静电、高频感应电火花等；

(4) 机械碰撞高温工作器件等。

除此以外，外界存在爆炸性混合物，或变压器周围不合理堆放的易燃物，都可能引发电气设备发生火灾爆炸。

二、防爆电气设备的类型

1. 按照使用环境分类：

(1) 煤矿、井下用电气设备；

(2) 工厂用电气设备。

2. 按照防爆结构类型分类：

(1) 隔爆型(标志 d)。这类设备是指具有隔爆外壳，能承受内部的爆炸性混合物的爆炸而不致受到损坏，而且通过外壳任何结合面或结构孔洞，不致因内部爆炸引起外部爆炸性混合物爆炸的电气设备。

(2) 增安型(标志 e)。这类设备是指在正常时不产生火花、电弧或高温的设备上采取措施以提高安全程度的电气设备。增安型设备的绝缘带电部件的外壳防护应符合相应的外壳防护等级(IP 44)，其裸露带电部件的外壳防护应符合 IP 54。引入电缆或导线的连接件应保证与电缆或导线连接牢固、接线方便，同时还需防止电缆或导线松动、自行脱落、扭转，并能保持良好的接触压力。在正常工作条件下，连接件的接触压力不得因温度升高而降低。连接件不得带有可能损伤电缆或导线的棱角；正常紧固不得产生永久变形和自行转动；不允许用绝缘材料部件传递接点压力。用于连接多股线的连接件，需采取措施防止导线分股。使用铝导线时，应采用铜铝过渡接头。

(3) 充油型(标志 o)。这类设备是指把可能产生火花、电弧或危险温度的带电零部件浸在绝缘油里，使之不能点燃油面上爆炸性混合物的电气设备。

(4) 正压型(标志 p)。这类设备是指向外壳内充入正压的清洁空气、惰性气体或连续通入清洁空气以阻止爆炸性混合物进入外壳内部的电气设备。

(5) 本质安全型(标志 i)。这类设备是指在正常运行或发生故障情况下产生的火花或热效应，均不能点燃爆炸性混合物的电气设备。

(6) 充砂型(标志 q)。这类设备是指把细粒状物料充入外壳，壳内出现的电弧、火焰传播或壳壁和颗粒表面的温度均不能点燃壳外爆炸性混合物的电气设备。充砂型设备的外壳应有足够的机械强度，防护等级不得低于 IP 44。细粒填充材料应填满外壳内所有空隙，颗粒直径为 0.25～1.6 mm。填充时，细粒材料含水量不得超过 0.1%。

(7) 无火花型(标志 n)。这类设备是指在正常运行条件下不产生电弧或火花，也不产生能点燃周围爆炸性混合物的表面温度或灼热点的电气设备。

(8) 特殊型(标志 s)。这类设备是指在结构上不属于上述类型的防爆电气设备。

三、防爆电气线路

在爆炸危险环境中，电气线路的安装位置、敷设方式、导线材质、连接方法等均应与区域危险等级相适应。

1. 位置

电气线路应当敷设在爆炸危险性较小或距离释放源较远的位置。当爆炸危险气体或蒸汽比空气重时，电气线路应在高处敷设，电缆则直接埋地敷设或电缆沟充砂敷设；当爆炸危险气体或蒸汽比空气轻时，电气线路宜敷设在低处，电缆则采取电缆沟敷设。

10 kV 及 10 kV 以下的架空线路不得跨越爆炸危险环境；当架空线路与爆炸危险环境邻近时，其间距不得小于杆塔高度的 1.5 倍。

2. 配线方式和接线方式

爆炸危险环境主要采用防爆钢管配线和电缆配线。固定敷设的电力电缆应采用铠装电缆；固定敷设的照明、通信、信号和控制电缆可采用铠装电缆和塑料护套电缆；非固定敷设的电缆应采用非燃性橡胶护套电缆。

3. 隔离和密封

敷设电气线路的沟道以及保护管、电缆或钢管在穿过爆炸危险环境等级或爆炸性气体或蒸汽等介质不同的区域之间等隔墙或接板处的孔洞时，应使用非燃性材料严密堵塞。

隔离密封盒位置应尽量靠近隔墙，墙与隔离密封盒之间不允许有管接头、接线盒或其他任何连接件。

隔离密封盒的防爆等级应与爆炸危险场所的等级相适应，隔离密封盒不应作为导线的连接或分线用。在可能引起凝结水的地方，应选择排水型的隔离密封盒。钢管配线的隔离密封盒应采用粉剖密封填料。

电缆配线的电缆保护管管口、电缆与电缆保护管管口之间应使用密封胶泥进行密封。在两级区域交界处的电缆沟内应采取充砂、填阻火墙材料或加设防火隔墙。

4. 导线材料的选择

配电线路的导线连接以及电缆的封端采用压接、熔焊或钎焊时，电力线路可选用 4 mm^2 及以上的铝心导线或电缆；照明线路可以用 2.5 mm^2 及以上的铝心导线或电缆。爆炸危险环境宜采用交联聚乙烯、聚乙烯、聚氯乙烯或合成橡胶绝缘及有护套的电线。爆炸危险环境宜采用有耐热、阻燃、耐腐蚀绝缘的电缆，不宜采用油浸纸绝缘电缆。

有剧烈振动处应选用多股铜心软线或多股铜心电缆。

在爆炸危险环境，低压电力、照明线路所用电线和电缆的额定电压不得低于工作电压,并且不得低于500 V。工作零线应与相线有同样的绝缘能力,并应在同一护套内。

5. 允许载流量

为避免可能的危险温度,爆炸危险场所导线的允许载流量应低于非爆炸危险场所的载流量。导体允许载流量不应小于熔断器熔体额定电流和断路器延长时过电流脱扣器整定电流的1.25倍,或电动机额定电流的1.25倍。高压线路应按短路电流进行热稳定校验。

6. 连接

爆炸危险环境的电气线路不得有非防爆型中间接头。但若电气线路的连接是在与该危险环境等级相适应的防爆类型的接线盒或接头盒的内部,则不属于此种情况。爆炸危险环境铜、铝导线的连接应采用钢铝过渡接头。

选用电气线路时,还应当注意:干燥无尘的场所可采用一般绝缘导线;潮湿或多尘的场所应采用有保护的绝缘导线(如铅皮导线)或用一般绝缘导线穿管敷设;高温场所应采用有瓷管、石棉、瓷珠等耐热绝缘的耐燃线;有腐蚀性气体或蒸汽的场所可采用铅皮线或耐腐蚀的穿管线;移动电气设备应采用橡皮套软线或其他软线等。

四、电气防爆技术

电气防火防爆是一项综合性的措施。包括:选用合理的电气设备,保持必要的防火间距,保持电气设备正常运行,保持通风良好,采用耐火设施,装设良好的保护装置等技术措施。一般防火防爆措施对电气火灾和爆炸也是有效的。

保持电气设备安全运行除保持电压、电流、温升不超过允许范围外,还包括保持良好的电气绝缘和良好的电气连接等内容。

必须保持电气设备绝缘良好,否则,除可能造成人身事故外,还可能由于泄漏电流、短路火花或短路电流造成火灾或其他设备事故。

在运行中,应保持各导电部分连接可靠、接触良好。活动触头表面要光滑,并要保证足够的触头压力,以保持接触良好;固定触头,特别是铜、铝接头,要接触紧密,保持良好的导电性能。在火灾爆炸危险场所,可拆卸的连接接头处应有防松措施。铜、铝之间的连接应采用铜铝过渡接头(除照明灯具外);铝导线的连接应采用压接、熔焊或钎焊,而不能采用简单的缠绕接法。

保持设备清洁有利于防火。设备脏污或灰尘堆积既降低设备的绝缘又妨碍通风和冷却。特别是正常运行时有火花产生的电气设备,很可能由于过分脏污引起火灾。因此,从防火的角度考虑,也要求定期或经常地清扫电气设备,以保持清洁。

此外,爆炸危险场所及其内部电气设备的保护装置必须齐全、可靠、稳定合理。

在爆炸危险场所,从设备到工具,从电器到仪表,从开关到线路,各单元都必须符合防爆要求，以实现整体防爆。

为了防火防爆，必须采取综合性的安全措施。除上述措施外，还可根据条件采取加强通风、装设危险气体报警装置、采用耐火设施等安全措施。

五、电气火灾的灭火

电气火灾和爆炸事故是指由于电气原因引起的火灾和爆炸事故。它在火灾和爆炸事故中占有较大比例。电气火灾和爆炸事故除可能造成人身伤亡和设备损坏外，还可能造成系统大面积停电或长时间停电，给国民经济造成重大损失。因此，电气防火和防爆是安全管理工作的重要内容。

发生电气火灾和爆炸的原因可以概括为两种：现场有可燃易爆物质；现场有引燃引爆的条件。所以应从这两方面采取防范措施，防止电气火灾和爆炸事故发生。

从灭火角度考虑，电气火灾有如下两个特点：一是着火后电气设备可能是带电的，如不注意可能引起触电事故；二是有些电气设备（如电力变压器、多油断路器等）本身充有大量的油，可能造成喷油甚至爆炸等事故，造成火焰蔓延，扩大火灾范围。

1. 切断电源以防触电

电气设备或线路发生火灾，如果没有及时切断电源，下列情况下容易引起触电：

(1) 扑救人员身体或所持器械触及带电部分，造成触电事故；

(2) 使用导电灭火剂，如水枪射出的直流水柱、泡沫灭火机射出的泡沫等射至带电部分，引起触电事故；

(3) 火灾发生后，电气设备因绝缘损坏而碰壳短路，电气线路因电线断落而接地短路，使正常时不带电的金属构架、地面等部位带电，导致接触电压或跨步电压触电。

因此，发现火灾后，首先要设法切断电源。切断电源时应注意以下几项：

(1) 火灾发生后，由于受潮或烟熏，开关设备的绝缘性能会降低，因此拉闸时最好用绝缘工具操作。

(2) 高压先操作油断路器，而不是先操作隔离开关切断电源。低压先操作磁力启动器而不是先操作闸刀开关切断电源，以免引来弧光短路。

(3) 切断电源的范围要选择适当，防止断电后影响灭火工作和扩大停电范围。

(4) 剪断电线时，对三相线路的非同相电线应在不同部位剪断，以免造成短路。剪断空中电线时，剪断位置应选择在电源方向的支持物附近，以防止电线剪断后掉落造成接地短路或触电事故。

电气设备和线路在切断电源后的灭火方法，与一般火灾的灭火方法相同。

2. 带电灭火安全要求

有时为了争取灭火时间来不及断电，或因生产需要或其他原因不允许断电，则需带电灭火。带电灭火需注意以下几点：

(1) 选择适当的灭火机

二氧化碳、四氧化碳、二氟一氯一溴甲烷(1211)、二氟二溴甲烷或干粉灭火机的灭火剂都是不导电的，可以用于带电灭火。泡沫灭火机的灭火剂(水溶液)有一定的导电性，对绝缘有一定影响，不宜带电灭火。

(2) 用水枪灭火机灭火时宜采用喷雾水枪

这种水枪通过水柱的泄漏电流较小，带电灭火较安全。

(3) 人体与带电体之间保持安全距离

用水灭火时，水枪喷嘴至带电体的距离：电压 110 kV 以下不小于 3 m；220 kV 以上不小于 5 m。

(4) 架空线路等空中设备灭火

对架空线路等空中设备进行灭火时，人体位置与带电体之间的仰角不应超过 45°，以防导线断落危及灭火人员的安全。

(5) 设置警戒区

如带电导线断落地面，须划出警戒区。

第五节 静电安全

一、静电的产生

静电是由两种物质相互摩擦而产生的。两种不同的物质相互摩擦时，失去电子的物质带正电，得到电子的物质带负电，这种因摩擦而产生的电，叫做静电。另外，当两种物质紧密接触后再分离、物质受压或受热、物质发生电解，以及物质受到其他带电体的感应等，也可能产生静电。

在日常生活中常见的静电现象有如下几种：

(1) 使用皮带将动力传送给生产机械，当传动皮带在金属滑轮上滑动时，皮带和金属滑轮之间发生摩擦而产生静电。在金属滑轮上产生的电荷，可以很迅速地经过机身而导入地中，但是在皮带上产生的电荷，由于皮带是绝缘体，所以长期停留在它的表面，并逐渐积累，形成高电位，产生放电现象。

(2) 在吸取、灌注和储运易燃液体(汽油、酒精)过程中，易燃液体和金属管摩擦会产生静电，静电电压可达几千伏，当电压达到 300 V 以上时，就会使汽油蒸汽发生爆炸，所以这种静电是非常危险的。

(3) 粉尘在空间浮动时和空气相互碰撞摩擦，就会产生静电，当静电电位达到一定限度，而附近又有接地金属体时，就会出现放电而引起火灾和爆炸。尤其是在炎热的干燥季节，如室内温度过高、湿度又很低时，静电放电最容易发生。

(4) 运送汽油的汽车在开动时，油箱里的汽油不停地晃动，汽油和油箱壁发生冲撞和摩擦，产生静电，使油箱产生许多电荷而带电。而汽车的轮胎是绝缘的，于是这些电荷就在油箱上积聚起来，积聚多了就会产生火花，引起汽油爆炸。

(5) 当人体与大地绝缘时，由于衣料（涤纶纤维布料等）与人体或其他物体（人造革皮椅等）发生摩擦，人体可带静电。此外，人体因静电感应也会带上静电。

(6) 飞机飞行时，与空气流摩擦，也可产生高达数万伏的静电电压。

二、静电的危害

足够量的静电会使局部电场强度超过周围介质的击穿场强而产生火花，如果现场有爆炸性混合物而且浓度已达爆炸极限，这时火花就会引起爆炸事故和火灾事故。虽然静电能量较小，静电电击一般不会直接造成人身伤害，但可能引起二次伤害，使人精神紧张。在生产过程中，往往会由于静电作用影响生产和产品质量，静电产生的危害如表1-3所示。

表1-3　静电产生的危害一览表

危害原因	危害种类	危害内容	举　例
放电作用	爆炸及火灾	液体爆炸或起火	汽油、煤油、酒精、苯等液体的运载、搅拌、过滤、喷出、流出等过程中爆炸和火灾
		粉尘爆炸或起火	金属粉末、药品粉末、树脂粉末、燃料粉末、农作物粉末等再生产过程中爆炸和火灾
		气体或蒸汽爆炸或起火	易燃液体的蒸汽或气体高速喷射时容易由静电火花引起爆炸和火灾
	人身伤害	使人遭受电击	橡胶厂压延机静电电压很高，容易发生电击
		因电击引起的二次伤害	电击可能引起坠落或摔倒等二次事故，也可能使工作人员精神紧张，影响工作
	妨碍生产	引起电气远程错误动作	影响电子计算机正常工作
		静电火花使胶片感光	影响胶片的质量
力学作用	妨碍生产	纤维发生缠结，吸附尘埃等	影响纺织品质量
		使粉体吸附于设备	影响粉体的过滤和输送
		印刷时纸张不齐，不能分开	影响印刷速度和质量

三、静电的安全防护

静电防护一方面是控制静电的产生，另一方面是防止静电的积累，主要有以下几种方法：

1. 静电控制法

(1) 皮带传动的生产机械，保持传动皮带的正常拉力，防止打滑。

(2) 齿轮传动的生产机械，使齿轮接触灵活，减少摩擦。

(3) 灌注液体的管道伸至容器底部或紧贴侧壁，避免液体冲击和飞溅。

(4) 降低气体、液体或粉尘物质的流速。

2. 自然泄漏法

使静电从带电体上自行消散。具体方法有如下几种：

(1) 易于产生静电的机械零件尽可能采用导电材料制造。必须使用橡胶、塑料和化纤时，可在加工工艺或配方中适当改变其成分，例如掺入导电添加剂炭墨、金属粉末、导电杂质等材料。

(2) 在绝缘材料的表面喷涂金属粉末或导电漆，形成导电薄膜。

(3) 在不影响产品质量的情况下，适当提高空气的相对湿度，物质表面吸湿后，导电性增加，这样可以加速静电的自然泄漏。一般情况下，空气相对湿度在70%左右即可防止静电的大量积累。此法仅适用于表面易于吸湿的物质。

(4) 对于表面不易吸湿的化纤和塑料等物质，可以采用各种抗静电剂，这种抗静电剂的主要成分是以油脂为原料的表面活性剂，能赋予物质表面以吸湿性和电离性，从而增加导电性能，提高静电自然泄漏的效果。

3. 静电中和法

静电中和法是利用极性相反的电荷中和(消除)静电的方法。其方法有如下几种：

(1) 根据不同物质相互摩擦能产生不同极性的静电的原理，对生产过程中能产生静电的机械零件进行适当的选择和组合，使摩擦产生的正、负电荷在生产过程中自行中和，破坏其静电积累的条件。

(2) 在胶片生产和印刷行业中，空气湿度不宜过大。对此可以采用装设消静电器，产生异性电荷以电晕方式中和静电。

(3) 利用放射性同位素，在不需要电源的情况下，放射 α、β 粒子，离化空气，中和静电。这种方法稳定性好、效率高，在易燃易爆的条件下也比较安全。

(4) 向粉尘物质输送管道中喷入"离子风"，中和静电电荷，防止爆炸。

4. 防静电接地

采用防静电接地后能有效防止静电积累，下列生产设备应可靠接地：

（1）输送或生产可燃粉尘的设备和管道。

（2）生产或加工易燃和可燃气体的设备和储罐。

（3）输送易燃液体和可燃气体的管道以及各种闸门。

（4）灌油设备和油槽车。

（5）通风管道上的金属网过滤器。

（6）其他能产生静电的生产设备。

（7）金属管道上的接地线，当受到法兰上填料的绝缘而使电路中断时，应在法兰上设置金属连接线。

用非导电材料制作的管道，必须在管外或管端缠绕铜丝或铝丝，铜丝或铝丝的末端应可靠地固定在金属管道上，并与接地系统可靠连接。

5. 注意

（1）防静电的接地装置与电气设备接地共用接地网时，其接地电阻值应符合电气设备接地的规定；防静电采用单独专用接地网时，每一处接地体的接地电阻值应不大于 100 Ω。

（2）设备、机组、储罐、管道等的防静电接地线，应单独与接地体或接地干线相连，不能相互串联接地。

（3）容量大于 50 m^3 的储罐，其接地点应不少于两处，且接地点的间距应不大于 30 m，并在罐体底部周围对称地与接地体连接，接地体应连接成环形的接地网。

（4）易燃或可燃液体的浮动式储罐，其罐顶与罐体之间，应用截面不小于 25 mm^2 的钢软绞线或铜软线跨接，且其浮动式电气装置的电缆，应在引入储罐处将钢铠、金属包皮可靠地与罐体连接。

（5）钢筋混凝土制的储罐或储槽，沿其内壁敷设的防静电接地体，应与引入的金属管道及电缆的钢铠、金属包皮连接，并引至罐、槽的外壁与接地体连接。

（6）露天敷设的可燃气体、易燃或可燃液体的金属管道，作防感应雷接地时，管道每隔 20～25 m 有一处接地，每处的接地电阻值应不大于 10 Ω。

（7）引入爆炸危险场所的金属管道，配线的钢管、电缆的钢铠及金属包皮，均应在场所的进口处接地。

（8）平皮带传动的机组及其皮带的防静电接地刷、防护罩均应接地。

第六节　电磁场防护

一、电磁辐射产生的危害

电磁辐射会造成所谓的"电磁波污染"，是指电磁辐射的强度超过人体或环境所能承受的限度所产生的危害现象。它无色、无味、无形、无踪、无任何感觉，可以穿透包括人体在内的多种物质，它无处不在，被称之为"电子垃圾"或"电子辐射污染"，是继大气污染、水污染和噪声污染之后的第四种污染。

电磁辐射污染的危害主要包括对电气设备的干扰和对人体健康的负面影响两个主要方面。近年来，电磁波对人体危害的例子多有发现，不过其影响程度与所受到的辐射强度及积累的时间长短有关，目前尚未较大范围地反映出来，所以还没有引起人们的普遍重视。有关研究表明，电磁波的致病效应随着磁场振动频率的增大而增大，频率超过10万Hz以上，可对人体造成潜在威胁。在这种环境下工作生活过久，电磁波的干扰使人体组织内分子原有的电场发生变化，给组成脑细胞的各种生物分子以一定程度的破坏，产生过多的过氧化物等有害代谢物，甚至使脑细胞的DNA密码排列错乱，制造出一些非生理性的神经递质。人体如果长期暴露在超过安全的辐射剂量下，人体细胞就会被大面积杀伤或杀死。同时人体是导体，可以吸收电磁场的能量，在电磁场的作用下，人体的分子会发生取向排列，在分子排列过程中相互碰撞消耗磁场能而转化为内能，引起热效应。电磁场强度越大，则热效应越明显；电磁振荡频率越高，热效应越明显，即电磁辐射对人体的作用为：微波＞超短波＞短波＞中波＞长波，而且干扰人体生物电信息的传递。

总的来说，电磁辐射对人体的危害具体表现在以下方面：

1. 中枢神经系统

研究表明：人脑对电磁场非常敏感。人脑实质上是一个低频振荡器，极易受到频率为数十赫兹的电力频段电磁场的干扰。外加电磁场可以破坏生物电的自然平衡，使生物电传递的信息受到干扰，可以出现头晕、头疼、多梦、失眠、易激动、易疲劳、记忆力减退等主要症状，还可以出现舌颤、睑颤、脑电图频率和振幅偏低等客观症状。

2. 血管系统

人们已经观察到电磁辐射会引起血压不稳和心律不齐，高强度微波连续照射可使人心律加快、血压升高、呼吸加快、喘息、出汗等，严重时可以使人出现抽搐和呼吸障碍，直至死亡。

3. 血液系统

在电磁辐射的作用下，常会出现多核白细胞、嗜中性白细胞、网状白细胞增多而淋巴细胞减少的现象。人们还发现某些动物在低频电磁场的作用下有产生白血病的可能。血液生化指标方面则出现胆固醇偏高和胆碱酯酶活力增强的趋势。长期处于高电磁辐射的环境中，会使血液、淋巴液和细胞原生质发生改变，影响人体的循环系统，以及免疫、激素分泌、生殖和代谢功能，严重的还会加速人体的癌细胞增殖诱发癌症，甚至糖尿病、遗传性疾病等病症，对儿童还可能诱发白血病的产生。典型的事件是1976年前苏联为了监听使馆的通信联络情况，向美国驻莫斯科大使馆内发射微波，由于工作人员长期处于微波的环境之中，导致313人中有64人淋巴细胞平均数超过44%，15人得了腮腺癌。

4. 内分泌系统

在电磁场的作用下人体可以发生甲状腺机能的抑制和皮肤肾上腺功能障碍，其改变程度取决于电场强度和照射时间。

5. 生殖系统和遗传效应

动物实验证明：白鼠在5 kV/m的电场的作用下，雌雄两性的生殖能力都会下降。人类在大功率的微波作用下，可导致不育或女孩的出生率明显增加。父母一方曾长期受到微波辐射的，其子女中畸形的发病率明显增加。

6. 对视觉系统的影响

表现为使眼球晶体混浊，严重时造成白内障，是不可逆的器质性损害，影响视力。另外，装有心脏起搏器的病人处于高电磁辐射的环境中，会影响心脏起搏器的正常使用，甚至危及生命。

可见，电磁波对人类的健康危害极大，必须采取一定的防护措施，尤其是在高强度电磁波环境中工作的人更要防治电磁波的危害。

归纳起来，电磁场对人体的影响程度与以下因素有着密切的关系：

（1）电磁场强度愈高，对机体的影响愈严重。

（2）电磁波频率愈高，人体内偶极子激励程度加剧，影响愈严重。

（3）在其他参数相同的情况下，脉冲波比连续波对人体的影响严重。

（4）受电磁波照射的时间愈长，对人体的影响愈严重。

（5）电磁波照射人体面积愈大，人体吸收能量愈多，影响愈严重。

（6）温度太高和湿度太大的环境条件，不利于机体的散热，会使电磁场影响加重。

（7）电磁场对人体的影响，女性要比男性重些，儿童要比成人重些。

高频、微波电磁场除对人体有危害外，还会产生高频干扰，影响通信、测量、计算机等电子设备正常工作，甚至造成事故。有时还会因电磁场的感应产生火花放电，造成火灾或爆炸等严重事故。所以对电磁场，尤其是强度大、频率高的电磁场，一定要采取有效措施，予以防护。

二、防止电磁场危害的措施

防止电磁场危害的措施主要是做好屏蔽与接地，采取屏蔽与接地措施时要注意下列事项：

（1）高频的屏蔽材料需用良导体材料，如铝、铜及铜镀银等。

（2）由于高频电流的集肤效应，涡流仅在屏蔽盒的表面薄层流过，故屏蔽盒无须很厚，一般取 0.2～0.8 mm 就行。

（3）屏蔽盒应尽量避免切口或缝隙，以免影响屏蔽效果。若必须开口时，切口或小孔的尺寸一般不宜超过波长的 1/5～1/10。

（4）屏蔽体的边角要光滑，避免尖端效应。

（5）屏蔽网有一定的屏蔽效果。频率越低，则网孔越密、线径越粗屏蔽效果越好。

（6）屏蔽室的缝隙、门窗及通风孔道等要采取防泄漏措施。

（7）微波防护还可采用石墨粉、炭粉、铁粉、合成树脂等材料制作的能吸收电磁场能量的屏蔽，也可与普通屏蔽配合使用。

（8）屏蔽体只宜于有一点和接地线相连接。接地线应尽可能短，并最好不要是 1/4 波长的奇数倍，采用矩形截面的接地线比圆形截面好。

（9）当高频设备功率较大或屏蔽装置较接近其他设备时，屏蔽装置最好单独接地，以免对别的设备产生电磁干扰。

（10）屏蔽层与电磁辐射源的间距。对于高频输出变压器，水平间距不小于 200～300 mm，垂直间距不小于 50～60 mm。对于辐射源为高频振荡回路的屏蔽层，间距可再大些；如有良好的高频电气接触性能和良好的高频接地，间距可以在 100～200 mm。高频输出线的屏蔽，间距为工作波长的 1/4。

（11）高频接地是将高频源屏蔽体或屏蔽部件内感应生成的高频电流通入大地，使屏蔽体本身不致成为高频辐射的二次干扰源。必须根据不同频率按规定做好接地。

除了上述电磁场防措施以外，将电磁辐射源与其他线路、设备、元件隔离也是减少电磁辐射和电磁干扰影响的措施。

思　考　题

1-1　雷电是如何产生的？按照雷电的危害方式，把它分为哪三种类型？

1-2　什么叫保护接地？什么叫保护接零？它们的作用是什么？有什么区别？

1-3　什么叫工作接地、重复接地？它们各有什么作用？

1-4　什么叫接地装置？接地装置包括哪些部分？

1-5　引起电气火灾和爆炸的直接原因是什么？应采取哪些方面的防范措施？

1-6　产生静电的基本过程是什么？消除静电的危害主要从哪些方面着手？

1-7　电磁辐射对人体的危害有哪些？防止电磁场危害的措施有哪些？

第二章　人和能量的关系

第一节　人体的物理特性

从安全性的角度来看，首先对仪器技术的要求是它放出的能量对人体不会造成危险。为了理解这些作用的基本道理，需要有人体物理特性的知识。人体的物理特性根本上应该从分子水平理论来理解。但从现在仪器技术所处水平来看，从宏观的观点来了解人体组织结构的性质也很重要。

一、人体的电性质

人体内流过电流时，如果电流密度约在 1 mA/cm^2 以下，可以认为它是线性电气材料。切出一小块组织或者在组织内插入电极，然后使用电桥等方法测量其阻抗，可求出该电气材料的常量值。

线性电气材料的性质以电导率 κ 和相对介电常数 ε_s 来表示，材料中电场 e 和电流密度 i 之间的关系如式(2-1)所示：

$$i=(\kappa+j\omega\varepsilon_0\varepsilon_s)e \tag{2-1}$$

其中，ε_0 为真空中介电常数(8.85×10^{-12} F/m)。

为了了解线性范围内人体的电气性质，考虑如图 2-1 所示的细胞模型。

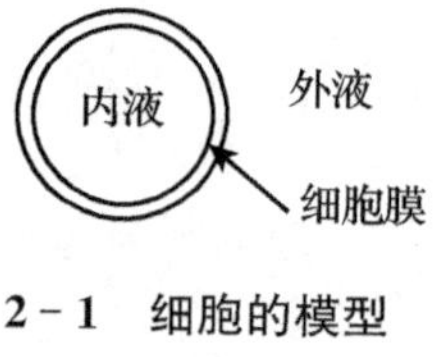

图 2-1　细胞的模型

细胞大小多数直径在数十 μm 范围内。细胞膜几乎是完全绝缘膜，电容量约为 1 $\mu F/cm^2$，而肌肉细胞为几十 $\mu F/cm^2$。

细胞里面和外面都充满着电解液，其组成是不一样的，细胞内液和外液的电导率两者都约为 10 mS/cm，而相对介电常数和水相同，约为 80。表 2-1 表明不同组织的常量值的差异程度以及和外加电场频率的关系。不同组织的电导率和介电常数差别并不大，血液比别的组织电导率大，皮肤电导率小。可见外加电场频率发生变化，常量值也改变，这是发生离散的结果。

表 2-1　人体电特性

特　性	组织	频率			
		100 Hz	10 kHz	10 MHz	10 GHz
电导率/(mS/cm)	骨骼肌	1.1	1.3	5	10
	脂　肪	0.1	0.3	0.5	1
	肝　脏	1.2	1.5	4	10
	血　液	5.0	5.0	20	20
相对介电常数/ε_s	骨骼肌	10^6	6×10^4	10^2	50
	脂　肪	10^5	2×10^4	40	6
	肝　脏	10^6	6×10^4	2×10^2	50
	血　液	10^6	1×10^4	10^2	50

人体内通过的电流增大后，宏观地看电流密度约在 1 mA/cm^2 以上时，神经、肌肉、感觉器等的细胞出现兴奋现象。以神经细胞为例来说明时，这恰好和电子线路中单稳态多谐振荡器相当。单稳态多谐振荡器电路如图 2-2(a)所示，图中元件 N 的电流电压特性如图 2-2(b)的曲线 A 所示。B 是负载直线 $U=U_0-R_i$，A 与 B 的交点为 P，它表示电路的静态工作点，此点的电压为 U_1，电流较小。

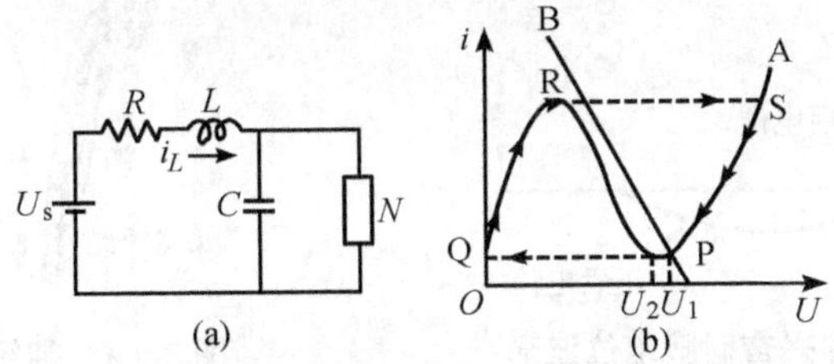

图 2-2　单稳态多谐振荡器电路及电流的变化

现在由于某种原因，电容器 C 上电荷突然减小，设电压为 U_2，电感 L 足够大时，电流 i_L 来不及突变，图中可明显地看到元件 N 的电流比 i_L 要大，电容上的电荷越来越减小，这个趋势是以加速度进行的，电路的工作状态一下子变动到 Q 点，暂时静止于此。

不久，流过电感 L 的电流增加。观测加于 L 上的电压，则可看到其电压随电流增加而增加。反之若电容上电荷增加，则按上述相同的说明，可以理解工作状态将经过 R-S 而返回 P 点。

用神经细胞的动作与单稳态多谐振荡器作比较。细胞膜内外的电势差相当于电路的电池。在人体的细胞膜中基于物质代谢使能量得到补充；可以把 Na^+ 离子排出细胞膜外，把 K^+ 离子吸到细胞膜内，它起到泵的作用(可叫做 Na - K 交换泵，主动转运等)，从而产生细胞内外液体的组成的差异。由于这种浓度差，就产生了相当于一个 70～100 mV 的电池，细胞内部比细胞外部电势低。

以某种方法例如通入电流等使膜电位发生变化，当变化不大时，膜只具有电容的性质，变化大时膜的性质则改变。膜对 Na^+ 离子的通透性是电压的函数，因此将急剧产生膜电位的变化→Na^+ 离子进入细胞内→膜电位的变化这种循环作用，在某点开始膜电位自动发生大的变化。这个作用相当于图 2 - 2 线路上非线性负电阻元件 N 的作用，这种现象叫做细胞兴奋。

发生兴奋后不久，膜对 Na^+ 的通透性再次减小，同时对 K^+ 的通透性增大，于是膜电位回到与兴奋前相近的数值。这一点和图 2 - 2 的电路受电感作用而回到原处是不一样的。细胞兴奋时膜电位波形如图 2 - 3 所示。

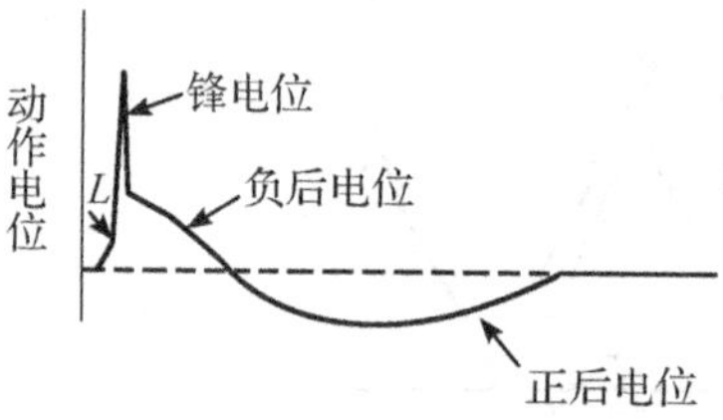

图 2 - 3　细胞兴奋时膜电位波形

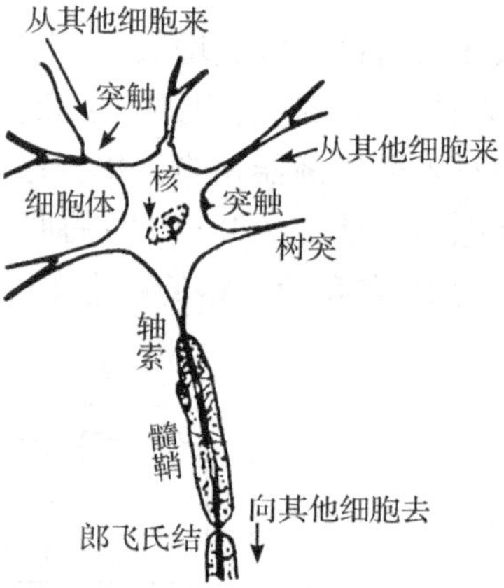

图 2 - 4　神经细胞模式图

神经细胞形状如图 2 - 4 所示，接受其他细胞来的信号或外部的刺激使细胞膜一部分兴奋时，由于脉冲波的膜电位变化，产生局部电流。此电流使邻近部分膜电位发生变化，并使该部分兴奋，如此下去，于是兴奋状态在细胞膜上以脉冲波形式传递下去。神经细胞有像臂状的细长部分伸展出去，通过神经细胞的轴索把兴奋传到突触，从突触放出兴奋性或抑制性的物质，使下一个细胞膜的电位向兴奋方向或抑制方向变化，当此电位变化达到某个值时，使这个细胞兴奋，如此下去，逐步把信号传出。

感觉器细胞或肌肉细胞的兴奋，本质上和神经细胞情况没有什么差别。当给感觉器细胞以适当刺激时，其膜电位发生改变，变化达到某一值后，细胞兴奋向下一个神经细胞发出信号。肌肉细胞的传递则是：信号先到达有关运动的神经细胞的前端，然后从神经细胞发出信号，肌肉细胞从它和神经细胞的结合处开始兴奋，接着兴奋传到肌肉细胞的全体，引起肌肉细胞收缩。当体内有电流流过时，感觉器或神经细胞兴奋可以把刺激感觉传到大脑，如直接刺激有关运动的神经或肌肉细胞时，则可能出现与意识无关的肌肉收缩。

当考虑电的安全性时，心脏具有重要的意义。心脏是由心肌细胞构成的，心脏在一定时间间隔内反复地进行收缩与舒张，起到泵的作用，使血液在全身循环。心肌兴奋一般是从窦房结开始，使相邻细胞依次兴奋，把兴奋传递下去，并由此和谐地保持着两个心房和两个心室的收缩的时间关系。如有电流流过心肌时，就会失去这种同步的收缩作用，心肌细胞则随意地开始收缩，血液就射不出去，这种状态叫做颤动。

二、人体的机械性质

外力加于人体时，可产生形变及内部应力。由于反复的形变发生疲劳和热，从而使人体受到损害。和安全问题有关的人体的机械性质主要是弹性和黏性。

一般说来，外力加于物体时，物体可发生形变，外力除去后物体就恢复原形。这种性质叫做弹性。如下所述：在形变不太大的范围内，外力与形变成正比，而超过某界限时，则发生显著的形变。

为简单起见，考虑一维的形变，加于柱形物体单位面积上的力为 p，原长为 L，伸长 ΔL，在比例关系成立的范围内如式(2-2)所示：

$$p=E\varepsilon,\varepsilon=\Delta L/L \qquad (2-2)$$

式中，ε 为伸长与原长的比值，称为应变。E 为依物质而定的比例常数，称为杨氏模量。杨氏模量越大的材料，加力时越难发生形变。几种人体组织的杨氏模量如表 2-2 所示。

对大多数材料来说，从任何方向切下测定其杨氏模量时，所得值都相同。但对人体组织来说，在某些特定方向上有纤维状结构和层状结构，则它们多是随方向不同，性质也不同，称这种材料具有各向异性。

表 2-2　人体组织的杨氏模量

骨	$1.5\sim2\times10^{11}$
肌肉、血管	5×10^{5}
脑等软组织	$0.8\sim2\times10^{5}$

例如，人体中有像血液这样的流体材料，也有呈胶状的准流体材料，当给它们加上

压力后,可随意移动。移动速度在材料内部不一样,由于流体间的摩擦,相互之间有力的作用。像这样在材料上加外力,相应的可随意移动的性质叫做黏性,移动速度不同时,作用于两侧材料上的力和该受力面上速度分布梯度成比例,即

$$f=\mu\frac{\mathrm{d}v}{\mathrm{d}y} \tag{2-3}$$

式中,f 为 x 方向上的力,v 为 x 方向上的速度,μ 为常数,称为黏滞系数。多数物质的黏滞系数是和速度梯度无关的常数,但有些物质如血液等非均匀结构的流体,其黏滞系数有的不是常数。

人体组织由高分子材料组成,黏性和弹性都存在,叫做黏弹性。具有黏弹性的材料,其形变的情况如图 2-5 所示,可以用弹性元件例如弹簧和黏性元件(如制动器,它产生和速度成比例的力)两者的组合来表示。实际的生物组织和高分子材料中,力与形变的关系更为复杂,需要用多个弹性元件和黏性元件来表示。具有黏性的材料内部发生机械振动时,则有能量损耗而产生热量。

弹性材料受外力作用时,材料要发生按照弹性系数所确定的形变。所以形变与外力成比例,当形变非常大时偏离了比例关系,发生了所谓屈服现象,如图 2-6 所示,材料的屈服界限用屈服点处的应变表示。

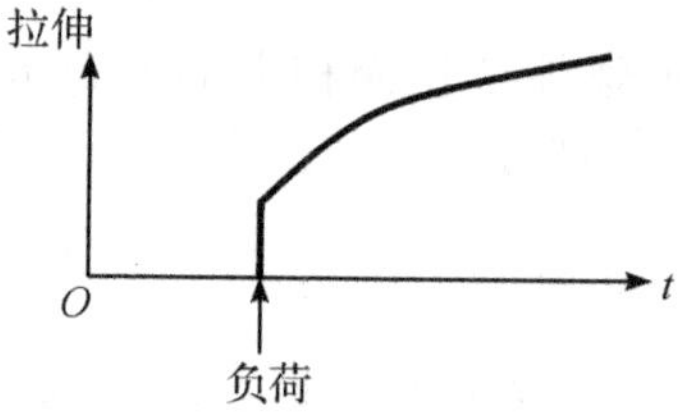

图 2-5　黏弹性的材料的形变

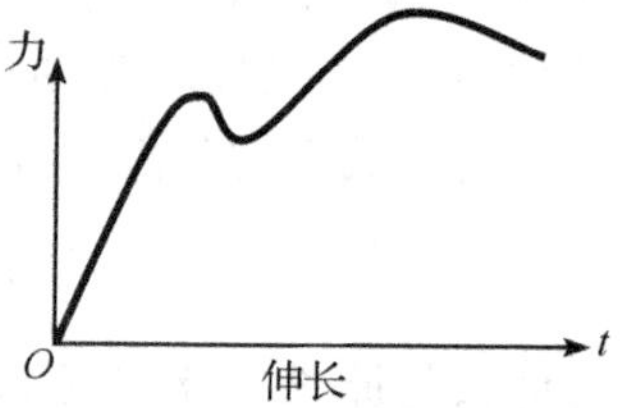

图 2-6　材料的屈服现象

若材料中发生声振动时,弹性系数和黏滞系数在频率比较低的范围内,可以认为是常量,例如在音频范围内,这些常量几乎和频率无关,是一定值。

第二节　电流的生理效应

当发生电的生理效应时,人体变成了电路的一部分。电流必然从一点进入身体而从另一点流出。电流的大小等于外加电压除以两个接触面之间的身体阻抗和两界面的阻抗,当电流流过生理组织时,一般会产生三种效应。

1. 因组织的电阻性而产生焦耳热

当电流通过人体组织时会产生热量，使组织温度升高，严重时就会烧伤组织，低频电和直流电的热效应主要是电阻损耗，高频电除了电阻损耗外，还有介质损耗。

2. 兴奋组织（神经和肌肉）的电兴奋

人体通入电流时，在细胞膜的两端会产生电势差，当电势差达到一定值后，会使细胞膜发生兴奋。如肌肉细胞，则会发生与意志无关的力和运动，或使肌肉处于极度紧张状态，产生过度疲劳；如神经细胞，则会产生电刺激的感觉。随着电流在体内的扩散，电流密度将迅速减少，因此，通电后受到刺激的只是距通电点很近的神经和肌肉细胞。此外，从体内通入的电流和从体外流入的电流对心脏的影响也有很大的不同。

3. 电化学烧伤（对于直流电）

人体组织中所有的细胞都浸在淋巴液、血液和其他体液中。人体通电后，上述组织液中的离子将分别向异性电极移动，在电极处形成新的物质。这些新形成的物质有很多是酸、碱之类的腐蚀性物质，对皮肤有刺激和损伤作用。

这些作用不是单独发生，而是几种重叠发生的。

一、低频电流的作用

通过大量触电事故案例分析表明：当电流通过人体内部时，对人体伤害的严重程度与通过人体电流的大小、通过人体的持续时间、电流通过人体的途径、人体电阻、电流种类及人体状况等多种因素有关，而各因素之间又有着十分密切的联系。

1. 伤害程度与电流大小的关系

通过人体的电流越大，生理反应越明显，人体感觉越强烈，致命的危险性就越大。当电流增加时，对于人体所产生的心理和生理作用如表 2－3 所示。

表 2－3　电流对人体的作用

效　应	电　流					
	直流(mA)		交流(mA)(有效值)			
			50 Hz		100 Hz	
	男	女	男	女	男	女
最小感知电流(略有麻感)	5.2	5.3	1.0	0.7	12	8
无痛苦感电流(肌肉自由)	9	6	1.8	1.2	17	11
有痛苦感电流(肌肉自由)	62	41	9	6	55	37
有痛苦感，不能脱离电源	76	51	16	10.5	75	50
强烈电击，肌肉强直，呼吸困难	90	60	23	15	94	63

(续表 2-3)

效应		电流					
		直流(mA)		交流(mA—有效值)			
				50 Hz		100 Hz	
		男	女	男	女	男	女
可能引起室颤	电击 0.03 s	1 300	1 300	400	400	500	500
	电击 3 s	500	500	50	50	300	300
一定引起室颤		上一项电流值的 2.75 倍					

根据通过人体的电流大小不同,人体呈现不同的反应状态,将触电电流分成感知电流、脱开电流、室颤电流三级。

(1) 感知电流。当局部电流密度大到足以刺激皮肤上的神经末梢时,被实验者就会感到刺痛。感觉阈是一个人所能感觉到的最小电流。这个阈值每个人不同,并且随测试条件而不同,这个值也不同。由表可知成年男子平均感知电流为 1.0 mA,成年女子平均感知电流为 0.7 mA,感知阈值定义为 0.5 mA,感知电流一般不会对人体构成伤害,但当电流增大时,感觉增强,反应加剧,可能导致坠落等二次事故。

(2) 脱开电流。再大一些的电流会强烈地刺激神经和肌肉,最后引起疼痛和疲劳。被实验者受到任何高于阈值的电流时,其肌肉会产生不随意收缩或反射缩回,会引起续发性的身体损伤,例如从梯子上摔下来。当电流进一步增加时,肌肉的不随意收缩,会使被实验者不能随意缩回。脱开电流的定义是被实验者能随意缩回的最大电流。

成年男子的平均脱开电流为 16 mA,成年女子的平均脱开电流为 10.5 mA;女性的脱开电流约是男性的 2/3;成年男子的有痛苦感电流(肌肉自由)为9 mA,成年女子的有痛苦感电流(肌肉自由)为 6 mA。

摆脱带电体的能力是随着触电时间的延长而减弱的,一旦触电后不能摆脱电源,就会产生严重的后果。可以认为,摆脱电流是有较大危险的界限,它与个体生理特征、电极形状、电极尺寸等因素有关。

研究表明,频率对脱开电流有很大的影响,图 2-7 表示脱开电流随电流频率变化的曲线,而最小的脱开电流偏巧是发生在 50～60 Hz 的市电频率上。频率低于 10 Hz 时,脱开电流增大,因为在每一周期的一部分时间内,肌肉能够部分地弛缓。频率高于几百 Hz 后,脱开电流也增大,是由于熟知的强度持久适应

(Strength-duration Tradeoff)和易兴奋组织的不应性的缘故。

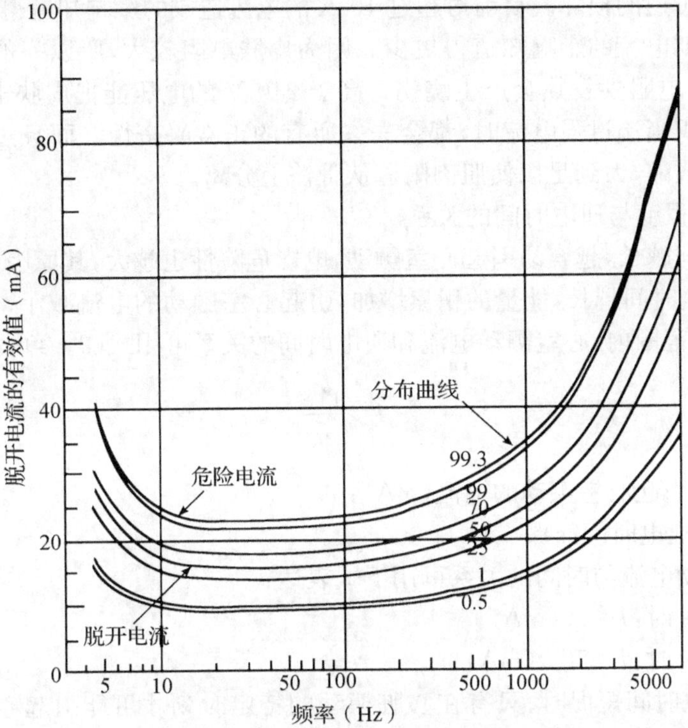

图 2－7　脱开电流随频率的变化曲线

(3) 室颤电流。心脏对于特殊路径的电流很敏感,这是非常危险的。通过胸腔的一部分电流流过心脏,如果电流幅度大到足以兴奋心脏肌肉部分,那么心脏肌肉电活动性的正常传播就被破坏了。一旦心室里的电活动失去了同步,心脏就停止泵的作用了,几分钟之内人就会死亡。心脏肌肉组织的这种失去同步叫做室颤,当电流去掉后,室颤还是不能停止。心室室颤是电击死亡的主要原因。当使用除颤器的短暂高电流脉冲把心脏肌肉的去极所有细胞同时,才能恢复正常的有节律的电活动。当所有细胞都弛缓后,正常节律一般就恢复了。在电流不超过数百mA的情况下,电击致死的主要原因是电流引起心室颤动或窒息造成的。因此,可以认为引起心室颤动的电流即是致命电流。心室颤动是心室每秒 400～600 次以上的纤维性颤动,可造成血液循环的终止,危及生命。

当电流足够大时,整个心脏肌肉收缩。虽然加大电流,心脏停止搏动,但是当去掉电流时,就能产生正常节律,正像除颤情况一样。用动物做的交流除颤实验所得的数据表明，整个心肌收缩的最小电流是在1～6 A范围内。而这些电流不会对心脏产生不可逆的损坏。目前对超过10 A的电流造成的影响知道得很少，特别是对于短持续期电流的影响知道得更少。因为皮肤电阻较大，所以一般在皮肤的进入点上，由于电阻性发热会产生烧伤。高于240 V的电压能把皮肤击穿。大脑和其他神经组织当流过强电流时，都会失去所有的正常兴奋性。而且过大的电流可能强迫肌肉收缩，大到足以使肌肉附着从骨骼上分离。

2. 伤害程度与通电时间的关系

通电时间越长，越容易引起心室颤动，电击危险性也越大，其原因如下：

(1) 通电时间越长，能量的积累增加，引起心室颤动的电流减小。当通电时间在0.01～5s范围内，心室颤动电流和通电时间的关系可用式(2-4)表示：

$$I=\frac{116}{\sqrt{t}} \tag{2-4}$$

式中 I——引起心室颤动的电流(mA)；

t——通电时间(s)。

心室颤动电流与时间的关系可用下式表达：

当$t \geqslant 1$ s时：$I=50$(mA)；

当$t<1$ s时：$I=50/t$(mA)。

(2) 通电时间短促时，只有在心脏搏动的特定时刻才可能引起心室颤动。因此，通电时间越长，与该时刻重合的可能性越大，心室颤动的可能性也就越大，亦即电击的危险性也越大。

(3) 通电时间越长，人体电阻因出汗等原因而降低，导致通过人体的电流进一步增加，电击危险性亦随之增加。

3. 伤害程度与电流途径的关系

电流作用于人体，没有绝对安全的途径。

(1) 电流通过心脏会引起心室颤动，促使心脏停止跳动，中断血液循环，导致死亡。

(2) 电流通过中枢神经或有关部位，会引起中枢神经严重失调而导致死亡。

(3) 电流通过脊髓，可导致半截肢体瘫痪。

(4) 从左手到胸部，电流途径较短，是最危险的电流途径；从手到手的电流途经心脏，因此也是较危险的电流途径；从脚到脚的电流是危险性较小的电流途径，但可能使人因痉挛而摔倒，导致电流通过全身而引起摔伤、坠落等二次事故。

4. 伤害程度与人体状况的关系

不同的人对电流的敏感程度以及在遭受同样电流电击时所受的危险程度都不

完全相同。

(1) 电流作用于人体时，女性的危险较男性大，女性感知电流和摆脱电流的几率约比男性低 1/3。

(2) 儿童的危险性较成人大。

(3) 体弱多病者的危险性较健壮者大。

(4) 体重轻的危险性一般较体重重的大。

体重的大小对室颤电流阈值影响很大，研究表明，室颤阈值是随体重增加而增大的。当电流加在身体表面的两个点上时，只是总电流的一小部分流过心脏。这些在体表外加的巨大电流称为宏电击(Macro Shock)。当电流加在身体表面时的电流量，远比直接加到心脏时要大得多。宏电击的两个进入点位置的重要性往往被忽视。如果两个进入点都位于同一个端点上，那么即使是强电流，室颤的危险也是很小的。但是，一个器件如果从体外到心脏上或在心脏内的一点上形成一个导电通路，并且如果这个导体除了在靠近心脏的这一点以外是与全身绝缘的，那就存在较大的危险，流过导管的所有电流都流过心脏，接触点上的电流密度相当高，因此，只要有 20 μA 的总电流就能引起狗的心脏室颤。在有心导管的情况下，所测得的人体心脏室颤的数据表明 80～60 μA 的电流就能引起室颤。在身体的任何位置上进入体内而在心脏内部所加的电流，是微电击。微电击的允许安全极限一般是 10 μA。

二、高频电流的作用

如前所述，人体对电流的生理刺激作用与频率有关，当频率增高时，刺激作用逐渐减小。一般认为当频率超过 1 kHz 时，它的刺激作用和频率成反比地减小。在电流密度低时，刺激作用减少，热作用比刺激作用更明显。热作用可以把人体看成单纯的电气材料，通过计算其耗损来推断热作用。一方面发热使体温上升，另一方面，由于局部循环量增大、发汗等现象使散热加速而使体温下降。而人的正常状态的体温，由这两者的平衡点来决定。

局部或全身通入高频电流，产生焦耳热使体温在一定范围之内上升时，则产生循环量增大和促进生物化学反应等良好效果。从某种意义上这和温浴治疗法相同，可利用它进行某些治疗。

但是，当体温上升超过某一限度时，则产生不良效应，甚至有烧伤危险。从大量理论分析和实验结果得出，体温上升 0.2℃左右是一个不会发生危险的临界值。它相当于在体表消耗约 100 mW/cm^2 的能量。

在高频波段内工作的高能量仪器中，最常见的是高频电刀。高频电刀的本质是借助于电弧放电在人体表面上出现极强的电流密度，由于人体组织被爆发性地蒸发掉，于是此处有切开作用。用放电切开与金属精密加工的放电加工法相似，放电加工及电手术刀都是利用电弧放电，电弧放电的特点是电流密度非常大，其值为 $10^4 \sim 10^8$ A/cm^2。

在人体或物体的表面上，当有这样大密度的电流流入时，由于电流从极其有限的部分扩散开，这等于在极大的阻抗中流过大的电流，因而造成温度急剧上升。通过计算可知，电流为0.1 A，电流密度为 10^6 A/cm^{2}时，人体表面接触电流的部分，数十微秒之间即可达到沸点，出现爆发式蒸发飞散，这就是高频电刀的原理。激光手术刀、超声波手术刀及把大能量照射到小面积上的电手术刀都是基于这一原理。

高频电刀是利用大能量的器件，因而当把能量集中到要切开部位之外时，易发生烧伤事故。

三、微波的作用

微波是当电流频率更高，几乎没有刺激作用而近似于只有热作用时产生的。微波以平面波入射到人体表面时，各部位消耗的电功率可以用各组织的电常数来计算。射入体内的微波能量，几乎全部转化为热量而使体温上升，这和高频电刀所产生的危害相同。当入射电功率为 100 mW/cm^{2}时，对人体开始产生影响。

当然还有非热的作用，如直接刺激神经等。这种频率下细胞膜的电势差很小，作用不是很明显，但会引发脑电波诱发反应和声音的感觉等。

粒子的排列和取向现象就是非热作用的实例。液体中多数粒子处于悬浮状态，加以电场，粒子因静电感应而成为偶极子。粒子由于热能作用而作不规则运动，这时因受电场的影响，粒子沿着电场方向排列，并因为偶极子的互相作用而接近。当电场非常强时，粒子逐渐沿着电力线排成一列，并且黏着不动，这种现象叫做“微粒链形成”(Pearl-chainformation)。

同样原理，非球形粒子上加上电场时，由于介质的常数和频率相配合，可转向特定的方向。在细菌或精子等具有运动能力的粒子中可以看到向特定方向运动的趋势。产生这些现象的电场强度，从理论上计算出的值是数个 V/cm，它是比较大的。实际上在人体内热效应是首先发生的，因为这种现象发生与否和热运动的大小有关，所以它是一种几率现象，如长期作用还可能发生积累效应。

如上所述，相关标准规定了微波以热作用为指标的临界值，但关于它的其他可能造成的危害，尚未在 GB 9706.1 中有明确规定。

第三节　力、加速度和振动的作用

静止的力作用于人体时，使组织的各部分发生和弹性及黏性相应的位移。人体的骨结构是以脊柱为中心构成的，在关节部位由于纤维软骨和韧带等把负荷分散开，并且使加于骨上的力均匀分布，所以加于人体上的力不是都由骨来承受的。

由于骨的结构不均匀，是所谓的复合材料体，所以承受冲击力的能力强。当只从物理常数上考虑时，人体即使受到很大的力的作用也不会受到损害，例如直径为数个厘米的骨可以承受数吨的力。但是当有加速度作用时，人体则变得较脆弱。

当加速度作用于人体时，其结果应当变换为体内部分的力，其影响总结如下（正加速度的情况）：

（1）循环系统中，心脏阴影面积减小，心输出量减小，血压下降等。

（2）视野变窄、失明，丧失意识等，可认为和上述循环系统的变化有关。

（3）呼吸机能也发生变化。

人体耐受加速度的程度，受加速度的方向、持续时间、训练等因素影响而不同，大致数值在连续施加加速度时为 4 个重力加速度左右。

当低频振动加于人体时，如果频率较低，就仍将转换为加速度和力而作用于人体的各部分，使各部分有振动感觉。频率逐渐从 20 Hz 增加到 20 kHz 时，其对人体的作用使听觉产生效应比产生振动感觉要早。当频率更高，达到所谓超声波的区域时，振动以波动形式传入体内，这时主要由于能量的损耗而产生热量或者直接表现为力的作用。可见由于频率不同，作用也不一样，所以有必要分别加以研究。

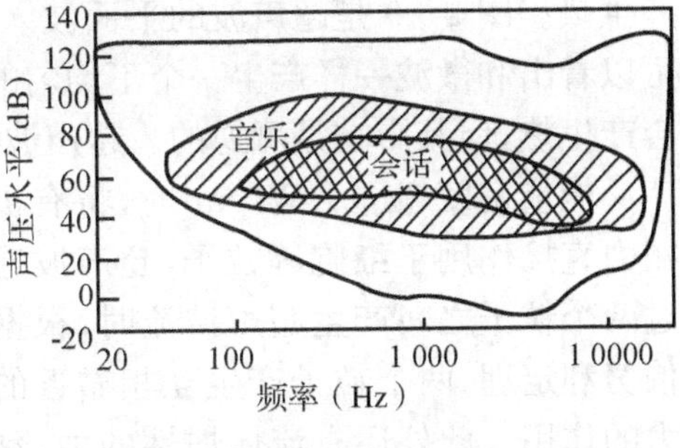

图 2－8　听觉感度曲线

关于可听频率区域，很早以来已有充分的研究。图 2－8 所示为听觉感度曲线，它反映了在零分贝情况下声压为 2×10^{-4} dyn/cm^2，用它来表示人的听觉的最低感知水平和频率的关系。声压比最低感知水平高时，人们听到声音强弱并不是按照这一曲线的规律。人听到声音的强弱以等感度曲线来表示，这种曲线叫做 Fletcher-Munson 曲线，被 ISO 标准采用，噪声指示计的基本特征依此规定。噪声对人体的影响，大致如下：

（1）长时间处在 80～90 dB 的高水平声场中，发生听力减退，主要是对高频声音的听力减退。

(2) 50～70 dB以上的声音，通过听觉作用于人的植物神经，人体出现末梢血管阻抗增加、唾液分泌、交感神经紧张、消化机能减退、心率加速、呼吸次数增加和各种激素分泌量发生变化等现象。

(3) 噪声通过听觉使人的心理被扰乱，工作效率降低。

此外，人对噪声的心理强度(嘈杂度)和单一声音的强度多少有些不同。

还有的声音不通过听觉也能产生振动感觉和力等影响，20 Hz以下频率的声音就是如此，20 Hz以上的频率也会产生振动的影响。

振动时人的生理和心理的影响还有如下几点：

(1) 视力减退；

(2) 不愉悦感，睡眠障碍等；

(3) 呼吸频率、氧消耗量增加；

(4) 循环状态变化；

(5) 长时间受到更激烈的振动时，容易产生雷诺氏病症状(四肢末端苍白)、冷感、紫绀、麻木、疼痛、关节变化、肌肉萎缩；内分泌障碍、手指颤抖、消化器官障碍等；当振幅为2 mm(3 Hz约100 dB)左右时，变化比较显著。

人体受超声波振动时，如果超声波的能量密度非常高，各组织依其衰减系数而产生热。图2-9是超声波的平面波入射到人体体表时，产生热分布的计算图例。可以看出和微波一样产生一个不均匀的分布。能量密度在100 mW/cm^{2}以下时也会产生热，但其影响是可逆的。超声波照射停止后不留任何残迹。

能量密度超过1 W/cm^{2}时，将有机械力直接作用于细胞等粒子，超声波通过两个粒子之间产生超声波流时，根据伯努利定理，两个粒子产生互相靠近的力的作用。此外还有流体惯性的力，黏性的力和由能量本身产生的辐射压等造成的影响。这些力的影响程度低时是可逆的，不会产生严重的危害，影响程度显著时则会产生不可逆的危害。

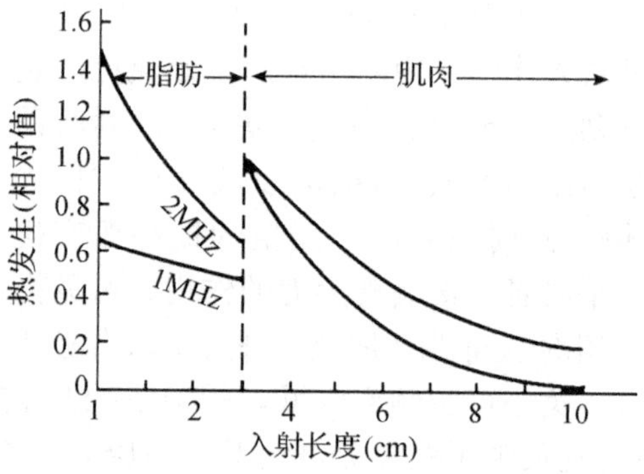

图2-9 热分布计算

能量增高到10 W/cm^{2}时，液体中有空泡产生，出现空化现象。产生空化现象后，组织立刻受到破坏，超声波手术刀就是利用这一原理。但从安全角度看这种现象是不允许发生的。

另外在细胞分裂等发生学角度看，当超声波能量低于 100 mW/cm^2 时也会产生影响。在细胞分裂过程中有丝分裂阶段最易受影响。

第四节　光的作用

人体组织除眼睛外，对红外线、可见光、紫外线都是不可透，照射到体表的光，几乎都在体表化为热量。其中红外线能到达身体较深部位，使温度上升，促进循环。如时间较长，末梢血管扩张，将会产生色素沉着。因为血液中血红蛋白对可见光 0.55 μm 附近波长的光有选择性吸收作用，所以当强光照射时，会发生血液凝固等现象。紫外线在皮肤下极近处就被吸收，特别是 0.3 μm 附近波长的光，发生“晒黑”现象，此外也可能诱发皮肤癌。某些药剂使用过程中受紫外线照射也会产生较大影响。

目前由于激光的大量应用，激光把强的光能集中起来，由此造成的危害也是一个问题。用激光把能量集中后，可容易地切开体表面及组织，由此造成的原理和高频电刀基本相同。所以受到激光手术刀的能量的直射光或散射光照射时，对体表的任何部位都有危害。

激光所造成的损害除上述之外，对眼部的损伤是较大的。

一、激光对眼的影响和损伤

因眼睛本身既是一个透光器，又是一个聚光器，眼内的虹膜和眼底组织因含有大量色素，又是一个良好的光吸收器，因此极易受到激光损伤。眼屈光介质对波长 4 000～9 500 Å 的激光有很高的透射率，特别是其中的可见光谱部分，经过角膜和晶状体的聚焦后能形成极小的光斑像，此光斑像上的激光强度比落在角膜上的光斑强度要大几个数量级，故激光对眼比对身体其他组织的伤害作用要大得多。在激光装置的邻近处所发生的眼损伤，不仅包括激光本身，同时也包括用激发的光泵、自气体放电管离轴性自发辐射(Off-axis Spontaneous Radiation)以及有时用于中止极强光束的吸收体之黑体辐射所造成的危害。激光器功率越大、波长越短，它的腔体光泵或高压电源等所造成的危害也越大。

激光对眼的损伤，涉及范围很广，包括从微观到宏观，从生理生化到组织病理等一系列的改变。轻者造成功能性或可逆性病变，重者则造成永久性后遗症或失明。欲全面判定各种激光对眼的不同影响和损伤，应采取各种不同的手段或方法，除采用与激光有关的物理学方法外，还应包括生理的、组织化学的以及组织病理学等的方法。

欲全面了解激光对眼的损伤，必须更好地了解激光对生物体组织特别是眼组织的各种效应。激光的热效应是造成组织损伤的主要原因。实验证明，用高能量的钕激光照射活体瘤组织时，瘤体表面下 1.5 cm 处的温升可达 90～260℃从而使组织细胞破坏，甚至使整块组织气化。视网膜的色素上皮及其后脉络膜组织中所含的色素颗粒，对激光有极高的吸收率，比其周围组织约多 1 000 倍，由其吸收激光后，立即转化成的热量，常可使局部组织的温升超过水的沸点。视网膜受照部位温升在 10℃左右时，视网膜色素层即可出现损害。色素上皮同视网膜视觉的感受器细胞层有着重要的生理和解剖联系，杆体和锥体细胞的顶端紧靠色素上皮层，它们的营养供给和修复需靠色素上皮，视紫红质的再生也有赖于色素上皮细胞的生理活动，故色素上皮的热损伤极易影响到感受器层而使视功能受损。由热损伤造成的基本后果是蛋白质变性和酶失活，从而引起一系列病变。实验证明，激光照射后可引起氨基酸（如色氨酸）和脱氧核糖核酸（DNA）变性，对于细胞代谢至关重要的酶如氧化酶、脱氢酶及某些辅酶在激光辐照后皆可丧失或降低活力。

生物放大可以是物理损伤进一步的发展结果。水肿反应，可能系热膨胀所致的细胞内液的渗漏、微血管渗透性的增加，或系邻近热损伤的细胞破坏释放的组织胺所引起的水肿。水肿的面积取决于就近的毛细血管的反应以及血压和细胞间液压的差，故水肿的面积与原来损伤的面积不成正比关系。

此种生物放大作用，连同物理放大（压强效应引起的组织内的微爆或冲击扩散），往往使激光损伤面积大于照射面积。激光对视网膜的损伤面积在轻度损伤时，大致相当于照射面积，中度损伤面积一般不超过照射面积的 1 倍，较重的损伤则会使面积增大。损伤区直径的增大与激光的入射能量或视网膜的吸收能量有关，入射或吸收能量越大，损伤面积的直径也就成比例地增大。

二、常用不同波长激光对眼的损伤

依激光进入眼内的方式，可将损伤途径分为通过角膜进入眼内所致的损伤和通过巩膜所致的眼内损伤，以第一种激光通过透明的角膜直接辐射到眼内所致的眼内损伤占绝大多数，其中又分为直射激光损伤和反射激光损伤。前者乃指眼睛在朝向激光的发射方向上直接接受到激光的照射，后者则指眼睛接受来自任何方向的漫反射体的反射激光而受到损伤。

1. 可见光谱激光对眼的损伤

因绝大部分可见光谱（4 000～7 600 Å）激光可以透过眼的屈光介质到达眼底而被吸收，故其主要损伤眼底的视网膜和脉络膜。依激光能量的大小或强弱以及视网膜不同的损伤程度，根据不同的检查方法，可将视网膜激光损伤分为五种级别：① 生物电级的改变，为低能量的激光引起的改变；② 组织化学级的损伤，为能量更大的激光所造成的在检眼镜下不一定能看出的病变，主要表现在视网膜组织的酶失活和蛋白变性，有时这些改变是功能性的，有部分的可逆性；③ 电子显微镜级的视网膜损伤，这是比组织化学方面的损伤更进一步的或更明显的损伤。电子显微镜水平的光损伤的最早征象在色素上皮细胞内，其特殊表现是居色素上皮细胞尖部和中部的平滑的内胞浆网状质形成断裂和空泡。这些变化见于用 175 μs，0.7 J/cm^2 剂量和 0.8 mm 的光斑辐照之后。随着病变而发展为临床可见；④ 光学显微镜级的组织学病变：入射到眼底的激光一部分首先为厚度 10 μm 左右的色素上皮所吸收，另一部分被厚度为 100～150 μm 的脉络膜所吸收。色素上皮细胞中的黑色素粒为圆球形或椭圆形，直径约 0.5～1 μm，虽然色素上皮细胞大约厚 10 μm，但黑色素粒却集中在紧靠锥体和杆体细胞顶端的厚为 3～4 μm 的窄带内。因此视觉的锥、杆体细胞极易受黑色素粒吸收激光后产生的热的影响。轻度的激光视网膜损伤只累及色素上皮及其邻近的锥、杆体细胞，比较重的损伤则扩展到内、外核层，重度损伤则会产生气泡和视网膜破口，气泡可进入玻璃体。视网膜内核层以外的各层有较大破坏，甚至缺损，往往合并明显的出血和脉络膜损害。脉络膜的损伤以毛细血管和静脉损伤为主，表现为出血、毛细血管萎缩、血管壁细胞水肿、管壁加厚和变形。

2. 近红外激光对眼的损伤

眼屈光介质对 8 000～14 000 Å 谱段的近红外激光有一定的透过率，特别是对 11 000 Å 左右的光，约有一半被透过，另一半被眼的屈光介质反射或吸收，因此，近红外谱段的激光的相当部分可以透到眼底发生不自觉的聚焦，从而损伤视网膜。同时也因较多地为屈光介质所吸收而损伤这些组织。在这一谱段中，以钕激光（波长 1.06 μm）为代表。现将钕激光对眼的有关损伤分述如下：

（1）视网膜：钕激光对视网膜的损伤性质与红宝石激光大致相同，但欲引起同等损伤，钕激光的能量要增加 5～6 倍。视网膜的损伤主要表现在锥、杆体细胞的破坏。

（2）角膜：人眼角膜对钕激光吸收率约为 7%。根据裂隙灯检查，造成角膜近阈值损伤所需的钕激光能量为 1.5 J。6～8 J 的能量对角膜可造成重度损伤，表现为贯穿角膜全厚度的圆筒状病损，损伤部位的角膜完全混浊。

（3）晶体：晶体对钕激光的吸收率较高（人眼和兔眼晶体为 15%），1.5 J 的能量即可造成可在裂隙灯下看到的损伤。晶状体的阈值损伤包括局限性的和表层性混浊。随着能量的增加，此种混浊沿着激光束向后囊方向扩展，这种深层混浊与阈损伤相反，是不可逆的。

（4）虹膜：钕激光照射虹膜后的组织切片中，嗜碱性染色的基质典型反应是，有一局限性的表层损伤区和一近色素层的更广泛的深层损伤区。

(5) 巩膜:钕激光对巩膜的阈值损伤导致限界性充血,脉络膜色素聚集成片以及邻近的巩膜呈稀疏的嗜碱性染色。较高的激光强度造成脉络膜视网膜粘连,眼球壁的所有组织水肿并终致穿孔。在玻璃体内、晶体内和邻近的房角结构中,可见副作用且往往比较明显。修复过程中分别可见巨噬细胞、睫状体萎缩或脉络膜视网膜疤痕。在受照眼球的病理标本中,发现晶体有自发性脱位,这表明睫状体带有弥漫性病变。

用高能量的如 80～120 J 钕激光,不仅可致眼球各层严重破坏性改变,还可引起大脑形态学的改变。在照射后的第 5 天开始发生大脑退行性改变,但其不同于对大脑直接照射所产生的危害。其他的脑病变包括大脑水肿、视分析器内神经细胞的胞浆有空泡形成和脊髓神经纤维的断裂等。

3. 远红外光谱激光对眼的损伤

远红外光谱激光以二氧化碳激光为代表。二氧化碳激光的波长为 10.6 μm,眼屈光介质对其是不透过的,它几乎完全被角膜吸收(其吸收系数大于 1/150 μm),其中 99.9%集中在角膜前部 100 μm 的上皮层和基质中,所以二氧化碳激光主要导致角膜损伤,其损伤机制为热性损伤。因此,在单次曝光阶段内,损伤是时间—温度史的函数,对角膜产生最小不可逆损伤的阈值参见图 2-10。

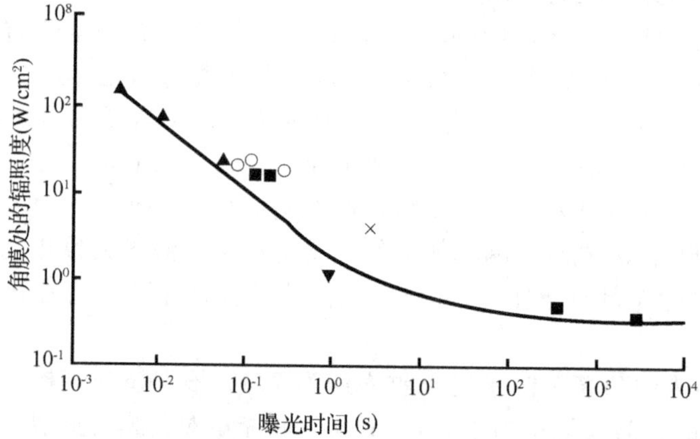

图 2-10 二氧化碳激光致角膜不可逆性损伤的阈值

(功率水平作为曝光时间的函数)

注:图中 ▲ ○ ▼ × ■ 为取自五个不同作者的数据

4. 紫外光谱激光对眼的损伤

目前,较常用的紫外激光为氮分子激光(工作波长为 0.337 1 μm),但如果放电管是石英做的，气体放电激光器有时也会附带产生有害的紫外线。若将放电管用不透紫外线的耐热玻璃制作或在石英放电管外面安装不透光外壳，此种附带产生的紫外线则为之消除，3 000 Å 以下的入射光基本上都被角膜吸收，3 000～4 000 Å 之间的入射光大部分被角膜、少部分被晶状体及玻璃体吸收。故紫外线激光主要造成角膜和结膜发炎，称为光性眼炎（Photophthalmia）。有时甚至较低水平的辐射也会引起。因这一波段的光是看不见的，角结膜组织对其吸收具有累积作用，因此病状可在曝光后迟发。发病时患者具有眼内异物感、羞明、流泪、眼痛等症状，此乃角膜上皮剥脱，暴露角膜的神经组织所致。这些症状往往在曝光后 0.5～24 h 才发生，故患者在白天曝光后常在当天晚上或夜里发病。有时比较低水平的非直接的反射紫外线，可造成角膜的轻微损伤和眼的不适症状。

三、影响激光眼损伤的因素

激光引起眼损伤的几率和程度，与激光能量密度、发射或曝光时间、波长范围、激光功率、瞳孔大小、眼组织的色素含量和血流量，以及组织的均匀性、弹性、韧性和层次结构等因素有关。

（1）激光能量密度：这是影响激光眼损伤的最重要的一个因素。激光的能量主要由激光器输出能量的大小决定的。另外，它还受激光发散角大小、激光至眼的传输距离、在大气中的透射率，以及仪器光路中各光学面或介质对它的反射或吸收等因素的影响。

对脉冲激光，激光束的最大辐射曝光强度一般都称为焦耳/平方厘米（J/cm^2）；对连续激光，激光束的最大辐照度一般都说成瓦/平方厘米（W/cm^2）。但人们对其可能接受的曝光量往往是不易判定的。如果光束从来没被聚焦，并且比人的瞳孔还要大，则应当把每单位面积的输出能量（辐射曝光强度）或每单位面积的功率（辐照度）作为定标数值。如果光束已被聚焦或光束在输出后不能被察觉，则应当用其总的光束能量或功率输出。

（2）激光发射或曝光时间：当激光器的输入能量相同时，连续激光的曝光时间越长，脉冲激光的发射时间越短，则越易引起眼部损伤。脉冲越短的激光，其峰值功率亦越大。

（3）激光的波长范围：激光的波长范围与激光对眼的损伤有密切关系，因眼组织对不同波长的激光有不同的透射、散射、反射和吸收。眼屈光介质对可见光谱（4 000～7 600 Å）的激光透射率很高，吸收率很低，故可见光谱激光主要造成眼底的损伤。近可见（近红外）谱段的激光（波长 8 000～14 000 Å）也有较高的透射率，同时又有较高的吸收率，故其既可引起眼底损伤，又可引起眼介质的损伤。紫外与远红外谱段的激光基本上不能透过眼屈光介质（角膜），故主要造成角膜的损伤。

另外，近红外波段的激光、角膜和晶体对其也有较高的吸收率，故也可致角膜损伤和晶体混浊。

(4) 激光功率：0.1 W 的激光器即对眼有潜在的危害，因为激光的亮度大、能量高、激光的辐射发散角极小(0.1～10 μrad)而能形成极细的平行光束。这种光束通过角膜和晶体(相当于一个凸透镜)聚焦后在视网膜上形成非常小的光斑，激光的能量可以会聚到这一极小的光斑上，从而大大提高激光的效应。

(5) 瞳孔大小：瞳孔的大小，直接影响激光束进入眼底的量。在激光束大于瞳孔直径的情况下，部分激光束将被瞳孔周围的虹膜所拦截。进入眼的总能量(或功率)与瞳孔的面积成正比，亦即与瞳孔直径的平方成正比。

(6) 眼的屈光因素：对一个正视眼来说，平行的激光束经过眼的自然聚焦，焦点会直接落到视网膜上，激光的效应发挥得最集中和最充分，故很容易造成眼底损伤。因此，正视眼如果直视略高于安全水平的激光束时，就有损伤视网膜的危险。对屈光不正的眼，特别是高度近视或高度远视眼，平行激光束的自然聚焦不会直接落到视网膜上，同样剂量的激光就不一定产生效应或引起损伤。但如果激光能量显著高过阈值水平时，屈光不正的眼底接受了非聚焦的激光束辐照也会引起损伤。有严重散光特别是不规则散光的眼，会影响激光在视网膜上的均匀成像，从而减低其效应。

(7) 眼的取向因素：眼的注视方向，或者说激光对眼的投射方向或入射角度，会直接影响激光进入眼内的数量及其成像状况，从而影响激光的效应。如果激光束的入射方向同眼的注视方向或眼轴相平行，则激光将会聚于视网膜的黄斑区，成最小像，于是损伤此处视觉最敏锐的锥体细胞。眼睛直接注视激光束或其反射光束都可能造成这种损伤。反之，如果激光束的入射方向同眼的注视方向或眼轴有较大角度，或者当眼睛斜视激光束时，则大部分激光将被眼屈光介质的界面(主要是角膜的前表面)所反射，入射到眼内的激光及其效应则随之减少和减弱，不易造成损伤。

(8) 眼底的色素含量和结构状况：由于色素组织极易吸收激光，故眼底的色素含量的多少，无疑会影响激光对视网膜的损伤程度。人眼眼底的色素含量因人而异，它大致同人皮肤的色素含量一致。皮肤特别黑的人，其眼底的色素含量也相应多些，故可参考皮肤的颜色估计眼底的色素含量。眼底不同部位的色素含量也有所差异。另外，视网膜不同部位的结构状况和紧密程度也有所不同。这些因素对激光的眼底损伤也有一定影响。

出于对激光的安全考虑，各国已经制定出了激光的安全标准，例如美国标准(American National Standard Institute，ANSI)按输出大小把激光分为 5 个等级，分别定出它们的安全措施，另外对眼(直接光、扩散光)、皮肤的容许能量定出了 3

个种类值，并分别按波长详细定出，大致数值如下表 2－4 所示，GB 9706 对激光的辐射的要求也在考虑中。

表 2－4　激光的安全临界值

类　型	眼(直接光)	眼(扩散光)	皮　肤
紫外线(0.3 μm) (J/cm²)	10^{-1}	10^{-1}	10^{-1}
可见光(脉冲 10 ms) (J/cm²)	10^{-4}	2×10^{-2}*	0.3
可见光(连续波) (W/cm²)	10^{-6}	2×10^{-3}	0.2
红外线(连续波) (W/cm²)	10^{-1}	10^{-1}	10^{-1}

注：* 是扩散光的立体角，取 0.1Sr(球面角度)。

第五节　放射线的作用

自 1895 年发现 X 射线以来，放射线在医学上应用已久，近来又把人工高能粒子线和同位素等应用于诊疗上。放射性核素在人们生产、生活的各个领域得到越来越广泛的应用，但放射线在造福人类的同时，过量照射也会对人体造成有害的影响。辐射防护(Radiation Protection)的目的就是要把放射线对人的影响减少到最低限度。只有掌握有关射线对人体影响的知识和防护措施，才能趋利避害、化害为利。

放射线对人体的作用是一个复杂的过程，受多种因素的影响，而放射线引起的机体损害，也不是射线所特有的，同样可以由其他理化因素、生物因素等引起。影响外照射生物效应的因素主要有：射线种类和能量、吸收剂量、剂量率、照射范围的大小、受照射组织的放射敏感性等。影响内照射生物效应的因素主要有：在体内的分布、积聚的器官的重要性、有效半衰期、放射线的种类和能量等。同时由于宇宙和地球的广阔空间存在着天然放射性，即天然本底辐射(Natural Background Exposure)，人类在生产、生活中都不可避免地受到射线照射，诱导细胞、组织的适应性反应。虽然射线对生物机体有危害的一面，但是 20 世纪 80 年代中期以来的研究发现，一定限度的低剂量辐射对生命活动和代谢能产生兴奋效应。分子生物学和细胞生物学的发展更促进了对辐射损伤的认识。

目前，医疗照射在人类受到的所有人工辐射源照射中居于首位，这就给医务工作者和卫生防护人员提出了新的课题，即在应用电离辐射和放射性核素诊断或治疗疾病时必须运用合理化和最优化的原则，切实加强防护措施，尽可能减少不必要的照射。在一次诊断过程中病人受到的局部照射剂量变化很大，相当于天然辐射年剂量当量的1～50倍。放射治疗时病人受到的局部剂量更大，在一个疗程内(通常在几周内)所受剂量可高达放射诊断受照剂量的几千倍。在居民受到的各种人工辐射中，医疗照射的人均剂量最大，并给予组织器官瞬时高剂量，因此，医疗照射引起了人们的特别关注。

医疗照射通常限于身体的某个局部，照射剂量在组织中的分布很不均匀，为了比较各种类型的照射，可采用有效剂量当量。在工业发达的国家，电离辐射和放射性药物诊断时引起的年集体有效剂量当量可能是天然辐射源引起的50%，在发展中国家约为10%，全世界应用电离辐射进行诊断疾病引起的年集体有效剂量当量大约为天然辐射源引起的20%，即平均年有效剂量当量约为0.4 $mSv \cdot a^{-1}$。

辐射治疗首先是以辐射损伤为其代价。应用辐射治疗疾病引起的有效剂量当量未作估算，因为有效剂量当量的概念是基于剂量和效应之间的线性假设。如果器官受照剂量超过几个Gy，非随机性效应的危险变成主要的危险，有效剂量当量不再适用于此类危险，而辐射治疗应用的剂量往往超过几个Gy。同时也因为辐射治疗通常施于生命处于末期的肿瘤患者，在有限的寿命期内，出现由辐射引起的长期或潜伏的有害后果的几率很低。

衡量射线生物效应(Biological Effects)及危险度(Hazard)的辐射剂量被称为当量剂量(Equivalent Dose)，单位是希沃特(Sievert, Sv)，旧制单位是雷姆(rem)，1 Sv=100 rem。表示单位质量的受照物质吸收射线的平均能量的辐射剂量被定义为吸收剂量(Absorbed Dose)，单位是戈[瑞](Gy,Gray)，1Gy=1J / kg。Sv等于吸收剂量Gy乘以品质因素Q(Quality Factor)，在核医学日常使用的γ射线、X射线，β射线，正电子的$Q=1$，即1 Sv=1 Gv。而对中子来说，$Q=10$，α射线的Q值是20。照射量是表示射线空间分布的辐射剂量，即在离放射源一定距离的物体受照射线的多少。单位是库仑/千克，简写为C / kg，即以在单位质量受照物质中射线能量全部转换成的同一符号电量的值来表示。照射量除了与放射源的活性大小有关，还与被照物体与放射源的相对位置有关。离放射源越远，受照的照射量越小。

一、放射线对机体组织的损伤

1. 造血组织的辐射损伤

血液的有形细胞包括红细胞、白细胞和血小板三种，造血组织有骨髓、脾脏、淋巴结以及分散在全身的单核和巨噬细胞(也称网状内皮组织)。成熟血细胞是由造血干细胞(Hemopoietic Stem Cell)、造血祖细胞(Hemopoietic Progenitor Cell)和各种前体细胞生成。造血干细胞是在骨髓内生成，能分化为祖细胞及自我复制，又称为全能干细胞。祖细胞再分化为各种血细胞的前体细胞，进一步分化成各类血细胞,故祖细胞又称为多能祖细胞。造血干细胞是保证机体正常造血以及造血组织损伤后恢复造血功能的关键细胞。

造血组织与体内小肠黏膜上皮细胞、生殖细胞等都是增殖快、不断更新的组织,对射线高度敏感。造血组织的辐射损伤可以通过外周血细胞的变化反映,易于观测,故有生物剂量仪之称。

(1) 造血组织损伤的特点主要有:① 血液系统的辐射损伤主要是造血细胞增殖能力的抑制或丧失;② 造血组织受损伤的程度可以反映受照剂量的大小,受射线照射后很快就有血细胞数量的减少。血液系统的变化是辐射损伤临床诊断和预后判断的指标。

(2) 造血干细胞有极高的辐射敏感性,受射线照射后造血干细胞可因辐射导致死亡和凋亡而随受照剂量呈指数规律下降。受较大剂量照射后,造血干细胞被破坏,数量急剧减少,余下的部分通过自我复制、分化为祖细胞来恢复造血功能,有极大的潜在修复能力。在受到极其严重的辐射损伤后,必须进行干细胞移植,轻度损伤时也可采取输血治疗等措施。

(3) 外周血细胞的变化:辐射对外周血细胞的作用不明显,主要是对造血细胞增殖能力的抑制使血细胞的来源减少,引起外周血细胞数量的下降,较大剂量的照射也能引起血细胞寿命的缩短。

① 红细胞:由于成熟红细胞的寿命较长,受照后外周血红细胞数要经过较长时间后才有变化。一般要两周以后才能出现红细胞数和血红蛋白的降低,贫血持续数周后可自行恢复。大剂量照射后可引起红细胞损伤、寿命缩短。对小鼠和大鼠经用 3～6 Gy 照射后可使红细胞的寿命缩短至 30～60 日,使贫血出现较早和加剧。

② 白细胞:受照射后白细胞数量急剧减少,这一方面是由于白细胞寿命短,造血组织受损,来源中断所致,另一方面又因白细胞比红细胞放射敏感性高,特别是末梢血中的淋巴细胞受射线的照射可直接致死。照射后 15 min 即可观察到淋巴细胞的减少,测定照射后 12～48 h 淋巴细胞的绝对数量可判断放射损伤的程度及受照剂量的大小。因这一时期由于体内储存的白细胞被释放入血而引起白细胞总数的一时性升高,若不测定淋巴细胞绝对数易造成误诊。

白细胞总数在受照射后 24 h 内出现短暂的升高然后下降,10～15 天可出现暂时性回升,这时的回升是由于受损较轻的造血干细胞、造血祖细胞分裂增殖所致,但这些受损的造血干细胞、造血祖细胞分裂增殖后可发生不同程度的坏死或凋亡。暂时性回升后,白细胞继续减少,达到最低值后逐渐恢复正常。

③ 血小板:血小板的寿命约为 9～10 天,受射线照射后 1～2 周内下降较慢,降到最低值后逐渐恢复。达到最低值的时间和下降的程度与受照剂量有关。大剂

量照射也会导致血小板的形态及功能改变，损伤凝集和抗出血功能衰退，发生出血倾向。

2. 生殖系统的放射损伤

男性性腺睾丸有两种主要功能，即由曲细精管产生精子和由间质细胞分泌男性激素。精子的产生经由精原干细胞、精原细胞、初级精母细胞、次级精母细胞、精子细胞到精子的演变过程。放射线的影响主要是抑制精原干细胞和精原细胞的分裂，精母细胞及精子细胞则能继续分裂，对成熟的精子的影响也不大，因此总的效果就是精子数减少。女性生殖腺卵巢也具有产生卵细胞和分泌女性激素的功能，卵细胞的成熟也经历卵原细胞到卵母细胞再生成卵细胞的演变过程，但女性的所有卵原细胞在胚胎时期就已发育到卵母细胞的阶段，故女性性腺的放射敏感性较男性性腺略低，在一次大剂量全身照射的情况下，例如原子弹爆炸和核事故，可能引起停经等月经异常。据文献报道，男女全身一次受照 1.5 Gy 照射时，可引起短时间的生殖能力降低，5.0 Gy 的全身一次照射可引起1～2 年或更长的无生育，一般 8.0 Gy 以上的全身一次照射可能引起生殖能力难以恢复的损害。

3. 成年人中枢神经系统

成年人中枢神经系统属放射敏感性不太高的组织，但一旦发生损伤，往往是不可逆的。动物实验中 1 Gy 照射可出现脑电图的异常，一次受数十 Gy 以上的照射后，可引起脑组织水肿、出血，严重者会发生神经细胞坏死等形态学改变，病人出现无力、嗜睡，重症者昏迷等症状。5 000 Gy 以上的一次大剂量照射，会引起受照者全身痉挛，乃至死亡。

4. 消化管黏膜

消化管黏膜，特别是小肠绒毛上皮细胞是更新快、增生活跃的组织，辐射敏感性很高。受射线照射后，很快引起上皮细胞的分裂抑制，肠淋巴组织破坏。由于食物残渣等的刺激，易于伴发感染。所以受射线照射早期即出现恶心、呕吐、食欲不振，继而出现腹泻、血大便等消化道症状。

5. 皮肤

皮肤也是辐射敏感性较高的组织之一，常见的症状是毛发脱落，指甲发育不良等。皮肤的附属组织有毛发、指(趾)甲、汗腺等。一般一次、全身照射 2 Gy 以上，约 2 周后开始出现脱发，数月后逐渐恢复。较大剂量照射可引起局部红斑、溃疡等。

全身受放射线照射时，表现出来的是对脏器的综合的影响，对人体的影响如表 2－5 所示：

表 2-5　放射线剂量对人体的作用表现

0～50(rad)	对血液稍有影响，但无重大影响
50～100(rad)	恶心、疲劳感，白细胞一时减少，没有重大危害
100～1 000(rad)	上述症状逐渐加剧，出现发热、出血和下痢等，200(rad)左右时开始发生死亡
1 000 以上(rad)	人全部死亡

二、辐射防护的一般措施

防护的目的在于控制辐射对人体的照射，使之保持在可以合理达到的最低水平，保障个人所受的剂量不超过规定的标准。一般来说，涉及外照射防护的辐射主要包括 X 射线，β 射线，γ 射线和中子射线等，采取的主要方式包括时间、距离、屏蔽和利用衰变等。

1. 控制时间

在剂量率不变的情况下，剂量与时间成正比。通过控制接触放射源或受照时间，可以达到减少受照剂量的目的。操作时间越短，人员所受的照射剂量就越小，这就要求放射性作业操作熟练，操作步骤简单易行。因此，对于放射性操作，往往需要进行预操作，工作人员在空源的状态下，熟悉操作步骤，一旦进入实际状态，能够在较短的时间内一次性完成。除非工作需要，应避免在电离辐射场所中作不必要的逗留；即使工作需要，也应在可能的情况下减少在电离辐射场所中的逗留时间。在某些场合下，作业人员不得不在强辐射场合持续操作一段时间，此时可采取轮流、替换办法，限制每个人的操作时间，使每个人所受的剂量控制在拟定的限值以下。

2. 控制距离

人体受到照射的剂量率是随离开电离辐射源的距离的增大而减少的。对 γ 点状源(即所关心的那个位置与源的距离相当于源尺寸的 5 倍以上)来说，剂量率与距离的平方成反比，也就是说，距离增大一倍，剂量率则减少到原来的 1/4。可见，利用距离进行防护的效果十分显著。为了增加操作距离，可利用或自制一些结合具体情况的操作工具，如钳子、镊子或具有不同功能的长柄器械或机械手，以此来进行远距离操作，使控制室或控制台与放射源之间有足够的距离。

3. 屏蔽防护

在人体与放射源之间设置屏蔽，使射线逐步衰减和被吸收是一安全而有效的措施。X 射线、γ 射线通过屏蔽材料时辐射剂量呈指数衰减。屏蔽 X 射线，γ 射线常用铅、钨等重元素物质(High Atomic Number Material)作屏蔽材料，墙壁可采用钢筋混凝土。β射线用有机玻璃、铝、塑料等低原子序数物质(Low Atomic Number Materials)作屏蔽材料。不同射线应选用不同的屏蔽材料,如高原子序数的铅,对X射线,γ射线辐射有很好的屏蔽作用,但对中子则几乎不能起屏蔽作用。在实施屏蔽时,也要考虑到散射线、漏射线等的防护。

思 考 题

2-1 简述低频电流对人体造成的伤害与什么因素有关?

2-2 加速度对人体的影响表现在哪些方面?

2-3 噪声对人体的影响有哪些?

2-4 试说明影响激光眼损伤的因素。

2-5 放射线对人体组织的损伤主要表现在什么方面?

2-6 辐射防护的一般措施是什么?

第三章 医用电气设备的分类

第一节 医用电子仪器的发展

一、医疗仪器及其重要作用

所谓医疗设备，就是用于诊断和治疗的设备。就医疗的意义来说，凡是用于检验、诊断、治疗和康复等各项医疗工作的设备，都可称为医疗设备。

采用现代科学技术新成就的医疗设备，称为现代医疗设备，它既是从事高水平医疗工作不可缺少的设备，又是发展医疗卫生事业或医学研究的基本手段。现代医疗设备的主要特点是具有自动功能、定量功能和把不可见图像变成可见图像的功能。

没有现代医疗设备将无法深入研究疾病机理，就不能深入观察、研究人体。在医学各个领域中，不论在科研、教学、临床和预防医学中的哪一方面，现代医疗设备都有着十分重要的、影响医学水平和发展的巨大作用。随着医学科学的发展，这种作用将日益重要。

医学科学的发展，使许多危害人类健康的疾病，正在逐渐减少或得到有效控制。这是与医学诊断和治疗技术的提高分不开的。与诊断和治疗密切相关的是现代医疗设备。医师借助现代医疗设备听到了用耳朵所听不到的声音，看到了用眼睛不可能看见的图像，从而可以做到准确、迅速地诊断疾病。因此，在现代医疗实践中，除药物之外，医疗设备的地位愈来愈重要。现代诊断要求快速、早期、无损伤，只有依靠现代医疗设备才能达到上述要求。也正因为如此，在医学科学研究部门和医疗卫生机构中，医学研究人员或医师也正在努力了解现代医疗设备知识。

对现代医疗设备的要求是，检查、诊断、治疗多功能化，以及操作自动化、联机化、数字化与处理结果的用户可视化。如应用超声波诊断仪、CT 扫描等，从前完全观察不到的体内情况，现在已能呈现在眼前。由于临床医师能用自己的眼睛观察体内情况，并做出判断，这意味着设备在医学临床上的贡献是很大的。这些设备的开发，都依赖于电子技术的发展，属于电子技术在医学上应用的结果。

医用电气设备(medical electrical equipment)在GB 9706.1中的定义如下：与某一专门供电网有不多于一个的连接，对在医疗监视下的患者进行诊断、治疗或监护，与患者有身体的或电气的接触，并且(或)向患者传送或从患者取得能量，以及(或)检测这些所传送或取得的能量的电气设备。包括那些由制造商指定的、能使设备正常使用所必需的附件。

二、医用电子仪器的发展历史

医用电子技术在过去的二、三十年里不仅推动了新医疗技术的发展，还为现代化医疗的普及做出了很大贡献。医用电子技术实用化实现了当今医疗场所中必备的多种多样的诊断、检查和治疗设备，20世纪60年代后，随着电子器件微型化、显示技术多样化，加上电子计算机、彩色电视和粒子加速器等的实际应用，医用电子仪器得到突破性的发展。集成电路、激光、小型电子计算机、新型显示装置的相继出现，使医用电子仪器发生了质的变化，总的趋势是，医用电子仪器的诊断、治疗和监护过程均进行数据处理，从而形成了一个完整的自动化系统——电子监护治疗系统。

从医用电子的发展阶段来看，60年代初期，各国重点是研制和应用各种新型临床、诊断装置——取得医用数据手段，这方面的技术已趋成熟，此后由于小型电子计算机的实用化(简化了程序编制，造价低、体积小)使获得的医用数据能得到快速逻辑处理，从而转向诊断、治疗自动化，向提高早期确诊率的方向迈进。

在早期身体电信号的放大没有适当的高灵敏度放大器时，而采取直接获取心电图。在真空管时代，产生如表3-1所示的心电机、脑电机、肌电机等设备用于诊疗。这个时代的设备，为了使真空管回路动作而采用高电压，因此在产品零件的故障、绝缘老化的方面存在安全问题。在技术内容相对简单的时代，医用电子技术被作为医学研究临床上的一种手段来利用，它是现代医用电子设备制造的基础。

接着迎来的半导体管时代，使设备向小型化方向发展，电子回路动作的电压低，电子零件的寿命得以延长，并开发了多功能记录仪、医用遥测仪、助听器等设备。

此后又向IC(集成)化方向发展，设备轻薄短小的时代来到，高可靠性、高性能的实现使自动心电机等替代了原来的设备。特别是CPU的大容量记忆功能用于医用电子设备，使诊断的图像更丰富，如表3-1所示的超声波诊断装置，MR影像装置(运用核磁共振和CT技术的装置)、X射线计算机断层扫描装置(X射线CT)、γ射线照相机等使体内脏器的形态图像化，身体的图像信息对诊断有极大的实用价值。最近，更是用PET得到脑部活动的图像。医用电子设备的发展和许多领域的技术协作是分不开的，尤其是新材料的出现和微细加工技术的进步。

表 3-1　医用电子技术的发展过程

技术			医用电子设备名称
支持技术	电子成果		
高分子树脂 金属薄膜化 高纯度硅 硅的微细加工 高分子膜 电子零件小型化	真空管化	微小生物体信号的放大	心电机、脑电机、肌电机、眼底血压计、超声波血流计、电子血压计
	半导体化	小型化、低电压化和回路长寿命化	多功能记录仪、医用遥测仪、助听器
	IC 化	轻薄短小、极低消耗电力、高可靠性、高性能化	多功能记录仪、医用遥测仪、助听器、自动心电计
	CPU 大容量记忆、高速化	图像化（形态和性能的可视化）	超声波诊断装置、MR 影像装置、X 射线计算机断层扫描装置、γ 射线照相机

三、医用电子仪器的发展趋势

（1）在医用电子技术装置的设计方面，力求小型化、轻量化。例如目前在使用的一种医用手表，可自动指示体温、脉搏和血压的数值。

（2）医用电子仪器在向多功能方面发展，例如，国外在危重患者加强监护室(Intensify Care Unit，ICU)和冠心病加强监护室 CCU 中，广泛应用一种急救诊断治疗联合装置，其中包括心脏监视器、起搏器、除颤器、电动呼吸器和同步延时触发器等。当危重病人心脏停搏时，能自动进行处理。

（3）在医用电子仪器向高灵敏，准确度、灵敏度方面发展，同位素诊断装置在准确度、灵敏度和确诊速度等方面将有很大的提高，新型的闪烁照相机取代旧式盖勒计数器，目前使用的 γ 照相机，使用大型探头、视野直径达 35 cm。该装置可在 1～2 min内得到多种器官清晰图像或在数秒钟内连续地摄影进行系统的动态观察。利用电子计算机可迅速计算放射线分机浓度、定量跟踪数据，实现同位素诊断自动化。由于加速器的发展，各国对高能粒子治疗癌症日益重视。加速器是利用电磁场使带电粒子（如电子、质子及其他重粒子）获得能量的装置。加速器产生的射线有电子 γ、α 等射线，能量比放射性同位素高，所产生的射束方向性好，能量可以控制，利用率高、操作灵活。粒子辐射与 X 射线不同，它们是由中子、质子、介子以及失去电子的原子核组成，高能粒子有高度集中的穿透力。生物效应高、皮肤损伤少，它能把癌组织电离成带电粒子，或与其他细胞核碰撞使其分裂，从而收到良好疗效。它的优点是剂量自皮肤达到预定深度后突然下降，故可保护比肿瘤更深的组织；剂量分布均匀，利用电磁透镜可保护比肿瘤表浅的组织及皮肤，并且辐照深度易于控制。加速器是一种综合性技术较强的装置，涉及机械、电工、电子技术、真空技术等各个学科。美国已有数百台医用加速器，日本也设置了几十台加速器。我国现已研制成功，并广泛用于治疗。

(4) 在医用电子仪器的图像处理功能增强方面，提高X射线成像分辨率，降低X射线辐射剂量，扩大诊断范围，提高可靠性，简化操作。目前X射线诊断机单相输出已达600 mA，三相已达1 200 mA，电压已达150 kV的水平。同时在X射线诊断装置中采用了电子自动遥控系统，从透视、拍片、床面调节、机头方向、视野调节、曝光和最佳照射剂量选择等过程全部实行自动遥控。在X射线摄影方面，为了降低X射线辐射量，并提高心血管造影清晰度，采用脉冲同步摄影法，即与摄影机组快门或录像机同步。X射线电视将获得广泛应用，X射线电视具有如下优点：比诊断用的X射线剂量降低一个数量级；图片清晰度提高，便于医用信息遥控和传递；X射线装置使用效率得到提高。一些国家已研制出可变视野图像增强管，可把亮度增强8 000倍，能放大局部病灶，扩大了X射线电视的使用范围；另一方面为了提高电视转换系统的图像清晰度，已研制出1 mm焦点的旋转阳极X射线管。

(5) 医用电子仪器在遥测方面，随着空间技术发展的需要，医用遥测技术亦相应得到发展，利用电子技术能同时遥测传递多种医用数据。目前遥测制分有线和无线两种，有线遥测制主要用于医院(包括ICU和CCU病室)与患者间，通过专用线路、电话线路，或电灯线路进行传递。而无线遥测制用于传递活动对象(处于自然状态下的机体)如运动员、宇航员、潜水员等方式进行医用数据的传递。国外有一种所谓电子随诊系统，从患者住处或医疗站利用电话线路将心电信号等医用数据送至大医院进行遥测诊断，然后再通过电话线路快速报告诊断和处理结果。全部过程在一分钟内即可完成。

第二节　医用电气设备的分类

人们对医疗的关注程度很高，医疗机构不得不对异常情况进行思考，再加上迅速发展的技术革新，使医疗设备领域中对新设备的开发很活跃，产品在市场上呈现繁荣景象。

在大医院、大学附属医院通常使用拥有尖端技术的高级医疗设备，而在城乡等一般诊所使用普通的诊断治疗设备，各种各样的设备针对的对象不同，就连家庭用的简单的计测诊断设备及治疗设备也千差万别。

像医疗器械这样的设备，患者或健康人在使用时，必须是能充分发挥治疗效果的高可靠性安全设备。以产生医疗效果为目的设备，万一安全性有欠缺，也要求不会对人体造成致命危害。医用电气设备在开发、制造、流通及使用的不同阶段，适当的安全检查也是十分必要的。为确保安全使用，首先要明确设备的种类、设备的使用方法和构造要点。

首先我们从《医疗器械监督管理条例》中医疗器械分类规则分析开始，再具体到医用电气设备的分类。

一、医疗器械分类规则

为规范医疗器械分类，根据《医疗器械监督管理条例》，相关部门制定了《医疗器械分类规则》。该规则自 2000 年 4 月 10 日起执行，共有 10 条。其主要内容有：医疗器械的概念，即指单独或者组合使用于人体的仪器、设备、器具、材料或者其他物品，包括所需的软件；其使用目的：疾病的预防、诊断、治疗、监护或者缓解，损伤或残疾的诊断、治疗、监护、缓解或者补偿，解剖或生理过程的研究、替代或者调节，妊娠控制；其用于人体体表及体内的作用借助药理学、免疫学或代谢的手段获得，并起一定的辅助作用。

该规则用于指导《医疗器械分类目录》的制定和确定新的产品注册类别。确定医疗器械分类，应依据医疗器械的结构特征、医疗器械使用形式和医疗器械使用状况三方面的情况进行综合判定。医疗器械分类判定的依据有如下三点。

1. 医疗器械结构特征分为有源医疗器械和无源医疗器械。

2. 医疗器械根据不同的预期目的，将其归入一定的使用形式：

(1) 无源器械的使用形式有：药液输送保存器械，改变血液、体液器械，医用敷料，外科器械，重复使用外科器械，一次性无菌器械，植入器械，避孕和计划生育器械，消毒清洁器械，护理器械、体外诊断试剂，其他无源接触或无源辅助器械等。

(2) 有源器械的使用形式有：能量治疗器械，诊断监护器械，输送体液器械，电离辐射器械，实验室仪器设备、医疗消毒设备，其他有源器械或有源辅助设备等。

3. 医疗器械使用状态根据使用中对人体产生损伤的可能性、对医疗效果的影响，医疗器械使用状况可分为接触或进入人体器械和非接触人体器械。

(1) 接触或进入人体器械

① 使用时限分为暂时使用，短期使用，长期使用。

② 接触人体的部位分为皮肤或腔道，创伤或体内组织，血液循环系统或中枢神经系统。

③ 有源器械失控后造成的损伤程度分为轻微损伤，损伤，严重损伤。

(2) 非接触人体器械对医疗效果的影响，其程度分为基本不影响，有间接影响，有重要影响。

实施医疗器械分类的判定原则：实施医疗器械分类，应根据分类判定表进行；

医疗器械分类判定主要依据其预期使用目的和作用进行，同一产品如果使用目的和作用方式不同，分类应该分别判定；与其他医疗器械联合使用的医疗器械，应分别进行分类，医疗器械的附件分类应与其配套的主机分离，根据附件的情况单独分类；作用于人体几个部位的医疗器械，根据风险高的使用形式、使用状态进行分类；控制医疗器械功能的软件与该医疗器械按照同一类别进行分类；如果一个医疗器械可以适用两个分类，应采取最高的分类；监控或影响医疗器械主要功能的产品，其分类与被监控和影响器械的分类一致；国家药品监督管理局根据工作需要，对需进行专门监督管理的医疗器械可以调整其分类。

《医疗器械分类目录》制定的依据是《医疗器械监督管理条例》及《医疗器械分类规则》，它与《医疗器械分类规则》的关系是《医疗器械分类规则》用于指导《医疗器械分类目录》的制定和确定新的产品注册类别。我国实行的医疗器械分类方法是分类规则指导下的目录分类制、分类规则和分类目录并存。一旦分类目录已实施，应执行分类目录。制定分类目录的原则为执行分类规则指导下的目录分类制，参照国际通行的分类，从严掌握。使用风险是制定产品分类目录的基础，分类目录应尽可能适应管理的需要，有利于监督管理，做到科学合理。医疗器械分类目录如表 3－2 所示。

表 3－2　医疗器械分类目录

产品代号及医疗器械	产品代号及医疗器械
6801 基础外科手术器械	6822 医用光学器具、仪器及内窥镜设备
6802 显微外科手术器械	6823 医用超声仪器及有关设备
6803 神经外科手术器械	6824 医用激光仪器设备
6804 眼科手术器械	6825 医用高频仪器设备
6805 耳鼻喉科手术器械	6826 物理治疗及康复设备
6806 口腔科手术器械	6827 中医器械
6807 胸腔心血管外科手术器械	6828 医用磁共振设备
6808 腹部外科手术器械	6830 医用 X 射线设备
6809 泌尿肛肠外科手术器械	6831 医用 X 射线附属设备及部件
6810 矫形外科（骨科）手术器械	6832 医用高能射线设备
6812 妇产科用手术器械	6833 医用核素设备
6813 计划生育手术器械	6834 医用射线防护用品、装置
6815 注射穿刺器械	6840 临床检验分析仪器
6816 烧伤（整形）科手术器械	6841 医用化验和基础设备器具
6820 普通诊察器械	6845 体外循环及血液处理设备
6821 医用电子仪器设备	6846 植入材料和人工器官

(续表 3-2)

产品代号及医疗器械	产品代号及医疗器械
6854 手术室、急救室、诊疗室设备及器具	6864 医用卫生材料及敷料
6855 口腔科设备及器具	6865 医用缝合材料及黏合剂
6856 病房护理设备及器具	6866 医用高分子材料及制品
6857 消毒和灭菌设备及器具	6870 软 件
6858 医用冷疗、低温、冷藏设备及器具	6877 介入器材
6863 口腔科材料	

注:68 为医疗器械行业代号,01～99 为医疗器械产品代号。

医用电气设备在开发、制造、流通及使用的不同阶段,适当的安全检查也是十分必要的。为确保安全使用,首先要明确设备的种类、设备的使用方法和构造要点。

医用电气设备的分类根据不同的角度,有不同的分类。例如,使用医用电气设备者的角度、管理设备者的角度、制造医用电气设备者的角度、销售设备的销售者的角度、研究人员的角度等,不同角度有着不同的分类方法。

二、医用电气设备在法律上的分类

法律上的分类基于《药品监督管理法》,所有给药品监督管理局认可的医用电气设备品种举例如表 3-3 所示,其中医用电子仪器设备品种举例如表 3-4 所示。

表 3-3　医用电气设备品种举例

产品代号	器具器械	示　例
6820	普通诊察器械	电子体温计、红外体温计、无创性电子血压计等
6821	医用电子仪器设备	如表 3-4 所示
6822	医用光学器具、仪器及内窥镜设备	上消化道、支气管、大肠、结肠、胰腺等;电子内窥镜、内窥镜、冷光源等
6823	医用超声仪器及有关设备	超声肿瘤聚焦刀、超声高强度聚焦肿瘤治疗系统、超声脂肪乳化仪、超声眼科乳化治疗仪、超声手术刀、超声血管内介入治疗仪、超声乳腺热疗治疗仪、多功能超声监护仪、超声母亲/胎儿综合监护仪、超声产科监护仪、胎儿监护仪等
6824	医用激光仪器设备	固体激光手术设备(Nd:YAG、Ho:YAG、Er:YAG、红宝石、蓝宝石、翠绿宝石)、气体激光手术设备(CO_2、金蒸气、准分子、氩离子)、3B 类和 4 类半导体激光治疗仪、氦分子激光治疗仪、眼科激光光凝机、眼晶体激光乳化设备、激光血管焊接机、激光显微手术器、LASIK 用角膜板层刀等

（续表 3－3）

产品代号	器具器械	示例
6825	医用高频仪器设备	高频电刀、高频扁桃体手术器、内窥镜高频手术器、后尿道电切开刀、高频眼科电凝器、高频息肉手术器、高频鼻甲电凝器、射频控温热凝器、高频腋臭治疗仪、高频痔疮治疗仪、高频电灼器、体外热电场治疗仪（高频）微波手术刀、微波肿瘤热疗仪、微波前列腺治疗仪、微波治疗机等
6826	物理治疗及康复设备	体内低频脉冲治疗仪、电化学癌症治疗机、高压电位治疗仪电动牵引装置、肌电生物反馈仪等
6827	中医器械	中医专家系统、脉相仪、舌相仪、痛阈测量仪、经络分析仪、电子穴位测定治疗仪、综合电针仪、电麻仪、定量针麻仪、探穴针麻机、穴位测试仪、耳穴探测治疗机、气血循环机等
6828	医用磁共振设备	永磁型磁共振成像系统、常导型磁共振成像系统、超导型磁共振成像系统、胃肠道造影显影剂（用于 B 超、CT、MRI 的胃肠道造影显像）、脑磁图系统等
6830	医用 X 射线设备	X 射线深部治疗机、X 射线浅部治疗机、X 射线接触治疗机，介入治疗 X 射线机、X 射线头部 CT 机、全身 CT 机、螺旋 CT 机、螺旋扇扫 CT 机等
6831	医用 X 射线附属设备及部件	医用固定阳极 X 射线管、旋转阳极 X 射线管、医用 X 射线电视系统、电动断层床、高压注射器、防散射滤线栅、X 射线胶片自动冲洗机、暗室灯、X 射线胶片观察装置、X 射线暗室设备等
6832	医用高能射线设备	X 射线立体定向放射外科治疗系统、医用电子直线加速器、医用中子治疗机、医用质子治疗机、放射治疗模拟机等
6833	医用核素设备	钴^{60}治疗机、ECT、正电子发射断层扫描装置（PECT）、单光子发射断层扫描装置（SPECT）、放射性核素扫描仪、肾功能仪、甲状腺功能测定仪、核素听诊器、心功能仪、γ 射线探测仪、放射免疫测定仪等
6834	医用射线防护用品、装置	X 射线防护椅、X 射线防护屏等防护装置等

(续表 3-3)

产品代号	器具器械	示 例
6840	临床检验分析仪器	血型分析仪、全自动涂片机、血细胞分析仪、血栓分析仪、血凝分析仪、血栓止血分析系统、凝血纤溶分析仪、红细胞变形仪、血液流变参数测试仪、血栓弹力仪、生化分析仪、电解质分析仪、免疫分析仪酶免仪、半自动酶标仪、荧光显微检测系统、结核杆菌分析仪、电泳仪、毛细管电泳仪、血气分析仪、血氧饱和度测试仪、医用 PCR 分析系统、精子分析仪等
6841	医用化验和基础设备器具	CO_2 培养箱、冷冻超速离心机、血型专用离心机、冷冻高速离心机、切片机、激光采血机、微量血液振荡器等
6845	体外循环及血液处理设备	人工心肺机、血泵、热交换器、血液透析装置、滚柱式离心式输血泵、微量灌注泵、单采血浆机、人体血液处理机等
6846	植入材料和人工器官	植入式助听器、人工肝支持装置、助听器、功能辅助装置等
6854	手术室、急救室、诊疗室设备及器具	手术机器人、各种电动/气动呼吸机、同步呼吸机、高频喷射呼吸机、综合麻醉机、新生儿培养箱、胰岛素泵、一次性输液镇痛泵、化疗泵、输液泵、负压吸引器、医用制氧机、电动综合手术台、治疗手术床、电动洗胃机、耳鼻喉科检查治疗台、医用冷光纤维导光手术灯手术照明灯等
6855	口腔科设备及器具	综合治疗台(机)、电动牙钻机、涡轮牙钻机、电动牙科椅、电动手机、涡轮手机、医用洁牙机、强力吸引器、三用喷枪、吸唾器、电动抽吸系统、医用空压机、口腔手术灯等
6856	病房护理设备及器具	婴儿吸氧罩、纯氧饱和医疗装置、电动轮椅车等
6857	消毒和灭菌设备及器具	医用伽马射线灭菌器、高压蒸汽灭菌器、环氧乙烷灭菌器、微波灭菌柜、手术室用高压电离灭菌设备、氧化电位水生成器、超声消毒设备、口腔科消毒设备、超声清洗器、自动控制电热煮沸消毒器、紫外线灭菌灯等
6858	医用冷疗、低温、冷藏设备及器具	体内肿瘤低温治疗仪、宫腔冷冻治疗仪、冷冻低温治疗机、医用冷藏设备、医用冷冻设备等

表 3-4　医用电子仪器设备

6821 医用电子仪器设备		
序号	名 称	品 名 举 例
1	用于心脏的治疗、急救装置	植入式心脏起搏器、体外心脏起搏器、心脏除颤器、心脏调搏器、主动脉内囊反搏器、心脏除颤起搏仪
2	有创式电生理仪器及创新电生理仪器	体外震波碎石机、病人有创监护系统、颅内压监护仪、有创心输出量计、有创多导生理记录仪、心内希氏束电图机、心内外膜标测图仪、有创性电子血压计
3	有创、无创医用传感器	各种植入体内的医用传感器
4	心电诊断仪器	单导心电图机、多导心电图机、胎儿心电图机、心电向量图机、心电图综合测试仪、晚电位测试仪、无损伤心功能检测仪、心率变异性检测仪、心电分析仪、运动心电功量计、心电多相分析仪、心电遥测仪、心电电话传递系统、实时心律分析记录仪、长程心电记录仪、心电标测图仪、心电工作站
5	脑电诊断仪器	脑电图机、脑电阻仪、脑电波分析仪、脑地形图仪、脑电实时分析记录仪
6	肌电诊断仪器	肌电图机
7	其他生物电诊断仪器	眼动图仪、眼震电图仪、视网膜电图仪、诱发电位检测系统(含视、听、体)
8	电声诊断仪器	听力计、小儿测听计、心音图仪、舌音图仪、胃电图仪、胃肠电流图仪
9	无创监护仪器	心率失常分析仪及报警器、带 ST 段的监护仪、病人监护仪(监护参数含心电、血氧饱和度、无创血压、脉搏、体温、呼吸、呼吸末二氧化碳)、麻醉气体监护仪、呼吸功能监护仪、睡眠评价系统、分娩监护仪
10	呼吸功能及气体分析测定装置	综合肺功能测定仪、呼吸功能测试仪、氧浓度测定仪、肺通气功能测试仪、CO_2 浓度测定仪、肺内气体分布功能测试仪、弥散功能测试仪、氮气计、微量气体分析器、压力型容积描绘仪、肺量仪
11	医用刺激器	心脏工作站电刺激器，声、光、电、磁刺激器
12	血流量、容量测定装置	脑血流图仪、阻抗血流图仪、电磁血流量计、无创心输出量计、心脏血管功能综合测试仪

（续表 3－4）

6821 医用电子仪器设备		
序号	名 称	品 名 举 例
13	电子压力测定装置	电子血压脉搏仪、动态血压监护仪
14	生理研究实验仪器	方波生理仪、生物电脉冲频率分析仪、生物电脉冲分析仪、微电极控制器、微操纵器、微电极监视器、足底压力测量系统、人体脂肪测量计、快速过敏皮试仪
15	光谱诊断设备	医用红外热像仪、红外线乳腺诊断仪
16	体外反搏及其辅助循环装置	气囊式体外反搏装置
17	睡眠呼吸治疗系统	助眠器
18	心电电极	
19	心电导联线	

三、医用电气设备在用户立场上的分类

从医用设备的使用者角度，可将医用电气设备分为以下几个大类：患者（身体）检查设备，分析检验类设备，X 射线诊断装置，患者监视装置和 ICU、CCU，治疗用设备，各种功能性缺失恢复设备，诊疗各科特殊设备，医用辅助设备，医疗信息、检查诊断设备，医学教育及研究发展用设备。

这个分类中医疗信息、医学教育及研究发展用设备一般也是被使用的设备，由于不考虑患者环境，因此没有必要作为医疗用的分类。

1．患者（身体）检查设备

临床上进行检查有很大分别，可以直接对患者进行身体检查，也可以从患者身上采取血液和尿液等进行身体检查。身体检查还可分为有关生理机能和形态的检查。

用于生理机能检查的设备如表 3－5 所示。

表 3-5 生理机能检查设备的分类

手法		应用面						
		循环系统	脑神经系统	感觉器系统	呼吸系统	消化系统	泌尿系统	其他
不考虑外部物理量时身体信息的获取	身体电位	心电计 希氏束心电计 体表面电位分布计 心率计 定拍动位相摄影装置 心电图自动诊断系统	脑电计 肌电机 脑电波自动诊断系统	眼震计 视网膜电位计			胎儿心电计	微小电极放大器
	力,压力变化	电子式有创血压测量装置 脑电计 眼底血压计	MT 计（颅内颅压计）	电子眼压计 人体重心计		食道胃内压计 咬合力计	阵痛计 膀胱内压计	
	声	心音计 心音心电计 心电计 电子式无创血压计 心音心电自动诊断系统					胎儿心音计 胎儿心音心电计	电气听诊器
	流量							
	温度,热							电子体温计
	其他							
考虑外部物理量时身体信息的获取	电流		皮肤抵抗计 电气刺激装置					
	光		光刺激装置					
	声		声刺激装置		呼吸抵抗计			
	其他	电磁血流计						

2. 分析检验类设备

以分析检查患者或被检者的身体成分、微生物等为目的，从人体中采取血液、尿、咳痰，细胞、体液等进行检查。分析检验类如表 3-6 所示，分为用于日常检查的设备、用于紧急检查的设备及用于研究的特殊设备。

表 3-6　检查检验设备的分类

检查目的	体检		
	血液、血清、尿、体液	组织片	公用器械类
日常检查用	(1) 光电分光光度计 (2) 自记分光光度计 (3) 自动比色计 (4) 原子吸光光度计 (5) 荧光光度计 (6) 流动式自动化学分析仪 (7) 分立式自动化学分析仪 (8) 离心式自动化学分析仪 (9) 酵素反应初速度测定专用机 (10) 电泳装置 (11) pH 计 (12) 血气分析仪 (13) 离子分析仪 (14)自动血细胞记数装置 (15) 全自动白细胞百分率测定装置 (16) 黏度计 (17) 血小板凝集计 (18) 血凝固计 (19) 自动化尿检查装置 (20) 冷却高速离心机 (21) 高压舱 (22) 无菌箱 (23) 培养装置 (24) 其他	(1) 解剖显微镜 (2) 位相差显微镜 (3) 荧光显微镜 (4) 显微镜图像摄影系统 (5) 显微镜投影装置 (6) 自动脱水装置 (7) 自动染色装置 (8) 脏器摄影装置 (9) 自动彩色显示器 (10) 其他	(1) 纯粹制造装置 (2) 天平、耐震台 (3) 离心机(高中低速) (4) 滤过器 (5) 冰箱、冷库 (6) 恒温槽 (7) 加热器 (8) 电子定温干燥器 (9) 真空冻结干燥器 (10) 振动器、搅拌器 (11) 分注器、稀释器 (12) 加减压器 (13) 钟表 (14) 洗净器 (15) 湿度调节器 (16) 一般光学显微镜 (17) 比重计 (18) pH 计 (19) 比色计 (20) 保守用工具 (21) 其他

（续表 3-6）

检查目的	体检		
	血液、血清、尿、体液	组织片	公用器械类
紧急检查用	(1) 血液化学多项目简易分析机 (2) 血气分析仪 (3) 血液用 pH 计 (4) 荧光光度计 (5) 其他	(1) 解剖显微镜 (2) 位相差显微镜 (3) 荧光显微镜 (4) 显微镜图像摄影系统 (5) 显微镜投影装置 (6) 自动脱水装置 (7) 自动染色装置 (8) 脏器摄影装置 (9) 自动彩色显示器 (10) 其他	
特殊研究检查用	(1) 荧光光度计 (2) 红外分光光度计 (3) 高压电泳装置 (4) 超离心机 (5) pH 计 (6) 质量分析计 (7) 其他	(1) 电子显微镜 (2) 电子显微镜用标本做成关联装置 (3) 显微分光光度计 (4) 万能显微镜	

3. X 射线诊断装置

由 X 射线发生装置和摄影装置或透视装置组成，这与 X 射线诊断装置的电源设备性能是否良好有很大关联，因此必须特别注意。

4. 患者监视装置和 ICU、CCU

大手术后的患者及存在急性呼吸不全、休克、意识障碍等生命危险的患者需要昼夜连续监视，看护必须实时进行检测。为了这一目的，需要有重症患者监视装置、心电图监视装置、心率监视装置、体温监视装置、脉搏监视装置、患者监视用监视显示器、病房用患者监视装置等。

5. 治疗用设备

包括手术用设备、放射线治疗设备、人工透析装置、人工心肺及代用装置、治疗用医用电子设备、物理疗法设备、水治疗设备、急救用治疗设备等。

6. 各种功能性缺失恢复设备

包括检查评价用设备、理学疗法设备、作业疗法设备、日常生活动作训练用设备、语言训练用设备。

7. 诊疗各科特殊设备

妇产科：新生儿室特有的胎儿关联设备、分娩关联设备、新生儿关联设备、妇科关联设备。

泌尿科：泌尿科内窥镜。

眼科、耳鼻喉科：检查用设备、治疗用设备。

皮肤科：皮肤黏膜血管摄影用显微镜、软X射线装置、红外线灯、冷冻手术装置、紫外线装置等。

麻醉科：ICU人工呼吸器、全身麻醉装置、连续酸素浓度计等。

脑神经外科：头盖内压测定装置、空气钻、头部手术固定装置、脑手术定位装置等。

8. 医用辅助设备

超声波洗净装置、各种灭菌器、药剂自动分割包装机、制剂机等。

9. 医疗信息，检查诊断设备

为了医院内各部门间的信息交换以及医院内信息处理，使用电子计算机和周围设备的医院信息系统、病历管理机、急救医疗信息系统、磁卡或IC卡患者受理和付款处理，临床受理的报告信息关联设备、精度管理设备等。

检查诊断系统将检查诊断业务的运用作为目的，原来检查结果的收集、统计处理自动化系统，主要功能包括预约的受理、门诊卡的收取、门诊结果表的出具、检查诊断收取、检查诊断成绩书的发行、检查诊断结果的保存、做各种统计。

10. 医学教育及研究发表用设备。

一般被使用的设备较多，有投影仪、幻灯机、录像机、摄影机及能作为一般事务复写机使用的脏器复写机。

四、医用电气设备在制造立场上的分类

从制造业界的立场分类分为：身体现象测定记录装置、医用监视装置、体格检查装置、医用图像检查装置、内窥镜装置和医用显示器、医用数据处理装置和周边仪器、刺激装置、治疗装置及手术和人体机能辅助装置、医用系统、医院设备共10大类。

根据各种各样的医用电气设备构造的共同点来分类。在医疗现场被使用的医用电气设备能分为单体设备和系统设备两类。

这里的单体设备是指为了达成主要机能的装置本身和为了充分达成作为装置目的的机能从机体本身分离的附属装置或从附属品等构成的仪器，根据一根电源线或电缆来供给电源的医用电气设备。

系统设备是指带有不同机能的复合仪器，例如大型的体格检查设备、RI图像检查装置、X线CT装置等。

第三节　医用电气设备防电击类型分类

为了确保医用电气设备的电气安全性，就必须采用技术性的追加手段，包括设备仪器接地、双重绝缘、降低使用的电源电压(医用安全超低压)、在仪器内部放入电池。下面是从电气的安全性角度从构造上对医用电气设备进行分类的。考虑到设备的安全，就必须采取保护措施，根据保护措施按照电击的防护形式，可分为以下四类。

一、保护接地(Ⅰ级)

指除了对于电击的基础绝缘。基础绝缘是在故障发生的仪器外壳，为了不接触到导电部分，将仪器进行保护接地的医用电气设备。使用电源插头(3P)的设备，向插座插入电源插头的同时，对仪器的金属外壳部分进行保护接地。作为附加保护措施，用接地办法来防止电击的保护措施，所以称为保护接地。如果将医用电气设备的金属外壳等外部容易接触到的导体部分接地，当人接触到金属外壳时，就与人体并联一个接地电阻。经过分流后，流过人体的电流变小，由分析可知，接地电阻越小，流过人体的电流越小，所以希望接地电阻要充分得小。

对以保护接地作为附加保护措施的设备来说，在使用设备时必须确实进行接地，这一点很重要。为此，必须采取下面两种方法中的一种：

(1) 采用固定地线作为保护接地线；

(2) 用带有接地孔的电源插头和插座。

在《医用电子设备暂定安全标准》和《IEC 安全通则》中，把满足这些条件的设备叫做Ⅰ级设备，如图 3 - 1 所示。

虽然同是接地，有的是为了消除交流干扰，如无线电通信机的接地等，属于以改善设备性能为目的的接地，不是Ⅰ级设备。还有，即使是打算保护接地，但必须另在接地端子上连接地线的这种类型的设备也不是Ⅰ级设备。所谓Ⅰ级设备，是指采取附加保护措施后，能在连接电源的同时也能使保护接地连接好的设备。

每当使用设备前，都要通过保护接地端子进行接地的仪器，称为 0Ⅰ级设备。0Ⅰ级设备一直是我国使用的医用电气设备，用装有绝缘电线的 2P 插头插入电源插座，接地是用绝缘电线插向壁侧的接地端子连续使用的医用电气设备。在家用电器中，洗衣机、冰箱、微波炉应该属于这种。这种接地既容易忘记接地，接地线又易断线、可靠性低。在国际上不承认这种形式的 ME 设备。

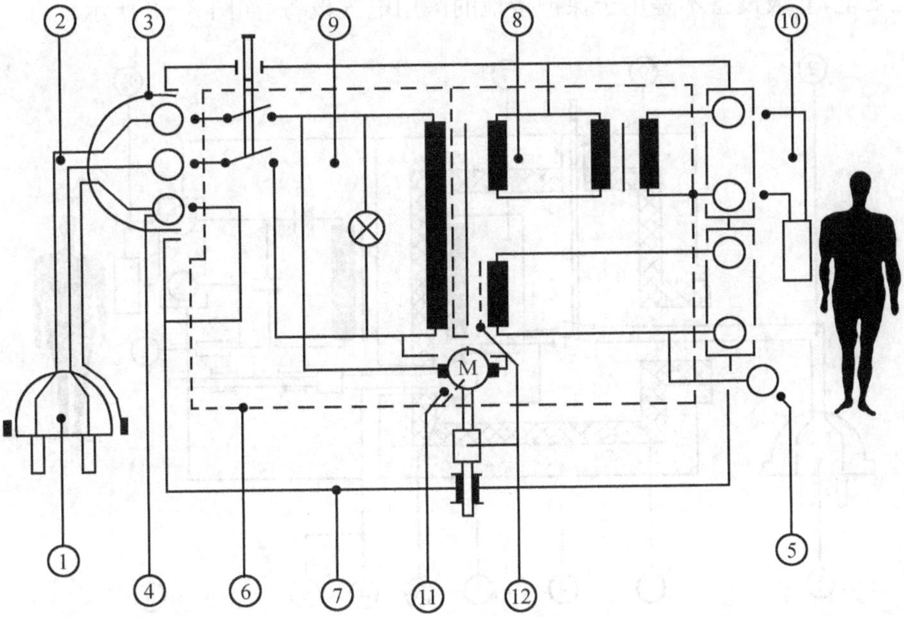

①—有保护接地接点的插头；②—可拆卸的电源软电线；③—设备连接装置；④—保护接地用接点和插脚；⑤—功能接地端子；⑥—基本绝缘；⑦—外壳；⑧—中间电路；⑨—网电源部分；⑩—应用部分；⑪—有可触及轴的电动机；⑫—辅助绝缘或保护接地屏蔽

图 3-1　Ⅰ级设备

0Ⅰ级设备没有被确认为医用电气设备是因为为了防止电击事故的手段，把容易接触到的金属外壳部分(引起故障的部分)接地，由于电击的影响产生漏电流，由于绝缘不良把故障电流导入大地，降低仪器外壳与大地之间的电压，或让漏电切断器动作，切断电源来防止电击。因为这样，在仪器接入电源之前，首先把仪器外壳持续接地，相反，把插头从插座拔出的时候如果不切断电源之后再切断持续接地的话，就不能确保安全性。电源插座的插头和接地接续有各自的接续顺序，当接续顺序颠倒或忘了接地接续，都不能确保安全性了。

二、辅助绝缘(Ⅱ级)

作为一种附加保护措施，在基础绝缘的基础上，再加强一层绝缘的方法，这层新的绝缘因为起着增强基础绝缘的作用，所以称为辅助绝缘(Supplementary Insulation)。把基础绝缘和辅助绝缘重合在一起的方法称为双层绝缘，这种类型的设备叫做Ⅱ级设备。Ⅱ级设备中即使双层绝缘中的任何一种损坏，另一种绝缘仍可保证安全，Ⅱ级设备不是用于保护接地的医用电气设备，如图 3-2 所示。

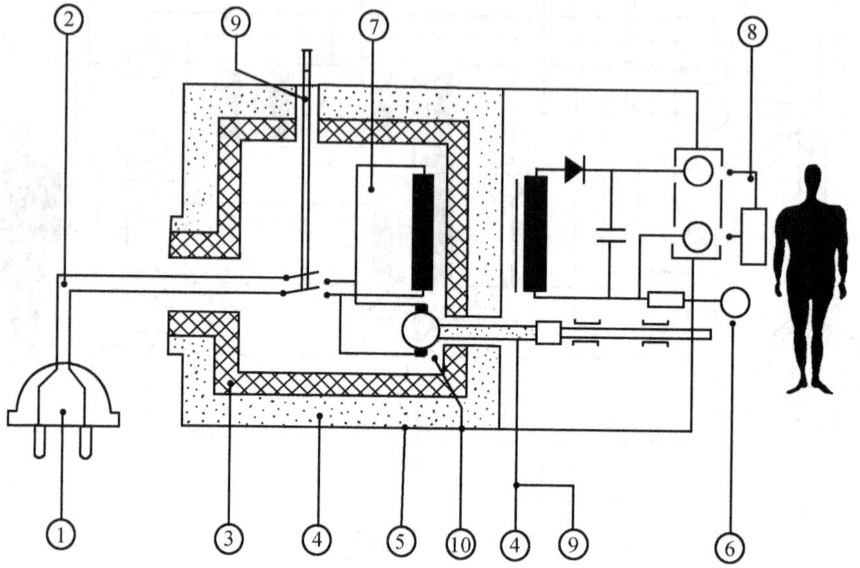

①—网电源插头；②—电源软电线；③—基本绝缘；④—辅助绝缘；⑤—外壳；⑥—功能接地端子；⑦—网电源部分；⑧—应用部分；⑨—加强绝缘；⑩—有可触及轴的电动机

图 3-2　Ⅱ级设备

Ⅰ级设备的附加保护措施是依靠被称为接地电阻的外部因素，而Ⅱ级设备保证安全是依靠设备本身的内部绝缘性能，这是Ⅱ级设备的特征。

即使Ⅱ级设备的外壳用的是导电材料，原则上也不需要将它接地。只是为了防止微电击，需要进行等电位接地时，才有必要接地。

Ⅱ级设备一般采用全部绝缘的外壳，也可以采用有金属的外壳。采用全部绝缘外壳的设备，是有一个耐用、实际上无孔隙（连接无间断的）的把所有导电部件包围起来的绝缘外壳，但一些小部件如铭牌、螺钉及铆钉除外，这些小部件至少用相当于加强绝缘的绝缘与带电部件隔离。

带有金属外壳的设备是由金属制成的实际上无孔隙的封闭外壳，其内部全部采用双重绝缘和加强绝缘，或整个网电源部分采用双重绝缘（除因采用双重绝缘显然行不通而采用加强绝缘外）。

Ⅱ级设备也可因功能的需要备有功能接地端子或功能接地导线，以供电路或屏蔽系统接地用，但功能接地端子不得用作保护接地，且要有明显的标记，以区别保护接地端子，在随机文件中也必须加以说明。功能接地导线只能作内部屏蔽的功能接地，且必须是绿/黄色的。

若设备因功能需要，在设备上加入一个装置，使它从Ⅰ级防护变成Ⅱ级防护，则需满足下列要求：

① 所加装置要明确所选用的防护类别，以便于选用；

② 必须用工具才能进行这种装置的变换，以防随意变动；

③ 设备在任何时候都需满足所选用的防护类别的全部要求，以确保防护类别改变后的安全性能；

④ 变为Ⅱ级防护的装置要切断其保护接地导线与设备之间的连接，因该装置已变为Ⅱ级防护，则不具有Ⅰ级防护的附加防护措施——安装接地保护装置，其保护接地导线就不具备防护作用，而当设备一旦出现单一故障状态时，若接在该装置的接地导线不切断，则将引起电击危险。

在此要说明的是Ⅰ、Ⅱ级设备不表示设备本身安全质量的不同，而只是防电击绝缘措施、方法的不同，它们对用户来说都是安全可靠的设备。

三、医用安全超低压电源（Ⅲ级设备）

选用特别低的电源电压，即使人体接触到电路时，也没有损伤危险，甚至基础绝缘老化、损坏，也不会发生危险。人体接触也无致命危险的电压值称为容许接触电压（Allowable Touch Voltage），这个电压值一般认为在25～60 V之间。

在ME设备上，把对接地点浮地的交流电压24 V以下、直流电压60 V以下的电源，称为医用安全超低压，用这种电源的设备称为Ⅲ级设备。在使用Ⅲ级设备时，需要有医用安全超低压电源，必须预先准备这种电源装置。

四、内藏电源（内部电源设备）

电源藏放在设备内部，如果和外部毫无关系，就会使人体接触设备的外壳，产生电流的危险会大大减小，只要人体不同时接触设备上有电位差的某两点，就不会有电流通过人体。如果设备内部电路不引出到机壳外面，这种情况也就不会出现。

内部电源和交流电源都可以工作的设备或是用交流电源向内部电源充电的设备一般都不能称内部电源设备。这种设备是属于用外部电源工作的设备，也就是说这种设备必须按附加保护措施进行Ⅰ级设备或Ⅱ级设备分类时，要考虑到必须满足安全性的要求事项。这里是指为了让仪器动作而把容量充足的电池装入内部，不需要外部电源的医用电气设备。因此，必须注意的也有商用电源和内部电源并用类型的医用电气设备，这样的仪器在充电时不能使用仪器，因为不能保证在充电中由于故障而不引起电击。碰到要充电的情况，必须从仪器里取出电池来充电。

由此可见，附加保护措施进行设备的分类如表 3－7 所示。

表 3－7　附加保护措施进行设备的分类

级　别	保护措施	附加保护措施	备　注
Ⅰ级	基础绝缘	保护接地	需要保护接地设备，接地型二孔插座（3P 插座）
Ⅱ级		辅助绝缘	对使用的设备没有限制
Ⅲ级		医用安全超低压电源	要求特殊的电源设备不能认为是Ⅲ级 CF 型的
内部电源设备		内藏电源	对使用的设备没有限制 不能连接外部电源

第四节　医用电气设备防电击程度分类

一、产生电击的因素

从根本上说产生电击的原因主要有两点，一是人与电源之间存在两个接触点，形成回路；二是电源电压和回路电阻产生了较大的电流，该电流流过人体发生了生理效应。下面介绍几种可能产生电击的情况。

1. 仪器故障造成漏电

泄漏电流是从仪器的电源到金属机壳之间流过的电流，所有的电子设备都有一定的泄漏电流，泄漏电流主要由电容泄漏电流和电阻泄漏电流两部分组成。电容泄漏电流又称为位移漏电流，它是由两根电线之间或电线与金属外壳之间的分布电容所致。电线越长、分布电容越大，产生的泄漏电流也越大。例如，50 Hz 的交流电，2 500 pF 的电容产生大约 1 MΩ 的容抗、220 μA 的泄漏电流。射频滤波器、电源变压器、电源线以及具有杂散电容的一切部件都可产生电容泄漏电流。电阻泄漏电流又称为传导漏电流，产生电阻漏电流的原因很多，如绝缘材料失效、导线破损、电容短路等等。需要指出的是由于仪器故障造成的漏电流一般属于电阻产生的传导漏电流。

在漏电中最值得注意的是仪器外壳漏电和连接到病人处的导联漏电，这些漏电都可产生电击事故。正常情况下，仪器的外壳应该是不带电的，但是如果电源的火线偶然与壳体短路，则金属壳体上就带上了 220 V 的电压，这时如果站立在地上的人触及金属壳体，人就成为 220 V 电压与地之间的负载，就会有数百毫安的电流通过人体，产生致命的危险。

2. 电容耦合成的漏电电容几乎存在于任何地方，任何导体与地之间、用绝缘体分开的两个导体之间都可等效为一个电容器而形成交流通路，从而产生由于电容耦合而造成的漏电。例如，仪器的外壳没有接地时，外壳与地之间就形成电容耦合。同样，在电源火线与地之间也形成电容耦合。这样，机壳与地之间就产生电位差，即外壳漏电，如图 3 - 3 所示。这种漏电的范围一般为几十到几百 μA，最大不会超过 500 μA，因此人们触及外壳时，至多有点麻木的感觉，不会有更大的电击危险，对于电气敏感的病人，若这个电流全部流过心脏，就足以引起严重后果。

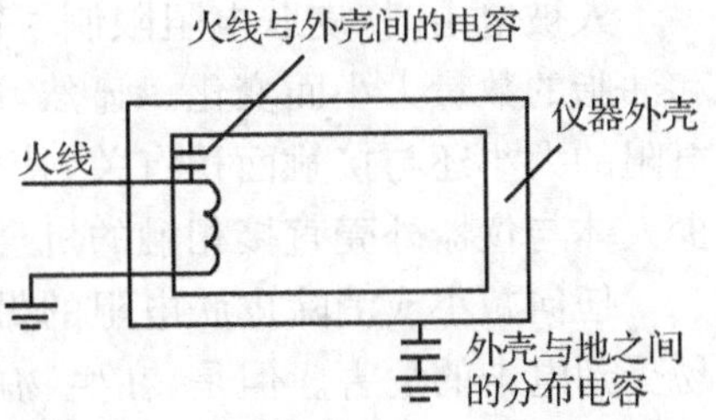

图 3 - 3　由于电容耦合引起的漏电

3. 外壳未接地或接地不良

医务人员或病人几乎都要接触到医疗仪器的金属外壳，如果这个外壳不接地或接地不良，那么在电源火线和机壳之间的绝缘故障或电容短路，都会在机壳和地之间形成电位差。当医务人员或病人同时接触到机壳和任何接地物体时，都可能形成电击。

4. 非等电位接地

一般情况下，都要求仪器的外壳必须接地，但是如果有几台仪器（包括金属病床）同时与病人相连，那么每台仪器的外壳电位必须相等，否则也会发生电击事故。这类电击事故如图 3-4 所示，病人与病床接触，病床在 A 点接地，同时正在给病人诊断的心电图机的接地导联将病人的右腿在 B 点接地，也就是说，病人同时在 A 点和 B 点接地，这就要求 A、B 两点严格等电位。但是实际上往往存在 A、B 两点电位不等的情况。例如，有一台外壳漏电的仪器也接入心电图机的同一支路，即在 B 点接地。由于 A、B 两点之间总有一定的电阻，而外壳漏电的仪器将 B 点电位抬高，与 A 点之间形成一个电位差，这个电位差使电流从 B 点通过心电图机和病人回流到 A 点，病人就会受到电击。漏电流的大小与 A、B 两点间地电阻的大小和外壳漏电仪器的漏电程度有关。

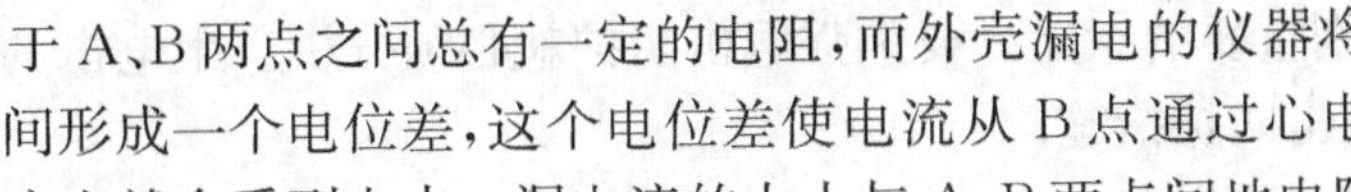

图 3 - 4　非等电位接地导致电击

5. 皮肤电阻减小或消除

人被电击时，皮肤电阻限制了能够流过人体的电流。皮肤电阻随着皮肤水分和油脂的数量大小而变化。显然，皮肤电阻越大，受到电击的危险性就越小。皮肤电阻的大小还与接触面积有关，接触面积越小，皮肤电阻越大，因此应当尽可能减少人体与仪器外壳直接相触的机会和面积。

任何减小或消除皮肤电阻的做法都会增加可能流过的电流，从而使病人更容易受到电击的危害。但是，在生物电的测量过程中，为了提高测量的正确性，往往希望把皮肤电阻减小一些。例如，测量心电时，在皮肤和电极之间涂上一层导电膏，就是为了减小皮肤电阻，因此正在医院里接受诊断和治疗的病人比一般人更容易受到电击。测量的正确性和电击的危险性是生物医学测量中的一对矛盾，应当引起人们的足够重视。

二、医用电气设备的电击防护措施

从上述电击原因可知，防止电击的基本着眼点有两个方面：其一是将病人同所有接地物体和所有电流源进行绝缘，其二是把病人所有够得着的导电表面都保持在同一电位上，但不一定是地电位，目的都是使通过病人的电流减到最小。

医用电子设备的适用对象多数是不健康的人，有的疾病本身使患者对外界刺激的抵抗力降低；有的由于诊断和治疗，外来的刺激很容易引起更为不良的影响。有的病人由于疾病或者麻醉和药物的影响有可能失去意识，意识处于不清醒状态时，患者失去对危险的感觉。其次，由于疾病种类和治疗上的需要，要使患者身体不动，将身体固定在病床和检查台上，这样的患者即使感觉到电击的危险也无法逃生。

可见，加强医用电子设备的电气安全措施，最大限度地减小病人遭受电击的可能性，有着特别重要的意义。要加强电击防护就必须分析产生电击的原因，下面具体介绍几种电击防护措施。

1. 设备外壳接地

设备外壳接地是最经常使用的安全措施，由于外壳可靠接地，即使火线与外壳发生了短路，短路电流的极大部分也会从外壳地线回流到地，流过人体的电流只是其中的很小一部分，同时又因短路电流足够大，可立即熔断线路中的保险丝，从而迅速切断设备电源，保障人身安全。图 3－5 为设备外壳

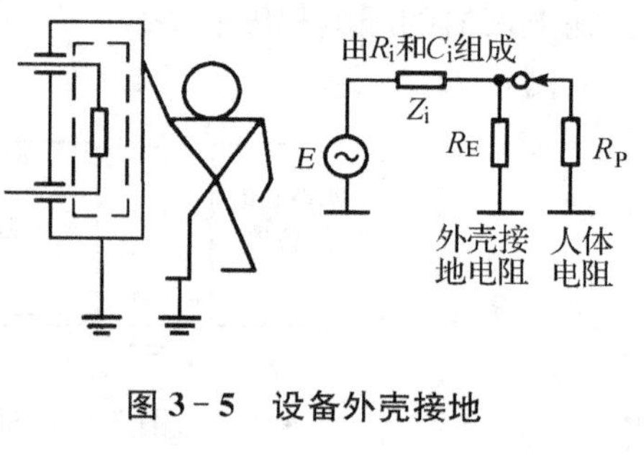

图 3－5　设备外壳接地

接地时的情况。一般情况下，只要保证外壳接地良好、有效、可靠，即使设备发生故障，外壳漏电，仍可保证病人安全而不会受电击。但是在某些特殊场合，例如在危重监护病房特别是对电气敏感的病人同时使用多台设备时，为防止设备外壳非等电位接地而引起的电击事故，必须采取等电位接地系统。

2. 等电位接地

在分析产生电击的因素时，曾提到当多台设备同时与病人相连时，如果每台设备的外壳电位不等，就会发生电击。因此，等电位接地系统是防止电击的又一有力措施。所谓"等电位接地系统"是使病人环境中的所有导电表面和插座地线处于相同电位，然后接真正的"地"，以保护电气敏感病人，也能保护病人免受其他地方地线故障的影响。

3. 基础绝缘

把医用电子设备的电路部分进行绝缘，通常采用金属或绝缘外壳将整个设备覆盖起来，使人接触不到。如图 3－6 所示，R_P 为人体的等效电阻；Z_i 为绝缘的阻抗，用 R_i 及 C_i 并联表示。由于绝缘使流过人体的电流减小，在很多场合下可以防止电击事故。

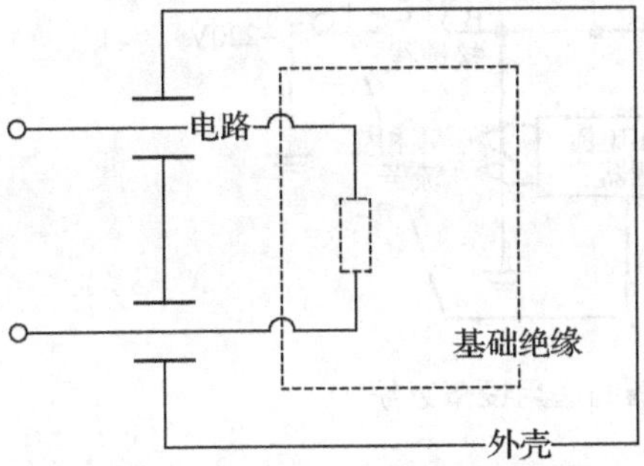

图 3－6(a)　绝缘和外壳的电路的保护

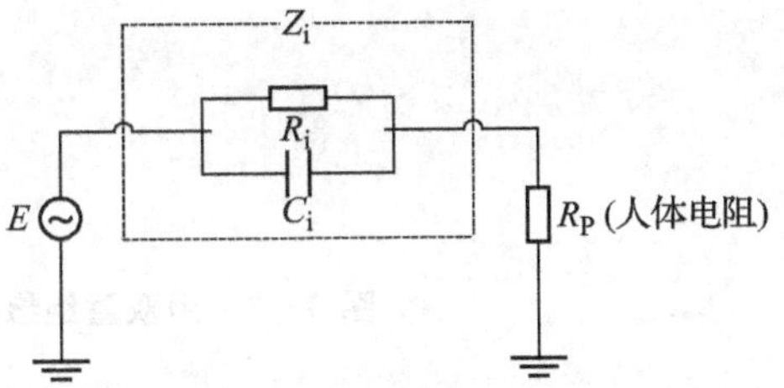

图 3－6(b)　等效电路

基础绝缘即使是正常的，也存在引起事故的危险。这是因为绝缘阻抗不够大，因而漏电流增大引起电击事故。医用电子设备暂定安全标准中，对医用设备正常工作时不引起微电击的漏电流容许值取为 10 μA。如果电源电压采用 220 V，绝缘阻抗必须在 5 MΩ 以上。如果分布电容很大，加上基础绝缘老化，造成微电击的可能性就很大。

4. 二次绝缘

当病人和医务人员偶然接触到漏电设备的外壳时，就会发生电击事故。为了确保安全，通常可以采用两种方法，一是用绝缘材料做设备的外壳，二是用另外的绝缘层(保护绝缘层)将易与人体接触的带电导体与设备的金属壳体隔离(称为一次绝缘),而设备的金属壳体照常与它的电气部分隔离(功能绝缘层,又称为二次绝缘层)。这两种方法都称为双重绝缘,它包括了防护绝缘和功能绝缘。采用双重绝缘后,即使设备的外壳漏电,也不会引起电击事故。需要指出的是,双重绝缘不但能防止宏电击,也能防止微电击。

另一种双重绝缘指的是把电源和整个系统用双重绝缘变压器进行绝缘,将变压器次级的一端接地,并在接地处安装一个零相电流检测器,次级侧采用三线或把接地线当中的一条线作为保护接地线用,如图 3-7 所示。

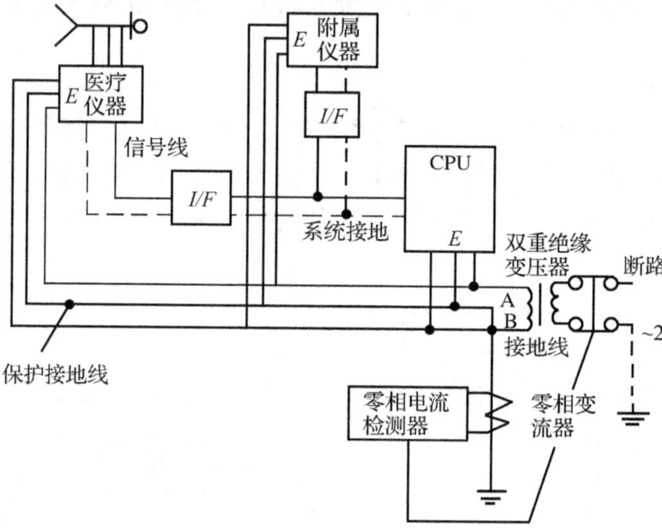

图 3-7　用双重绝缘变压器的医用设备系统

用此方法,电子计算机和终端机的漏电流通过保护接地线从绝缘变压器的次级侧 B 点流回变压器,在原地线中几乎没有漏电流通过。如发生故障,有漏电流通过患者或操作者时,由零相电流检测器检测出漏电流,并由这个电流控制初级侧断路,或者发出报警信号。

5. 低电压供电

当人体电阻一定时,加在人体上的电压越高、通过人体的电流也就越大,产生电击的可能性也越大。为了减少电击危险,在医疗设备中采用低电压供电是一个较佳的方案。如果选用特别低的电源电压,即使人体接触到电路时,也没有损伤危险,就是基础绝缘老化、损坏,也不会发生电击事故。把人体接触而无致命危险的电压值称为容许接触电压,这个电压值一般认为在 25~60 V 之间。

低压供电的方法有两种，一是采用低压电池供电，二是采用低压隔离变压器供电。

低压电池供电一方面可达到低压供电的目的，另一方面由于它没有接地端，因此电池供电的设备的外壳可不接地，这样就可取消人体接地的措施。电池供电广泛应用于无线电遥测中，如在 ICU、CCU 监护系统中，往往需要对病人的心电、脉搏、呼吸等参数进行不间断的监护。图 3－8 所示的遥测系统可实现这一目的。

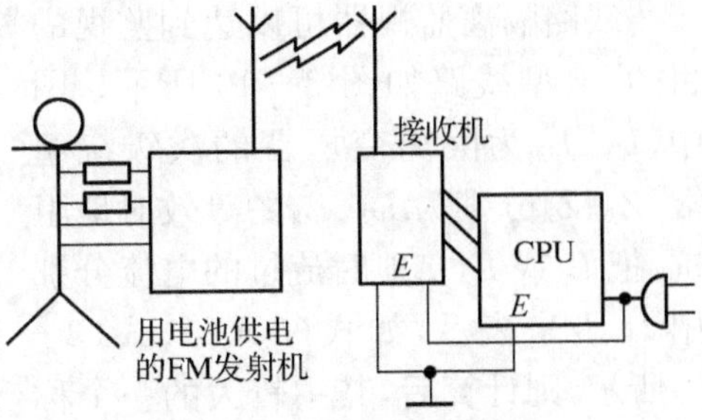

图 3－8　生理遥测系统

遥测系统的主要组成部分：传感器、放大器、发射机、发射天线、接收天线、接收机及记录器。以心率无线遥测为例，通常的做法是：将放大器、发射机组装在一个体积尽可能小的盒子里，线路由电池供电。发射信号被在远处的接收机接收，接收部分不与人体接触，故可采用市电供电。因电池电压通常较低，不会对人体构成危险，故低压电池供电是避免电击事故的一种有效方法。

低压隔离变压器常使用在如眼底镜和内窥镜等仅有一个灯泡且耗电量较大的医疗设备中，其输出低压部分与地绝缘。

6. 采用非接地配电系统

一般的低压配电系统都是采用接地方式，即交流电源中的中线是接地的，这是引起电击的一个重要潜在因素。采用隔离变压器可将接地方式变为非接地方式。隔离变压器与普通变压器的不同之处在于它的次级绕组没有任何一端接地，如图 3-9 所示。

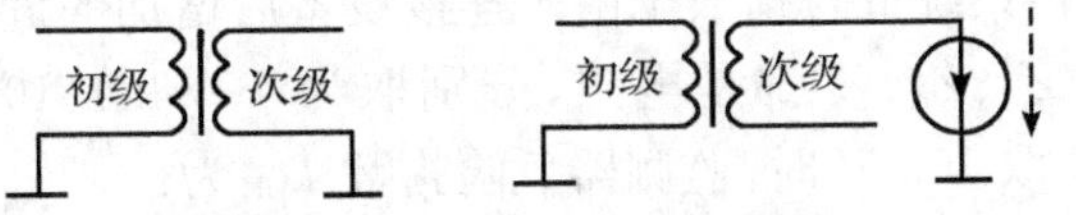

（a）变压器　　（b）隔离变压器

图 3－9　变压器和隔离变压器

只要次级对地的阻抗足够大，则次级的一条线即使接地也没有电流通过。但是实际上，由于初级、次级间存在静电电容，次级对地也有分布电容，因此漏电流总是存在的。实际的接地电流是由次级对地的阻抗大小决定的。显然，假若次级对地的阻抗变得很小，或者次级的一端与地短接，则隔离变压器的功能将不再存在。这时，如果隔离电源次级另一端与病人接触，电击事故照常会发生。可见，为了保证隔离电源系统的保护功能,必须监视隔离变压器和地之间的阻抗。一旦电阻减小到一定程度,立即报警,指示隔离变压器已经失效,必须及时排除故障。

线路隔离监视器可以达到监视的目的,典型线路如图 3-10 所示。图中,L_1、L_2 为隔离变压器的次级绕组端,Z_1、Z_2 分别为 L_1、L_2 的等效对地阻抗,把 L_1 或 L_2 接地时流过的电流分别用 I_1、I_2 来表示,如式(3-1)、式(3-2)所示,则计算后,其中较大的一个称为危险指数。

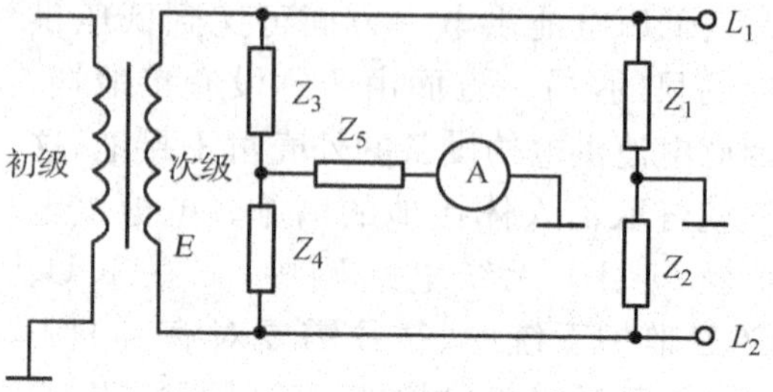

图 3-10　线路隔离监视器

$$I_1=\frac{E}{|Z_1|} \tag{3-1}$$

$$I_2=\frac{E}{|Z_2|} \tag{3-2}$$

危险指数的含义是指隔离变压器的次级绕组有一端发生接地事故时流过的最大接地电流。它因配电系统连接不同的负载设备或因配电系统的绝缘情况的不同而不同。不连接负载设备的危险指数表示配电系统本身的绝缘情况,称之为系统危险指数。如果设备负载连接到系统上,因为使等效对地阻抗 Z_1、Z_2 下降,则危险指数增加,把这时的危险指数称为故障危险指数。危险指数的允许值通常取为 2 mA,这个值是根据爆炸性气体不能点火、不能发生致死性电击事故而定的。使用了线路隔离监视器会使危险指数增加,把这个增加量称为监测器危险指数。综上所述,各种危险指数间的关系如下:

总危险指数=监测器危险指数+故障危险指数

故障危险指数=系统危险指数+由于连接设备后增加的危险指数

设图 3-11 的 Z_3、Z_4、Z_5 都是电阻,分别取为 100 kΩ、100 kΩ 和 50 kΩ,如图3-11所示。当 E 取 100 V 时,监测器危险指数 I_{MH} 为:

$$I_{MH}=\frac{Z_4E}{Z_3Z_4+Z_5Z_4+Z_3Z_5}=\frac{100\times100}{100\times100+100\times50+50\times100}=0.5(\text{mA})$$

当 L_1 对地有 67 kΩ 的等效电阻时,如图 3-13 所示,故障危险指数 I_{FH} 如式(3-3)所示:

$$I_{FH}=\frac{E}{Z_1}=\frac{100}{67}\approx1.5(\text{mA}) \tag{3-3}$$

由此可得总危险指数 I_{TH} 如式(3-4)所示:

$$I_{TH}=I_{MH}+I_{FH}=0.5+1.5=2(mA) \tag{3-4}$$

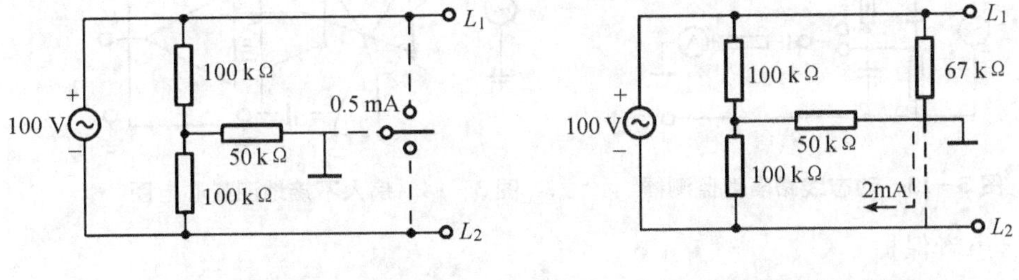

(a) 监测器危险指标
（当 L_1 或 L_2 接地时通过 0.5 mA 的电流）

(b) 监测器总危险指标
（当 L_2 接地时通过 2 mA 的电流）

图 3-11　监测器的危险指标和总危险指标

这时在监测器表头中流过的电流是 0.5 mA，如果把监测器上指示 0.5 mA 的位置算作表示 2 mA，则监测器的读数就可以表示总的危险指数。

因此，实际通过接地点的电流和危险指数是不同的，危险指数是产生接地时流过的电流，并非实际通过接地点的电流。

前面的分析把 L_1 的对地等效阻抗 Z_1 按纯电阻计算，现在再把 Z_1 看做纯电容进行计算，纯电容的阻抗也取 67 kΩ，应用戴维南定理可得图 3-12 形式。通过监测器的电流 I 如式(3-5)所示：

$$I=\frac{50\ \mathrm{V}}{\sqrt{100^2+67^2}}\approx 0.42(mA) \tag{3-5}$$

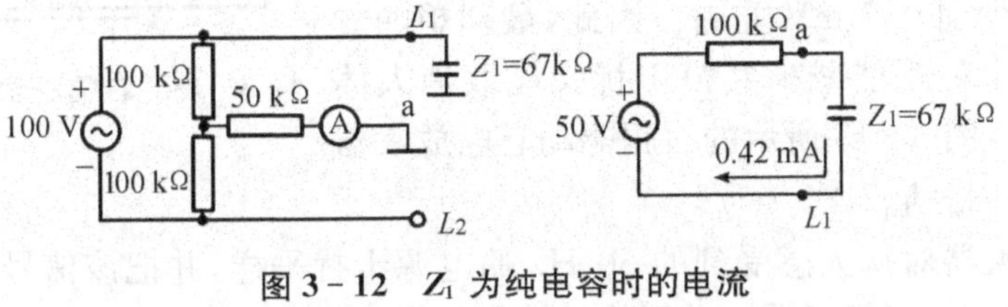

图 3-12　Z_1 为纯电容时的电流

虽然故障时危险指数仍相同，都是 1.5 mA，但监测器表头的指示已从原先的 0.5 mA 变到现在的 0.42 mA，这是这种线路隔离监视器的不足之处。

必须考虑的另一种情况是，当 L_1 和 L_2 的对地等效阻抗同时变化而且相等时，图 3-12 所示的监测电路将处于电桥平衡状态，即使此时发生了接地事故，监测器表头中也无电流通过，从而会发生漏检现象。为了避免这种情况，可采用图 3-13 电路，每隔一定时间换接测量电路一次，破坏电桥平衡条件，消除漏检事故，这种监测器称为动态线路隔离监测器。

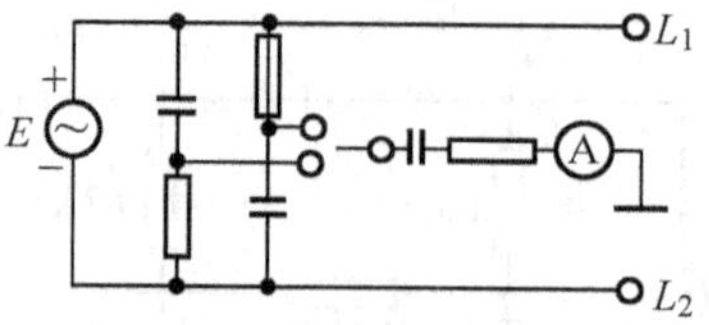

图 3-13　动态线路隔离监测器

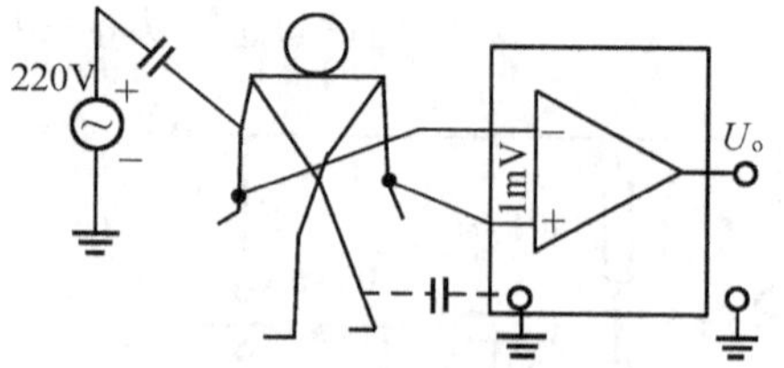

图 3-14　病人不接地测量心电图

7. 患者保护

从患者考虑出发，在医疗器械产品设计中可采用以下方法。

(1) 右腿驱动技术

造成触电事故的一个重要原因就是人体接地，因此最根本的安全用电措施就是取消人体接地。人体接地本来就是在没有高质量的放大器情况下采取的减少共模信号的应急措施。测量心电图时，如果病人右脚不接地，如图 3-14 所示，由于杂散分布电容的影响，病人身上将会产生很高的共模电压。假设病人左肩离电源最近，可将分布电容看做集中在电源火线和左肩之间；再设右腿离地最近，将分布电容看做是集中在地和右腿之间，假设它们相等，均等于 10 μF。通过分析可知，右腿不接地时，等效共模电压可达 110 V；如果右腿接地，则共模电压可减少到 0.5 mV 左右。因此，最理想的方法是设计出一种既能减少共模干扰又能取消人体接地的电路。图 3-15 所示的右腿驱动心电放大器即可实现这一目的。

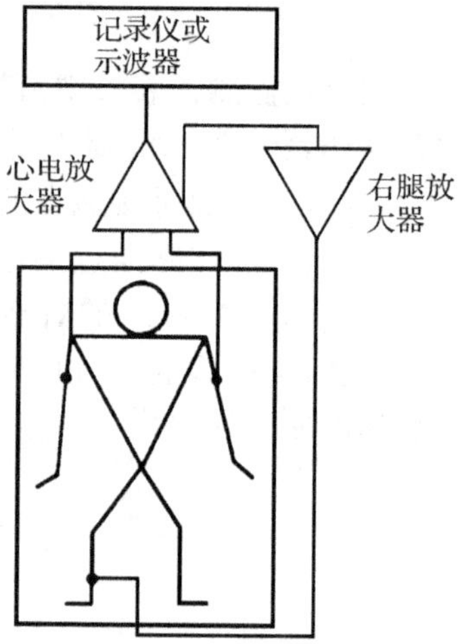

图 3-15　右腿驱动心电放大器

图中放大器对病人感受到的 50 Hz 的电源干扰采样，并把该信号通过右腿放大器反馈给病人，以便抵消这种干扰。该系统可使病人有效地与地隔离，具有很小的泄漏电流，记录的心电图也相当清晰。

(2) 人体小电流接地

正常情况下，人体通过一定电阻接地。一旦人体受到电击，电阻则限制通过人体的电流使之成为安全电流。这样使人体电位既保持为零电位，又对病人没有潜在危险。图 3-16 所示为一实用电路，图中 R 为数十 MΩ，四桥臂 VD 为晶体二极管。一旦右腿的入地电流过量时，二极管桥路将切断右腿的接地线，免遭电击，确保人身安全。

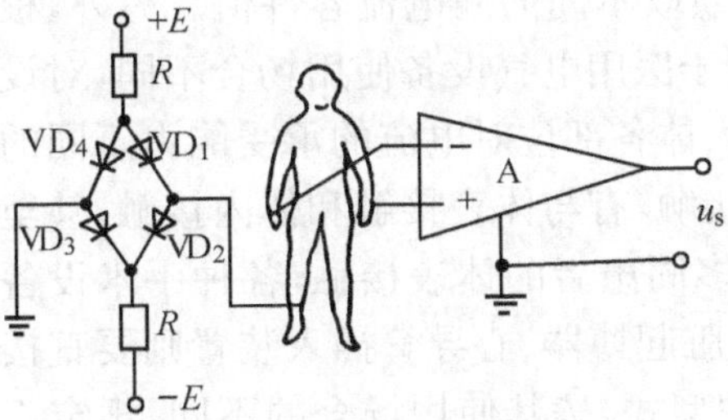

图 3-16　人体小电流接地电路

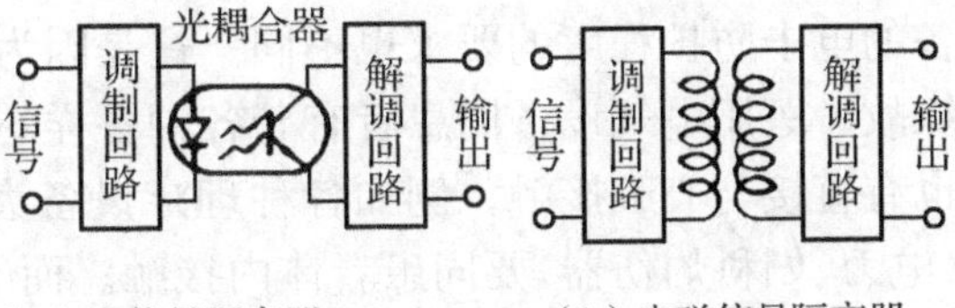

（a）光信号隔离器　　（b）电磁信号隔离器

图 3-17　信号隔离器

(3) 信号隔离器

在绝缘体部分，触体部分和其他部分之间进行了电路绝缘，但还必须能够传送信号，能实现这个任务的就是信号隔离器。信号隔离器是依靠电磁耦合或光耦合来传送信号的，如图 3-17 所示。除此之外，还可以通过声波、超声波、机械振动等介质来传递信号。

供给绝缘触体部分工作的电源，也必须与其他电路绝缘，使用绝缘触体部分专用电池或 DC—DC 变换器。

三、B 型设备、BF 型设备、CF 型设备

医用电气设备不同于一般的电子设备，它触体部分较多，为防止电击事故，依靠基础绝缘把触体部分和电源原线圈电路分开。但是，只用这种方法，当绝缘损坏变质时，就不安全了。像心脏导管和埋植体内的起搏器的刺激电极等触体部分，它们直接接触心肌和心腔。从这些设备流出的漏电流直接刺激心肌，极易引起心室颤动，因此，必须把从触体部分流出的漏电流限制在极小值范围之内，才不会引起心室颤动。

当将触体部分接地(保护接地)时，漏电流就几乎全从地线流向大地，减小经过心脏的漏电流。这是一种较简单的方法，但在这种场合下，如还同时有其他设备也连接到患者身体上时，从旁的设备上流出的漏电流经过连接心脏的触体部分流向大地，也有引起心室颤动的危险。

为同时连接多台设备而不引起心室颤动，就需要采用某些方法限制连接到心脏上的触体部分流过的电流。为此，将连接心脏的触体部分同设备的其他部分和接地点绝缘，这种方法称为绝缘触体部分(Isolated Applied Part)，或称浮动(Float)触体部分。绝缘触体部分的优点是，它可以依靠绝缘阻抗限制漏电流，特别是限制从外部经过触体部分流入设备的漏电流。

当电流直接流过心肌时,非常小的电流阈值内就可以发生心室颤动。因此,直接装在心脏上的设备和其他设备的漏电流必须取不同的漏电流容许值。另外,根据前述理由,还有触体部分不绝缘的设备。由于医用电气设备使用场合不同,对设备的电击防护程度的要求也不同。这是因为人体各部位对电流的承受能力不同的缘故。医用电气设备同患者有着各种各样的接触,有与体表接触和体内接触,甚至也有直接与心脏接触。例如各种理疗设备大多同患者的体表接触,各种手术设备(电刀、妇科灼伤器)要同患者体内接触。而心脏起搏器、心导管插入装置则要直接与心脏接触,这样就把医用电气设备分成各种型式,按其使用场合的不同,规定不同的电击防护程度,在标准中划分为 B 型、BF 型、CF 型。

根据这些组合对设备进行分类,如表 3－8 所示的种类和型号为:

表 3－8　触体部分的种类和型号

种　类	适用于体表、体腔	适用与心脏
不绝缘	B	—
触体部分绝缘	BF	CF

C 代表 cor(心脏),B 代表 body(躯体),F 代表绝缘,连接心脏的部分一定是绝缘触体部分(CF),在《IEC 安全通则》和 GB 9706.1《医用电气设备暂定标准》中,对这种类型设备分别规定容许漏电流值。CF 型容许的漏电流是三种分类中最严格的。

(1) B 型设备

B 型设备是对电击有特定防护程度的设备。特别要注意容许漏电流以及保护接地连接(若有)的可靠性。

(2) BF 型设备

BF 型设备是有 F 型应用部分的 B 型设备。其容许漏电流规定值增加了对应用部分加电压的电流测量。B 型、BF 型设备适宜应用于患者体外或体内,不包括直接用于心脏。

(3) CF 型设备

CF 型设备对电击的防护程度特别是在容许漏电流值方面高于 BF 型设备,并具有 F 型应用部分的设备。CF 型设备主要是预期直接用于心脏。

第五节　医用电气设备安全标准概况

近年来,医用电气设备日益增多,已成为诊断、治疗中必要的手段和不可缺少的设备。医学设备的特征是设备和生物体密切相关联，多数医用电子设备为了取得生物体信息或给生物体产生某种作用而将设备和生物体紧密地连接到一起工作。然而，由于常因安全使用和管理不当而引起致命性的电击使患者和医生产生恐惧心理，严重影响了医疗设备的发展。这些问题引起了有关医疗设备专家学者和厂家的重视，一些国家先后研究和制定了医用电子设备的安全标准。各国的许多部门都规定了ME设备的安全标准。其中德国的VDE 0750、美国的UL 544、加拿大的CSAC 22.2及No.125等是享有盛名的。为了适应国际标准的需要，国际电工技术委员会(International Electrotechnical Commission，IEC)于1987年制定出医用电气设备安全通则IEC 60601.1(General Requirements for Electrical Equipment Used in Medical Practice)，其中的医疗电气设备的安全性，不只规定了电的安全，还规定了设备的安全、防爆等各个方面，并对试验方法等也作了详细的规定。

为此，参照IEC的《安全通则》，根据我国国情，国家卫生部于1988年9月5日发布了国家标准(GB 9706.1-88)，1989年3月1日起正式执行。为了与国际安全检测工作接轨，国家医药总局于1997年再次强调，GB 9706.1是强制性标准，必须强制执行。GB 9706.1全称为："医用电气设备，第一部分：通用安全要求"，适用于各种医用电气设备。对电击危险防护的通用安全检测主要包括四个部分，即漏电流、绝缘阻抗、接地线电阻、接地电阻。GB 9706.1安全要求的几个方面如下：

(1) 对电击危险的防护；

(2) 机械危险的防护；

(3) 不需要的或过量辐射危险的防护；

(4) 对易燃麻醉混合气体点燃危险的防护；

(5) 对超温和其他方面危险的防护；

(6) 工作数据的准确性和危险输出的防止；

(7) 不正常的运行和故障状态；

(8) 对结构的要求。

GB 9706.1等同采用IEC 60601.1的标准。关于医用室的安全标准IEC有推荐要求。我国民用建筑电器设计规范JGJ/T 16-92对医用建筑物也有相应的规定要求。

除GB 9706.1医用电气安全设备通用标准外，国家标准中已有十多个电气安全专用标准，包括如下几条：

GB 9706.2-1991医用电气设备——血液透析装置安全专用要求；

GB 9706.3-1992医用电气设备——诊断X射线发生装置的高压发生器安全专用要求；

GB 9706.4－1992 医用电气设备——高频手术设备安全专用要求；

GB 9706.5－1992 医用电气设备——能量为1～50 MeV 医用电子加速器安全专用要求；

GB 9706.6－1992 医用电气设备——微波治疗设备安全专用要求；

GB 9706.7－1994 医用电气设备——超声治疗设备安全专用要求；

GB 9706.8－1995 医用电气设备——心脏除颤器和心脏除颤监护仪的安全专用要求；

GB 9706.9－1997 医用电气设备——医用诊断和监护设备安全专用要求；

GB 9706.10－1997 医用电气设备——第二部分:治疗 X 射线发生装置安全专用要求；

GB 9706.11－1997 医用电气设备——第二部分:医用 X 射线源和 X 射线管组安全专用要求；

GB 9706.12－1997 医用电气设备——第二部分:安全通用要求三、并列标准 X 射线设备辐射防护通用要求；

GB 9.706.13－1997 医用电气设备——第二部分:遥控制动驱动式广射线后装设备安全专用要求；

GB 9706.14－1997 医用电气设备——第二部分:X 射线设备附属设备安全专用要求。

思 考 题

3－1 医用电气设备按电击的防护形式分为哪几种?

3－2 简述基本绝缘、双重绝缘、加强绝缘、辅助绝缘的含义,并举列说明。

3－3 产生电击的因素是什么? 如何有效地采取措施?

3－4 简述 B 型、BF 型、CF 型的含义。

3－5 简述Ⅰ类设备在电网中的防电击要注意的问题。

第四章　常用医用电气设备的安全分析

第一节　医用电气设备的事故原因分类

医用电气设备有从生物体取得信息的检测仪器，又有作用于生物体的刺激仪器、治疗仪器和各种监护仪器等。各类不同的医用电子仪器有可能因各种各样的原因产生危害，危害有时发生在作为仪器主要工作对象的患者身上，有时也发生在仪器操作者、仪器周围的人身上，或者仪器周边的设备和其他仪器上。

医用电气设备产生的危害是多种多样的，如由电气设备放出能量引起事故；因电气设备性能方面的缺点而停止工作；性能的恶化，工作不良；受有害物质和病原体的污染等。

引起危害的原因很多，在 IEC 标准中列举了下述九项：

(1) 各种形式的能量，如通过人体的电流、放射线、超声波、高频能量、加速粒子等；

(2) 由于错误操作，机械的或电气的损坏引起工作不当，保护措施欠缺，由于电气设备上有危险的面、角、棱和有突出部分等，或置放不稳而引起机械性撞伤；

(3) 由于高频干扰使诊断数据收集和治疗等发生障碍；

(4) 由于体表过热引起热伤和反射运动；

(5) 由于电气设备损坏，熔融的金属和燃烧物等掉到电气设备外引起火灾；

(6) 放出化学腐蚀剂、毒物、高温流体等，和生物学上不安全的物质接触；

(7) 更换部件不当，操作程序错误，引起非正常输出等；

(8) 部件故障(特别是维持生命的装置)；

(9) 供电电源停电，工作环境不正常等。

为了使医用电气设备工作安全，要按事故发生原因或其产生的现象采取措施。为此，必须研究每个电气设备的各种因素。但是，若设计制造者对每个电气设备逐个研究这些因素，由于遗漏或者加上设计者个人考虑方法不同，要求很全面是困难的。IEC 把各国的安全标准进行了归纳，制定了《IEC 通用电气设备安全通则》。

《IEC 通用电气设备安全通则》对医用电气设备的安全问题在许多方面做了规定，对目前可预想到的许多危险，都指出了克服的办法。虽然通则具有普遍性，但对于特殊的仪器，还要制定这种仪器的特殊规范，才能确保安全。GB 9706.1 就是在这个通则上，根据我国的国情制定的。

医用电气设备的特征是仪器和生物体密切相关联。多数医用电子仪器为了取得生物体信息或给生物体某种作用，要将仪器和生物体紧密地连接到一起工作。如像胃镜检查和心脏导管检查，要在一定时间内把仪器放入生物体内，也有像埋藏型心脏起搏器那样的，需要长期放置在生物体内。这是医用电气设备的特征。

医用电气设备的工作对象是患者，而患者可能处于非常脆弱的状态；或患者可能意识到危险，或者不能判断出危险，或即使感到危险也不能摆脱；或有的患者所患疾病本身对外界刺激的抵抗力降低，有的由于诊断和治疗，外来的刺激很容易引起更不良的影响。例如，心脏病人用很小的电流就会引起心室颤动，在插入心导管的情况下，即使是微小电流也容易因电击引起心室颤动。当存在循环障碍，加的热不能迅速散开时，即使在较低温度下，也容易引起低温热伤。

因为医用电气设备的特征以及工作对象的特殊性，保证医用电气设备安全工作，分析每类仪器的安全显得很有必要。

医用电气设备有可能因各种各样的原因产生危害，危害产生在作为仪器主要工作对象的患者身上，有时也产生在仪器操作者、仪器周围的人身上，或者仪器周边的设备和其他仪器上。一般又分为以下几类。

一、能量引起的事故

如果把能量加到人体上，根据所施加的能量种类和能量值会引起各种各样的事故。很多医用电气设备，为了治疗和测量，需要加给人体内一定的能量，特别是除颤器、高频电刀、X 射线等装置，它们是加给人体大能量的医用电气设备，因而在本质上就是一种蕴藏着危险的装置。这些仪器如不给患者某一规定量以上的能量，就不能达到要求的效果，当提高了能量，一旦使用不当发生某种故障，就有引起严重事故的危险。

有时加到人体上的能量不是有目的的，从仪器漏出的能量在人体上引起事故，例如漏电流一类的能量。还有，本来放出的能量没有直接加到人体上，由于这种能量使周围的状态发生变化，因而引起危险，或者引起其他仪器发生故障，其结果也可能产生人身事故。

二、仪器性能的缺点和停止工作引起的事故

在用医用电气设备来代替人体功能的一部分时，即生命是由仪器来维持的情

况下，仪器的故障可造成致命的事故。例如在心脏手术中，人工心肺停止工作，心脏起搏器没有刺激脉冲输出，除颤器之类的紧急治疗仪器在必要时不工作等，就是这方面事故的实例。

另外还有一些引起事故的原因，如各种安全装置、保护装置、警报装置不工作等。这些事故都是在仪器产生故障的情况下引起的，由于使用操作上的错误也会引起事故，所以使用这些仪器时，需要十分注意。有时即使仪器的工作和使用都正常，如果仪器工作所需要的能源供给停止，仪器也就会停止工作，如停电、电池耗尽、冷却水不足等等，因此解决这些问题的措施也很重要。

三、仪器性能恶化引起的事故

仪器性能恶化引起仪器停止工作的情况比较容易发现，如果维持生命的装置不是紧急的，还可以采取措施，但是对那些仪器的性能慢慢恶化的情况却不容易发现，这是需要特别注意的，例如心电图机的时间常数电路。时间常数电路是由 *RC* 电路构成的，一般心电图机的时间常数为 1.5～3.2 s，如图 4－1 所示，多数情况采用这样的高电阻，但是因空气潮湿等影响电阻值下降时，时间常数就会变小，造成波形失真，如图 4－2 所示。因为心电图是根据波形分析诊断疾病的，所以波形失真将会造成诊断出现错误。

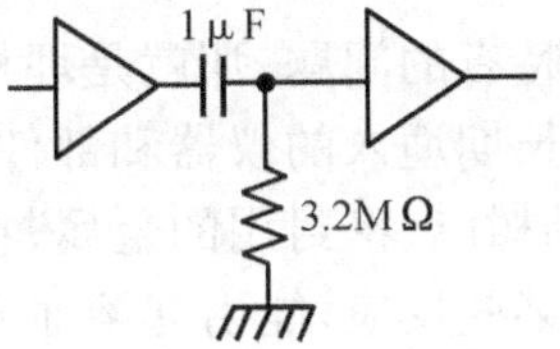

图 4－1　心电图机时间常数电路

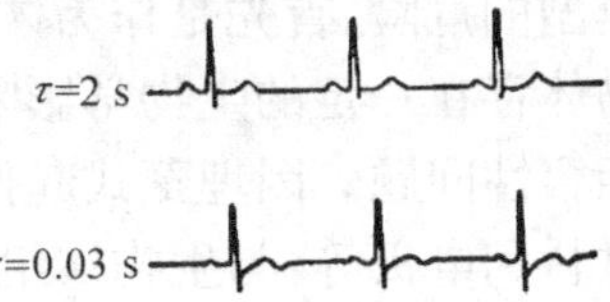

图 4－2　因时间常数产生的波形失真（模拟心电图）

各种测量仪器的测量精确度问题，也属于这一类问题。取样的检测装置和放射线测量等仪器的测量精确度下降，将产生很大的误差，如果测量仪器已达到不能使用的程度时仍在使用，有可能在诊疗上造成很大的危险。

四、有害物质引起的事故

病原体污染是众所周知的老问题，一般电子仪器耐受水、热，化学药剂等作用较弱，因而消毒灭菌的困难比较大。

消毒、灭菌不彻底，在污染仍然存在的情况下就作用于人体，很容易引起感染问题。而对不易彻底消毒、灭菌的仪器进行彻底消毒和灭菌，又有损坏仪器的危险。

为了改善仪器的性能，新的工业材料不断地被利用。这些材料在未充分研究它们对人体是否适合使用之前就使用，因为生物体的适应性差，常常发生各种问题。例如自输液装置上的氯乙烯树脂管中，可溶出增塑剂邻苯二（甲）酸酯和注射液中的氨基甲酸乙酯作用而致癌等。这虽然不是医用电气设备直接造成的事故，但这也是属于医用电气设备要考虑的安全问题。

第二节　医用体内仪器的安全性分析

一、医用体内仪器的安全性分析概述

所谓医用体内仪器，是指医用电气设备或其附件的一部分或全部埋植或插入身体内部使用的仪器。如心脏起搏器、直接有创血压测量等。埋入体内的部件综合起来归纳有刺激作用的振荡器（心脏起搏器）、电极、导管、传感器、光学纤维束、电刀的刀尖等作用器、灯泡等。可见，在医疗中，实际上使用着很多的体内仪器，一旦使用这种仪器的方法发生错误，或器件在使用中发生了故障，那就不只是在体内放入异物的问题了，其后果比体外仪器要严重得多。

体内仪器典型的危险，首先是作为体内仪器所特有的问题，那就是埋植物质和插入物质对生物体存在一定的生物学影响，特别是长期埋入的仪器和部件，还存在着与生物体的相容性问题。因埋藏式起搏器机体的树脂、密封用的金属、在血管内的导管的塑料材料和电极等，与生物体组织会产生某些反应，能引起溶血和破坏组织的危险。

其他方面的生物学危险，有埋植物和插入物的灭菌不彻底造成细菌感染问题，在血压测量用的导管头部有滞留的血液凝结问题，血压计传感头的损伤引起出血等问题。

化学性危险同生物学危险一样重要。例如，由于从插入体内物中溶出有害物质和导管材料中的有害物质，以及从电极中溶出的有害杂质等造成的危险。有时虽然在室温和水中是安全的，但在体温和体液中就产生了问题，所以需要做和生物体内条件相同的试验。另外，还要特别注意用高温灭菌处理时引起的变性和用药液灭菌引起的变性等问题。

机械性危害是指由于埋植仪器对组织的压迫而引起组织坏死，另外，当插入心脏内测量血压用的导管和测量心内诱发心电图用的导管电极等机械性地刺激心脏内壁时，会引起期外收缩，诱发心室颤动等。这种危险，如果埋植部位选择合适，在

操作上需特别小心，多数是可以防止的。

因为体内仪器几乎都是依靠电进行工作的，所以易发生电的危险。电的危险主要有电击、能量的分流、相互干扰等几种，但体内仪器的电危险中特别应引起注意的是电击。因为体内的仪器，插入心脏内部或其附近的是导体构成的电极和装满生理盐水的导管等，所以极易引起对心脏的直接电击，由这种微电击诱发心室颤动，这是一种最可怕的危险。可以说微电击电流即使在 100 μA 以下，也能诱发心室颤动，其产生原因是因体内仪器本身有市用交流电的漏电流，或与它并用的体外仪器有漏电流引起的。特别是在多个医用电气设备共同组合使用时容易产生这种问题。

最后是仪器的故障问题，不局限于体内仪器，凡医用电气设备都会有故障，但体内仪器工作功能停止或者发生异常状态时，特别是埋植型的仪器，处理故障的办法要花费很多时间，影响也较大。例如，用埋植型起搏器时，因密封或机壳损坏，体液浸透到仪器内部，引起内部电路故障，仪器正常功能停止，如果输出脉冲频率异常，会直接危及患者的生命安全。所以一谈到体内仪器，就意味着其比体外仪器要求具有更高的可靠性。

此外，体内仪器的危险性还有由于错用或操作错误等人为的差错造成的危险，以及因测得的信号数据不准确引起的二次危险等等，这也是医用电气设备共同性的危险。

二、埋藏型心脏起搏器的安全分析

在体内各种埋藏型仪器中，最为普遍的是埋藏型心脏起搏器，在发生 A—V 阻滞一类的特殊传导系统障碍和由于窦房结异常使心脏的节律失常的患者身上，永久性地埋植这种仪器，用它的周期性电脉冲刺激心脏，以恢复心脏的正常节律。它是由心脏起搏器本机和刺激电极、导线及其套管（心导管等）组成的。内部有电子线路和电池。埋藏型心脏起搏器的安全问题，主要有由于使用或者手术技术的原因造成的事故和因起搏器性能不良造成的事故两种。

对于各种使用上的问题和手术技术外部干扰等问题，如能适当设计起搏器和系统地考虑包括仪器、人和环境的系统的安全，可以起到一定程度的防止作用。另外在心脏起搏器埋植时，要测量刺激阈值、心内心电图 R 波的峰值和心肌阻抗等，选择适当的电极位置等，这些问题也可以认为是应用 ME 技术安全操作的重要问题。

以上是使用的问题，可是，当心脏起搏器本身的功能部分或全部停止时，将造成直接危及患者生命的重大事故。心脏起搏器功能不正常的原因可分为三类：电极故障、本机故障、外部干扰。电极故障有断线和将要断线，同本机的连接部分脱落和因电极受体液浸蚀造成接触不良等。由于这些原因，从心脏起搏器本机发出的刺激脉冲不能传到心室，或者因电流小，刺激作用只有很短的时间，或者长期消失。在实际应用中电极本身的可靠性很高，断线事故很少，但在电极和本机的连接部分产生接触不良的问题是经常发生的。

心脏起搏器本机的故障有振荡停止和输出下降等引起的刺激停止或是无效刺激，异常的高频振荡，由于振荡输出的下降和频率下降与振荡停止等原因，一方面使刺激无效，另一方面又因心动过缓，使患者引起阿—斯氏综合征，有诱发摔倒等二次事故的危险。反之，心脏起搏器故障使刺激频率非常高时，刺激脉冲重叠在T波的下降支附近(易损期，称之为“R－On－T”)，诱发心室颤动。这种现象称为脱缰(Run－away)现象，它是心脏起搏器事故中最可怕的一种。因此在埋藏型心脏起搏器的设计上采取了措施，即使发生故障，其刺激频率也不超过某一规定值。

再有，因外部来的干扰使心脏起搏器本机受影响的情况也是存在的。当病人触电时，有50 Hz频率的漏电电流经过躯体，或是强交流电场加到躯体上，当加到刺激电极上的电流大到某一规定值以上时，心脏起搏器成为固定频率振荡器，使按需机构停止，产生“R－On－T”危险，对频发期外收缩的患者特别危险。另外，交流干扰大到某一规定值以上时，也会使心脏起搏器的振荡停止。把低频治疗机或神经、肌肉刺激装置等和它并用时，也会受到影响。

在附近使用高频仪器、微波治疗机、电刀、电子透镜、产生火花的电焊机等设备时，心脏起搏器也要受影响，造成所谓振荡停止、固定频率化等。曾有报导说，用单极型心脏起搏器时，因埋植本机处的肌肉受影响，使按需电路工作停止振荡，造成了一时性的意识丧失。

三、有创血压测量的安全分析

血压测量方法大致分为无创测量和有创测量两种，无创血压测量使用打入空气的袖带和听诊器，利用听柯氏音的有无进行测量。有创血压测量是用充满生理盐水的导管，在导管头部放一个压力传感器，把导管直接插到血管内进行测量。无创血压测量用的设备简单，不要求很熟练的技术，所以在医学上得到广泛地使用。但是，用它不能测量血压的连续波形和静脉压。另外，即使是测量动脉压，在患者产生休克等脉压微弱的情况下，用它测量非常低的血压也是困难的。

有创血压测量装置稍微复杂一些，但可以连续监视动、静脉血压波形，且易于记录血压波形和对波形进行微分等波形处理。因此，多用于术中和术后对患者心血管系统的循环状态的监护，在病房里对休克病人的血压监护，以及用心脏导管检查心脏内压，借以了解心功能等情况。但因为有创血压测量需要把导管和压力传感器插入体内，所以存在体内仪器的危险问题，关于导管的问题，实际上主要是出现生物学危险和机械性危险问题。具体地说，生物学危险包括由于导管灭菌不充分所致的细菌感染，由于导管插入所致的血栓形成，从导管的插入部分和体外连接部分(例如三通)处产生出血事故等，机械性危险是在插入导管之后，导管一方面对心脏内壁进行机械性刺激，激起期外收缩，诱发引起心室颤动，另一方面导管又可能造成心肌穿孔之类的机械性损伤事故。

关于外部仪器的典型安全性问题，是指心脏直接被电击，即微电击。这是因为从外部的附属仪器(放大器、记录器和显示器)和并用的医用电气设备进来的市用交流电的漏电电流造成的电击。虽然导管是绝缘物，但其中的生理盐水是用0.9%的 NaCl 溶液，相当于一根 160 kΩ 的电阻丝。

目前，一般用于血压测量的传感器受压膜是金属的，这个金属膜和传感器外的金属罩相连接，再由屏蔽线把它和本机接地相连。因此，一般在直接血压测量装置中，插有导管的器官，依导管粗细与长度不同，经过数百 kΩ 的电阻，和金属罩及专用放大器的接地端相连。心脏导管检查中，假如在专用放大器上面有数百 μA 市用交流电漏电流，当该仪器接地不良时，就有产生微电击引起心室颤动的危险。

以上是作为有创血压测量的体内仪器的安全性来讲述的，在设计导管和压力传感器时，对上述问题必须充分加以考虑，可以采用把压力传感器和生物体脱离与电的接触，专用放大器的输入端采用浮地等措施。

四、希氏束心电图机的安全分析

心电图的发展已具有相当程度的理论水平，并进行了经验图线的分类。心电图表示心脏兴奋性、传导性、自律性等除机械的收缩特性以外的电特性，被广泛用于心脏病的诊断。心电图机是现在普及率很高的一种医用电气设备。

随着心电图学的发展和医用电气设备技术的发展，心电图检查已成为医院的常规检查。特别是从刺激传导系统中的希氏束附近引导出的希氏束心电图，可较好地表示出刺激传导系统的状态，已被广泛用于诊断 A—V 梗塞等病症上。在心脏导管检查中把它作为一项指标的情况已逐渐增多。

希氏束心电图测量一般采用的方法是用导管电极经过静脉插到心脏里进行直接测量。希氏束心电图机是由心内希氏束心电图导出用导管电极、体外的希氏束心电图机本机、记录器和显示器组成的。其中，有关导管造成的生物学和机械性的危险，与有创型血压计的导管造成的危险在本质上是相同的。因此，在这里只介绍由体外本机的漏电流和并用仪器的漏电流引起的微电击问题。由希氏束心电图机引起的微电击诱发心室颤动的危险，可分为以希氏束心电图导出用导管头部电极为电流的流出点和流入点两种情况。

首先，研究导管电极为市用交流电流的流出点这种情况。如图 4－3 所示，当希氏束心电图机和肢体导联的心电图机同时测量的时候，假设由于希氏束心电图机的输入部分故障，突然增加漏电流，肢体导联心电图测量用的导出线中，右足线和普通心电图机一样，同本机接地点连在一起。在这种情况下，漏电流的通路，由希氏束心电图机的输入部分，经导管、电极、导管头部、心脏、躯体、右足、导联线、心电图机本机的机壳、接地端，室内接地端到大地。当通过这个回路中的电流在 100 μA以上时，直接电击心脏，就有引起心室颤动的危险。

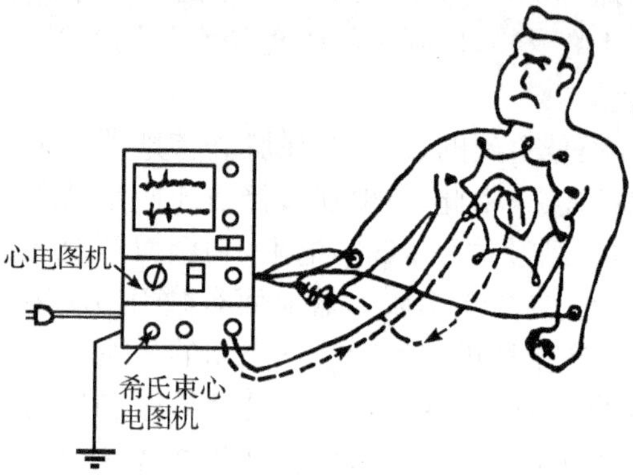

图 4-3　输入电路的漏电流的电流回路

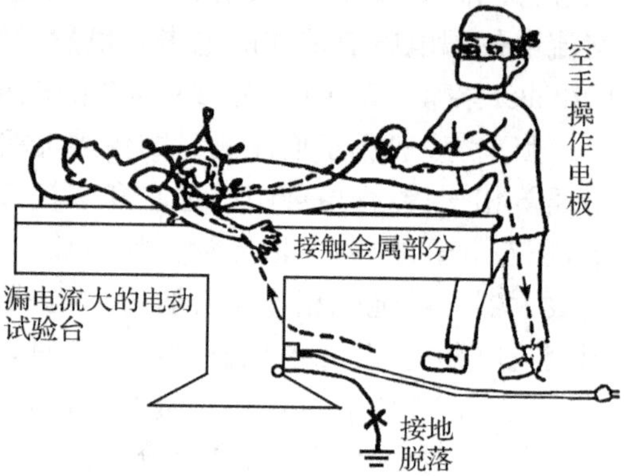

图 4-4　电动实验台的漏电流的电流回路

其次，研究导管电极成为流入点的情况。这是因导管电极的体外金属部分由于某种原因被接地时，则有从其他医用电气设备流入患者的漏电流，这个漏电流流入导管电极，然后再从导管电极流出。如图 4-4 所示，患者卧在漏电流较大的电动试验台上，在接受希氏束心电图机检查。检查者空手操作导管，导管的外端和希氏束心电图机的输入端钮相连接。假若电动试验台的接地线脱落，当患者的手脚一接触电动试验台的金属部分，经患者的手、躯体、心脏、导管电极、导管末端、检查者的手及脚、地板到大地，有引起心室颤动的危险。在这种情况下，虽电流也流过检查者，但因检查者的电流值在 1 mA 以下无感觉，因此对患者存在极大的危险。

不仅仅局限于希氏束心电图机，把电极和盛满生理盐水的心导管，从体外通过血管插入心脏内的仪器还有很多，如临床常用的有体外心脏起搏器、有创血压测量装置、色素稀释法心输出量计等仪器。这些仪器的体外部分，因为手容易接触到，所以都存在着这种危险。

防止这种事故的方法是凡和心脏直接或者通过导管或电极间接相连接的仪器，全应采用 CF 型仪器，必须充分注意克服漏电流的措施。另外，一起并用的仪器也应该用 CF 型。不仅是仪器本身，就是传感器接线端钮等金属部分也不能裸露在外，或者是在构造上使金属部分不易碰到。

第三节　医用治疗仪器的安全

医用治疗仪器是指为恢复患者的健康，能给以某种作用或能量的仪器。根据这个定义把治疗用仪器按照 IEC 标准进行分类如下：

(1) 特殊治疗用仪器；

(2) 外科用电气设备；

(3) 辅助或代替生物体功能的仪器。

每类仪器又分别分为利用电能的仪器和利用其他能量的仪器两类。

一、治疗用仪器可能产生的危险

治疗用仪器，因为给予生物体某种作用或能量，所以若不注意，就会对患者和操作者产生意外的作用，造成危险。

首先，作为医用电气设备的共同性问题是电击。它可分为微电击和强电击。特别当在使用属于插入型体内仪器的体外式起搏器时，如果一不小心，就有因微电击引起心室颤动的危险。

其次是输出过大的危险，因为所供给的输出量超出治疗或者手术的正常需要的水平，所以会产生意外的作用，又会对非治疗部位产生不利作用。例如除颤器发生输出过大事故，可造成胸壁烧伤和心肌障碍。又如，当电刀输出过大时，可对电极板附近造成烫伤，或使切口深度和凝固深度超过要求。为了防止这些损害，必须正确使用仪器，了解治疗用仪器的特性，确保输出量准确。

能量分流引起的危险，是指把能量汇聚到一点进行作用的高频电刀和激光刀等仪器所存在的问题。应当集中的能量流向非治疗方向和部位，有使非治疗部位受到作用的危险。这是此类治疗仪器或多或少会产生的危害。核医学仪器泄漏放射线时，因放射线能量的分流除影响患者之外，还将影响到仪器操作者和第三者。这种危险，只要切断分流路径，或设置有安全分流路径就可以防止。但是，实际上操作时具体困难很多，需要作进一步研究和探讨。

爆炸和火灾是在使用氧气的治疗机、使用易燃性气体的麻醉机等和易发生火花的仪器并用的场合下发生的危险。例如氧气瓶和恒温箱内的电路靠近使用，或在乙醚麻醉下使用电刀等。这种危险是易燃性气体在高浓度的氧气中燃烧引起的。

由于某种原因，治疗机的功能停止或工作异常将造成较大的危险。例如除颤器是抢救心室颤动患者的手段，它一旦产生故障，将会使有可能被抢救的患者死亡。用作维持生命的治疗用仪器，必须有很高的可靠性。

停电和功能停止具有同样的危险。由于停电，电动式人工呼吸器和人工心肺等代替生物体功能的仪器在使用中停止工作而造成危险。采取的措施是：设有重要仪器的应急电源，至少在手术室、ICU（集中监护室）和CCU（心脏病人监护室）里要设有备用电源。

所谓机械性危险是指：由于人工心肺和人工透析器的橡皮管管路脱落或破裂，引起急剧的大出血，或者因气泡混入到回路内引起空气栓塞等机械性的损伤事故。

由于使用错误造成的危险，是所有医用电气设备共同性的问题，但治疗机的危险性更大。例如，电刀的对极板和刀尖电极如连接错，就会引起重大的烫伤事故，麻醉器的配管用反，患者就有生命危险。治疗机的使用应该特别慎重，稍有粗心大意就会造成重大事故。

二、电刀的安全问题

电刀是外科用电气仪器中具有代表性的仪器，是现代外科手术中不可缺少的工具。因为它是产生很大能量的仪器，所以一旦使用不当，就有酿成重大事故的危险。关于电刀的事故，若从事故的发生率和结果的严重性来说，以烫伤最为严重。烫伤事故大致可分为：对极板处引起和其他部位引起两种。对极板处引起的烫伤，其原因是由于电流集中到对极板的一部分上，使局部的电流密度增大。其局部电流密度增大的原因如下：

(1) 对极板接触不良；

(2) 对极板凹凸不平；

(3) 导电膏不均匀(生理盐水纱布垫一部分干燥)；

(4) 对极板过小；

(5) 由于身体活动使对极板移动。

对极板的作用是将经刀尖进入身体的高频电流以安全的小电流密度流回电刀本机，要求极板的面积大到一定程度以上，在使用时只要对指定的电刀按规定值输出，就可以认为是安全的。在这种场合下，整个面积也要完全接触身体，如接触不良或放在不适当的部位时，容易造成类似对极板面积小一样的事故。

在对极板以外部位引起的烫伤，其原因是由于高频分流，在对极板以外有高频电流流过。高频分流由于电刀的输出形式不同，所经路径和大小也不同。

当用对极板接地型的电刀时，由于某些原因使对极板回路的电阻增加时，高频分流电流通过患者身体的接地点或对地阻抗小的点。具体例子如图 4－5 所示从心电图监测机或脑电图监测机进行分流。因为这些监测仪器的导联线是屏蔽线，所以对高频来说不接地的电极对地的阻抗也很低(通常为数百欧至数千欧)，如同被接地一样造成分流。

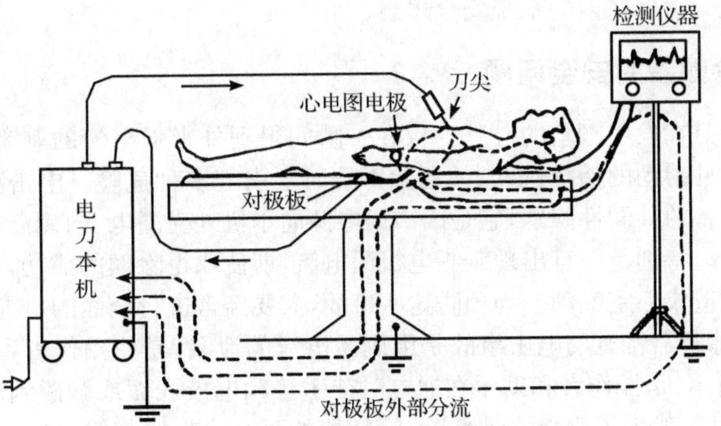

图 4-5　对极板接地型电刀的高频分流

患者的身体(手和足)接触到电刀外壳和接地的手术台的金属部分,就会在这个接触点处产生分流。这种情况下,若对极板的引线断线,全部电流几乎都通过接触部分,因电流集中电流密度增大,而引起烫伤事故。另外,即使没有直接接触金属部分,只要身体接近金属部分也会引起分流。当头后部、肩、肩胛部、臀部、肘、脚后跟等深陷在垫子里,和金属手术台的间距减小,就会引起分流。在患者的后背处滞留的消毒液、生理盐水、血液等,以及湿毛巾或湿小方布垫等也会引起分流。

这些分流是当对极板回路的阻抗增大或者分流路径的阻抗显著减少时引起的,原因可归纳为如下几点:

(1) 对极板插头断路或接触不良;

(2) 对极板引线断路;

(3) 对极板引线过长,并卷成线圈状;

(4) 对极板按触不良、过小,导电膏不足,生理盐水纱布垫干燥等;

(5) 垫子潮湿,垫子过薄,金属台与患者的身体间的间距过小;

(6) 垫子上滞留生理盐水或血液;

(7) 患者身体和接地的金属部分直接接触。

在实际使用时,需要注意把导电膏放在充分大的对电极的极板与身体之间,使其紧密地贴合在一起,位置稳定,对极板的引线在使用前要确保没有断线,又短又直。插好与本机的连接插头,确保无误。在使用前还要确保患者不会接触到周围的金属部分。

以上是关于电刀事故中最容易引起烫伤的原因和防护措施,在考虑安全的同时,应把电刀作为整个手术室系统的一个组成部分来考虑,需要具有将其他仪器的相互关系充分考虑在内的系统安全思想。

三、除颤器的安全问题

除颤器是在发生颤动的心脏上仅在一瞬间得到外来强电流的刺激,使心脏恢复原来周期性搏动的治疗仪器,使用除颤器时会引起多种危险。电击事故是整个医用电气设备的共同性问题,它是因市用电源向本机外壳漏电、向刺激电极漏电等原因引起的。特别是一旦出现刺激电极漏电流,即使取得除颤的成功,也会因漏电流作用再次造成心室颤动。为预防这些事故,需要经常进行全面的检查和维修。

首先,除颤器特有的电击事故是因刺激电流的泄漏,易使操作者和助手触电。如图4-6所示,是操作者和助手在通电时徒手接触电极表面或触碰到患者身体时产生的电击,一般为了避免这种危险,除颤器的两个输出端都要采取浮地方式,参见图4-7所示的等效电路。

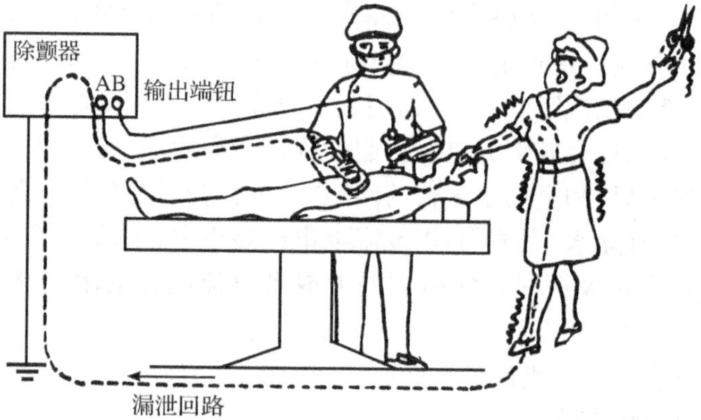

图4-6　刺激电流泄漏的电流回路

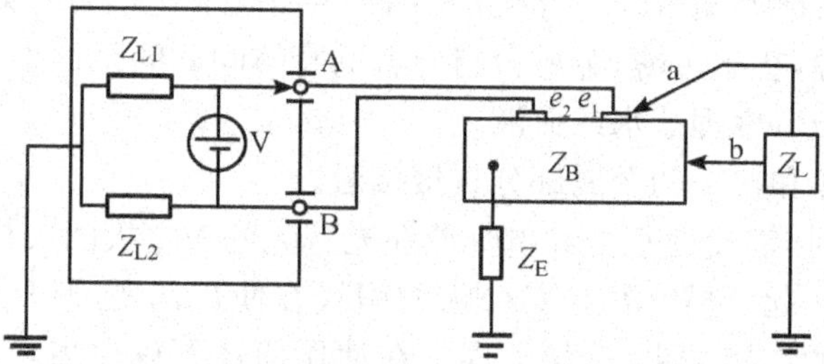

图4-7　刺激电流泄漏的电流回路的等效电路

图中的Z_{L1}、Z_{L2}是本机内部的刺激电流泄漏阻抗，Z_B为身体的阻抗，Z_L为助手和操作者对地的阻抗，Z_E是放在患者身上的各电极的接地阻抗。一般Z_{L1}、Z_{L2}特别大，即使人触碰a点或b点，也不会有很大电流通过Z_L，不会引起较大的事故。在b点接触比在a点接触产生的电流更小。但是在绝缘不良或错把输出端一侧(A或者B)接地时，将通过能引起电击的电流。特别是当B点接地、触碰a点时，是非常危险的。

这种一侧接地常发生在CCU室等情况下，通常是在不除去患者胸部安放的心电图监测器电极就进行除颤的情况下，如果一侧的刺激电极接触到胸部上的接地电极，就会发生这种一侧接地，即图中的Z_E接触到e_2的情况，就是输出一侧接地的状态。当操作者和助手在徒手触碰a点或其周围时，在e_1与e_2间的电阻抗变成为(Z_E+Z_L)和Z_B相并联，通过电流增大，将会诱发心室颤动。为防止这类事故，操作者和助手都要戴上橡皮手套，心电图等监测器的电极要暂时与监测器断开，以保证安全。

其次，是有关胸壁(用体外电极时)和心肌表面(用体内直接电极时)上的烧伤。这是因为接触电阻放出了焦耳热。特别是在体外通电时，在电极放置部位会有红斑，这一点并不罕见。由于电极放置不好，导电膏涂得不均匀和压力不够等原因，使电极接触不良，放出的热量增大，从而造成严重烧伤。在通电时如压力放松或在电极下面有异物等，使电极的大部分悬浮在胸壁上，在电极和胸壁之间引起火花放电，会造成重大的烧伤事故。另外，火花对易燃性气体点火，也有引起爆炸的危险。为防止这类事故，应在贴着电极的部位充分地涂上导电膏，用足够的压力把电极压在胸壁上，注意在通电的过程中，压力不能去掉。

除颤器事故较多发生在因错误操作或因仪器故障而使工作不正常，便不能进行除颤。因为除颤器不是常用的仪器，多数是在紧急使用时发现仪器出故障，如电极种类不够、电极接线断线等毛病。另外，还有因为操作不熟练、操作方法错误等原因造成的事故。本应帮助患者脱险而不能脱险是个严重的问题。所以平时需要经常检查除颤器的本机与附件(特别是电极)每个月至少检查一次。仪器操作的培训也应定期进行。

此外，还有心房除颤时的定时不当。心房除颤时，应当在心室的绝对不应期时给以刺激，才不会影响心室搏动。因此，一般通电应与心电图的R波同步。这个定时刺激一错，就可能诱发心室颤动。因此，在心房除颤时，接通R波同步开关，必须在确认同步后再操作。并且因为刺激脉冲是和接通导通开关后的R波同步输出的，在此期间需要经过1s左右。中途如放松压力，不但刺激无效，而且会成为烧伤的起因，要加以注意。

最后，输出高能量的治疗机的共同性问题，就是会使同时并用的医用电气设备引起故障，特别是使精密测量仪器损坏。在除颤时，患者对地电位虽是瞬时的，但是非常高。因此，在心电图机和心电图监护仪的输入端会输入很高的电压。如果心电图机上没有输入保护电路，就将使输入部分损坏，之后就无法继续进行测量和监护，有引起二次事故的危险。所以对并用的仪器要采用过输入保护电路，或者在除颤时暂时把电极(包括接线器在内)与仪器本机断开。

第四节　医用超声波仪器和激光仪器的安全分析

近几十年来，超声波和激光在医学应用中的发展非常迅速，超声波断层法用作心脏动态检查和清洁用途等，激光在医学上应用也有进展，全息照相等图像测量、激光刀等治疗仪器已被广泛地应用。新的能量和技术不断被应用到医学上，对其安全问题也要作充分的研究。

一、超声波仪器的安全分析

超声波对生物体产生的物理的、化学的作用有：加热作用、振荡作用、空化作用、氧化作用、还原作用、使蛋白质变性作用、电化学作用、调节渗透压作用等。究竟产生哪种作用，由所加超声波的强度和时间决定。用强度为 1 W/cm^2 的超声波呈现温热作用，可用于温热治疗；用强度为 80 W/cm^2 的超声波能引起所谓空化作用，可用于清洗器械和超声波喷雾器。另外，因强度超过 100 W/cm^2 以上的超声波能破坏组织，所以可用作超声波刀。

实际上，当前大量使用的是超声波断层诊断装置与多普勒装置，这类装置的输出强度为 50 mW/cm^2 左右。一般超声波能量对生物体产生影响的最小值，大致为 100 mW/cm^2 左右，按照这个限度，可以说现在用于生物体测量上的超声波仪器是安全的。

但是，对生殖器、胎儿、脑和眼球而言，即使用低能量的超声波仪器也容易受到影响。因此 IEC 标准中规定其安全界限值为 0.1 W/cm^2。但在 GB 9706.1 中还未对其安全界限值作出规定。

二、激光仪器的安全分析

自从 1960 年麦曼(Maiman)首先制成红宝石激光器以来，经过十几年的时间，激光工业就取得了惊人的进步，被广泛地应用在加工、精密测量、通讯、公害测量、信息处理等许多领域中。激光从发明的初期，就开始进行在医学上应用的研究，并且得到大量的实际应用。

激光可作各种各样的应用，基本分为测量用和治疗用。

1. 测量用

(1) 激光分光光度分析（使试样蒸发）；

(2) 激光全息照相术干涉法（相干性的应用）；

(3) 激光血球计数装置（利用微细平行光）；

(4) 激光多普勒法（利用激光的波动性，经皮肤作血流测量）。

2. 治疗用

(1) 激光刀（发射高能量密度的光，用于作切开和凝固，如通过光导纤维内窥镜用于凝结出血性胃溃疡）；

(2) 激光凝固法（眼科，主要用于修补脱落的视网膜）；

(3) 细胞外科（利用微细平行光，高能量密度的特性）。

因激光具有高亮度、高能量密度、不散射等特点而容易引发各种危险，对激光的危险进行分类如下：

(1) 眼睛损伤（晶状体、角膜、视网膜损伤），因直射光和反射光引起的；

(2) 皮肤损伤（皮炎、烫伤，穿透等损伤），也是因直射光和反射光引起的。

当患者、操作者、助手等不注意时，激光照射到不应照射的身体部分上引起危险。其各自的能量安全阈值由照射对象的光学性质、激光的种类、照射时间等决定，可以说凡是治疗用的能量，都是有危险的，特别是当激光从金属表面反射时，其传播方向不可预测，所以更加危险。

除激光仪器所特有的这些危险外，还有间接的危险，如激光用的振荡高压电对操作者、助手的电击，冷却激光管用的低温媒质引起的事故和因存在易燃性气体引起爆炸等危险。另外，这种仪器的危险不仅出现在治疗用高输出仪器上，而且测量用仪器也在不同程度上存在这种危险。

第五节　医用仪器组合使用安全分析

一、仪器组合使用的安全性

把几台医用电气设备同时联在一位患者身上进行组合使用时，就不只是各仪器本身所存在的安全问题了，还有因组合使用而派生出来的新问题。

仪器组合使用时，最容易引起电击危险，其中对于微电击诱发的心室颤动，要特别注意。体内仪器及与之并用的医用电气设备应当采用 CF 型。但是在 GB 9706 和 IEC 安全标准中，把 CF 型仪器的患者漏电流在正常状态下定为 10 μA 以下，在地线断线等单一故障状态时定为 50 μA 以下。单独使用时，若满足上面要求是安全的，但在几个 CF 型仪器并用的场合下，即使每个仪器都达到了规定的标准，但一旦组合起来仍有可能超过容许值范围。这种组合使用防止微电击的办法是复杂的，需要考虑到包括各个仪器的使用方法、使用环境和使用者等在内的系统安全问题。此外，组合使用引起的电击，还有电流从体表流入，通过躯体，再从体表流出而产生的强电击。它伴随有引起心室颤动和二次事故的危险。

烫伤是电刀和其他医用电气设备、金属床等进行并用时，在和治疗无关部位上因电刀的高频分流引起的。其他各种各样的治疗机，当电流从针形电极等极小的面积上进行分流的时候，也有引起烫伤事故的危险。

由干扰造成的危险，是当特大能量的治疗机和精密的医用电气测量仪器并用时，精密测量仪器受治疗机输出的影响不能进行测量或者发生错误输出和错误动作，造成仪器被损坏，间接地危及患者的安全。在依靠精密医用电气设备的测量数据进行诊疗的情况下，测量仪器的输出信息不准确和失真，是危及安全的重要问题。

仪器组合使用产生的危险还有很多，如把易产生火花的仪器和用易燃性气体的麻醉机并用，高压氧气瓶和早产儿保育器等并用时，都有引起爆炸和火灾的危险。在使用超声波、激光、电磁波、强磁场、放射线等仪器并用诊疗时，由于各种能量的很强的累积作用也可能产生危险。

二、有创血压测量装置与心电图机的组合

根据调查统计，大部分医院存在将创血压测量装置与心电图机或者心电监视器并用的情况，图 4－8 所示为医用电气设备与有创血压测量装置并用的概率，其中，心电图机与有创血压测量装置并用的概率最高，达 94.6%，下面对有创血压测量装置与心电图机组合使用时的微电击安全问题加以说明。有创血压测量装置由导管、压力传感器和专用放大器组成，但一般使用的压力传感器的受压膜是用金属做的，这个金属膜通过专用放大器接地。使用这种非绝缘型有创血压测量装置时，如果并用的心电图机存在漏电流，而心电图机的接地又不良，就有因微电击引起心室颤动的危险。

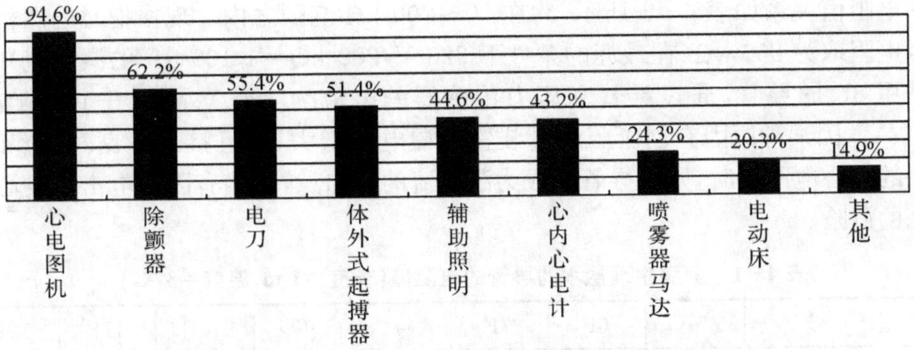

图 4－8　医用电气设备与有创血压测量装置并用的概率

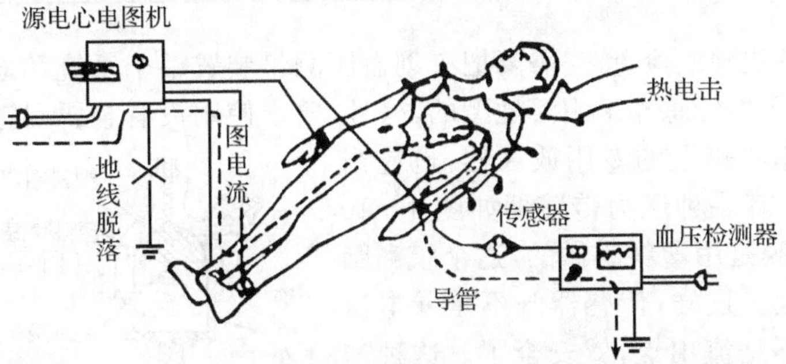

图 4－9　有创血压测量装置与心电图机组合使用时的微电击

图 4－9 所示的这种情况，是把血压计的心导管插入心室内测量心室压强，同时把心电图机的导联线接在四肢上，当心电图机的开关接通时，患者引起心室颤动的情况，其原因是因心电图机的漏电流大和接地脱落。漏电流的通路由心电图机→右脚导联线→右脚→躯体→心脏→导管内生理盐水柱→压力传感器的金属受压膜→传感器电缆屏蔽线→专用放大器机壳→接地线→大地，可见有电流直接流过心脏。在心电图本机内部的右脚导联线上串接一个 5 mA 的保护患者的速断保险丝，若有小的漏电流时保险丝不断。而人的最小感知电流约 1 mA，所以，即使有 500 μA 大的漏电流，心电图机操作者也无任何感觉，无法察觉到有漏电流。但是在微电击的情况下，即使有 100 μA 以下的漏电流也能引起心室颤动。因此，当有 500 μA 的漏电流时，操作者虽没察觉到但已引起患者心室颤动。

因盛满生理盐水的心脏导管成为一种高电阻的导线，所以用非绝缘型压力传感器测量心室压时，就变为用一定电阻的导线将心室接地的情况，这个电阻值因导管的内径粗细和长度而异，对温度为 37℃、长度为 1 m 的导管，其型号、内径和粗略的电阻值关系如表 4－1 所示，约在 50～700 kΩ 范围之内。现在把心电图机的绝缘电阻取为 200 kΩ（在最坏的条件下 220 V/200 kQ＝1 100 μA 的漏电流）时，当使用 8F 的导管，通过导管和压力传感器的电流为 220 V/(200＋160) kΩ≈610 μA。因某种原因有创血压测量装置的漏电流增大，而且接地不良时，若和它并用的有心电图机时，则心导管就成为漏电流的流出点，仍然有因微电击诱发心室颤动的危险。

表 4－1　盛满生理盐水的导管的电阻值(长度＝1 m,温度＝37℃)

型　号	5F	6F	7F	8F	9F	10F	11F	12F
内直径略值(mm)	0.66	0.92	1.2	1.4	1.6	1.8	2.1	2.4
电阻(kΩ)	730	380	220	160	120	100	72	55

要想避免这种危险，首先需要把有创血压测量装置整个系统和地与电源完全绝缘。为此，压力传感器采用浮地型的，另外，要求使用没有金属裸露在外的传感器。患者身体回路上的专用放大器，也应当是绝缘型的。有一种压力传感器如图 4－10 所示，其受压膜是用塑料膜做的，这个膜和圆顶罩连在一起。这样，传感器既不是漏电流的流入点也不是流出点，就安全了。这种产品采用完全灭菌可处理型，也解决了细菌感染问题。心脏导管检查用的压力传感器，就应当使用这种可处理的圆顶罩。

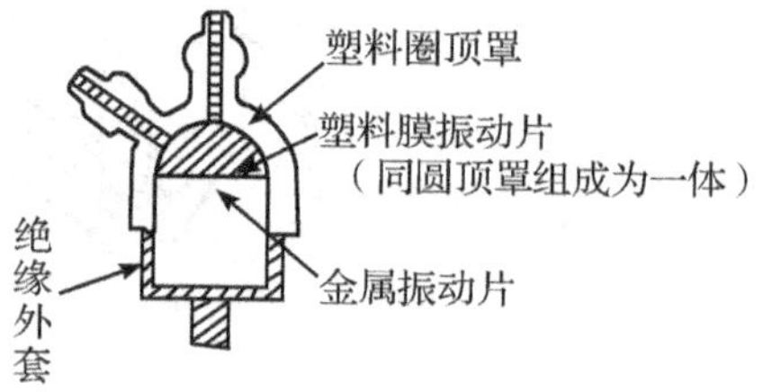

图 4－10　绝缘型血压传感器

有时从导管采血，因为人体是导体，当用潮湿的手操作时，导管成为并用仪器的漏电流的流入点，有引起微电击的危险。所以在往心室内插入导管时对导管本身的处理必须慎重。

另一类仪器，如色素稀释法心输出量计、热稀释法心输出量计和血管造影用色素注射器等都是将导管插入心脏内的仪器，如果把这类仪器和其他漏电流在 100 μA 以上的仪器组合使用时，通常会有微电击的危险。这时，必须有对体内仪器的漏电流的防护、使用的注意事项和接地系统等保护措施。另外，在安全使用仪器的同时，还必须定期维修和检查。

三、体外式起搏器和心电图监视器

把电极插到心脏内，然后将它连接到体外仪器上的仪器中有希氏束心电图机和体外式起搏器。在这里将研究体外式起搏器和心电图监视器的组合使用问题。

体外式起搏器是在完全埋植型起搏器埋植前，为观察患者的适应情况而暂时使用的一种仪器，或用于心脏手术后 A—V 阻滞治疗。另外，作为心脏导管检查的项目之一，即用于检查右心房起搏，通常同时使用心电图监视器或心电图机来确定起搏器的作用。在这种情况下，并用的心电图监视器如有市用交流电的漏电流时，将有因微电击诱发心室颤动的危险。

如图 4－11 所示，把体外式起搏器与有漏电流的心电图监视器同时在患者身上并用，当护士或医生的一只手握床的金属接地部分，另一只手触摸起搏器输出端或露出的金属电极部分时，患者就会被诱发心室颤动。漏电流为数百 μA 时，护士没有一点感觉，也就不能判断对患者可否引起电击了。一只手即使不触碰床等接地的金属部分，如果在床潮湿或者湿气较大的场合下，仍然有诱发心室颤动的危险。应当绝对避免用手直接触摸起搏器的引出线，使用时必须注意戴橡皮手套。要经常检查并用的心电图监视器等的接地情况，必须确实保证接地良好，床和其他仪器的接地应集中为一点接地。要严格实行 EPR 系统。如有交流声串入心电图监视器时，一定要检查接地。交流声表示由于某种原因在患者身体上有市用交流电的漏电流，将其称为“交流声安全报警”，应学会掌握这种方法。

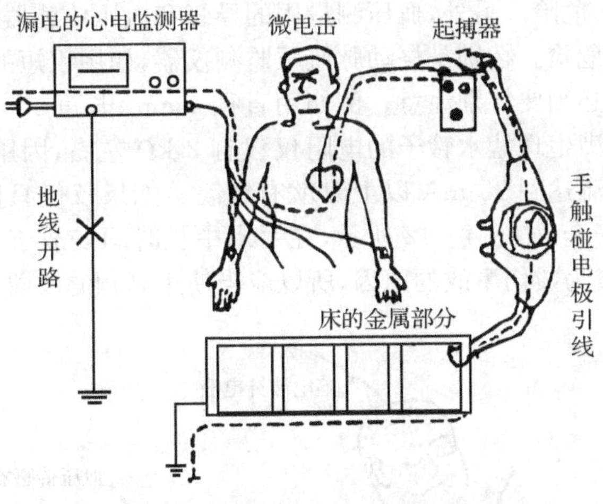

图 4－11　注意不能触碰起搏器的引线

四、电刀和接触患者的测量仪器组合的安全分析

有关电刀方面的危险前面已经作了介绍，在这里主要研究电刀和手术中接触患者的各种测量仪器并用时的安全问题。

首先，电刀是一种噪声源。在使用电刀的同时，不能使用心电图机和超声多普勒血流计。心电图监视器一类的低频仪器，在输入端或在电极部分进行滤波，影响会小一些，但还存在一些误差。用热敏电阻和热电偶的温度测量仪器，由于受高频分流影响，造成自身加热，使测量误差很大。这些噪声干扰，如相应采取一些办法能够减轻很多。与电刀同时并用的测量仪器和一般无噪声环境下的仪器不同，应当进行特殊设计。在手术室里用的测量仪器，就应当是这类特殊设计的仪器。

电刀和接触患者型的测量仪器并用的时候，最大的问题是因安装电极和传感器地方的高频分流引起的烫伤，如在靠近手术部位的心电图监视器电极处的烫伤。为了防止这种烫伤，应当在尽可能远离手术部位的地方用大面积的心电图引出电极。在手术中有时也要观测脑电波，这时，如使用针电极是危险的。即使有少量的分流电流通过脑电波测量用针电极(直径 0.2 mm，长度 1 cm，表面积 0.002 5 cm^2)时，也会引起大量的发热导致烫伤。如危险电流密度取作 0.1 A/cm^2，表面积为 0.002 5 cm^2 的针电极上所允许的分流为 0.25 mA，把高频波分流抑制在这个量值水平上是非常困难的。所以在手术中测量脑电波时，应当使用盘形电极。

安装传感器也需要特别注意。例如，在手术中测量体温时常用直肠体温计，将温度传感器插到直肠中，但传感器的屏蔽线如直接接地，就能引起高频分流。在这种情况下，在直肠内有发生烫伤的危险，再加上在外部不易察觉，所以处理不及时有造成严重外伤的危险。另外，血压测量用的导管和血压传感器的分流，也会引起凝血、血管闭塞等危险。特别是桡动脉血压监测仪器，如用粗短的管子将血压传递到传感器上，这时必须要特别注意。例如用直径 4 mm、长度 10 cm 的管子和金属针监测血压时，盛满生理盐水管子的电阻仅仅有 2 kΩ 左右，因用于阻止分流的电阻很小，当分流电流达到 25 mA 以上时就有危险。如果仅仅只监测血压，那么用细长的导管比较安全，如图 4-12 所示，在手术中长时间安放于身体上的传感器，肯定会或多或少成为烫伤事故的原因，所以应当使用高频滤波器。

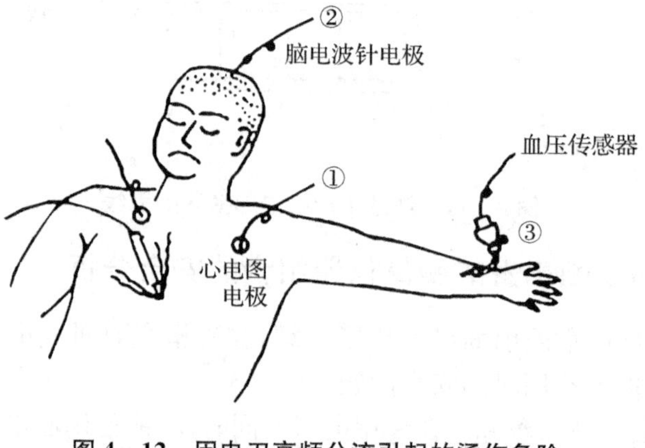

图 4-12　因电刀高频分流引起的烫伤危险

五、系统仪器的安全分析

医用系统仪器是指为完成某医疗项目而有机组合成的仪器。具体如在 ICU 和 CCU 中使用的综合患者监护装置(心电图、血压、呼吸数和体温等指标的连续观察和记录)和计算机组合在一起的自动诊断装置等。这里主要研究计算机和医用电气设备组合成的系统的安全问题。由于计算机的硬件和软件两方面的发展,计算机和医用电气设备组合在一起以后,可显著增大仪器的信息处理能力和控制能力,但同时也带来了安全隐患。

系统仪器的安全问题大致有如下几种:

(1) 关于医用电气设备的安全;

(2) 关于计算机(包括附属仪器)方面的安全;

(3) 来源于接口(Interface)方面的安全。

首先,因单个仪器的安全和组合仪器的安全基本相同,而计算机本机和附属仪器在设计时没有考虑作医用仪器用,所以存在因漏电流较大引起对患者和操作者的电击问题。其次,用电子计算机进行判断、记忆、控制时还存在可靠性的问题。这是电子计算机在医学上应用(自动诊断、模拟预测、自动治疗等)的基本问题。接口是医用电气设备和电子计算机之间的信息传递通道,计算机为了正确处理数据,需要非常准确地传递信息,接口的可靠性也很重要。

有关计算机的漏电流引起的安全问题,主要是指电子计算机在电源上的滤去噪声的电容器,因信号引线较长,一般接地漏电流和地线断路时的外壳漏电流都较大。因此,在供医用的情况下,由于漏电流造成电击的危险性是很大的。特别像心脏导管检查自动化,ICU、CCU 和手术室的数据处理系统等,如果将电子计算机系统引进有微电击危险的科室,这个问题就很突出。

医用电气设备和电子计算机组合使用时,因地线断路等事故,使电子计算机上较大的漏电流通过共用地线和信号输入线流到医用电气设备和患者身上,造成电击事故。这种情况如图 4-13 所示,如果流出点是心导管或心内电极时,就有微电击的危险。

其他的医用系统安全问题,如因系统的规模越大,操作越复杂,显示和操作方式的多样化,将更易引起错误操作。为此,应对操作方法、显示,标记、开关等都采用标准化办法,这样就可以得到某种程度的解决。不只是电子计算机系统,而且对多导记录仪、ICU、CCU 装置等复杂化的系统也适用。所以从提高安全措施角度来看,推广标准化意义重大。

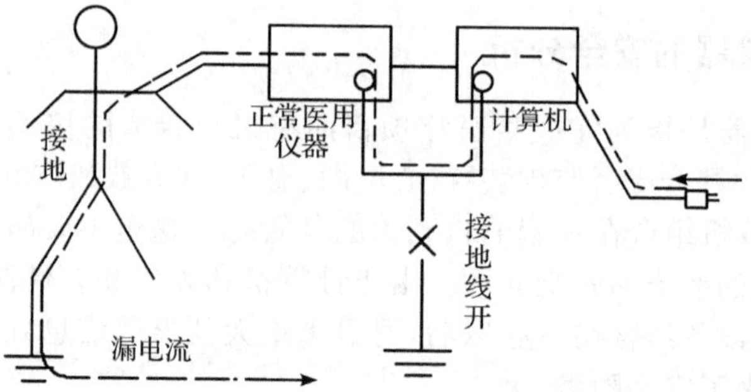

图 4-13　医用系统的单一故障(地线开路)由漏电流引起的电击

思　考　题

4-1　医用电气设备产生的危害一般可以分为几类?

4-2　试分析体内仪器的安全,举例说明。

4-3　试分析治疗仪器的安全,举例说明。

4-4　参照有创血压装置与心电图组合使用产生的危害,分析有创血压装置与高频电刀组合使用的安全问题。

第五章　医用室的电气安全

第一节　供电系统的接地型式

电网的种类很多，按照电压可分为1 000 V以上的高压电网和1 000 V及以下的低压电网；按电流种类可分为交流电网和直流电网；按相数可分为三相电网和单相电网；按用途可分为动力电网、照明电网和专用电网；按运行方式可分为直接接地电网、经阻抗接地电网和不接地电网等。

最常见的是三相交流电网，这种电网有三种运行方式。

1. 中性点直接接地的三相四线制电网

从安全角度考虑，这种电网在抑制过电压、减轻故障条件下的触电危险等方面有明显的优点，而且三相四线制线路能提供两组电压，同时供给动力和照明用电，大大节省了变配电设备，有良好的经济效能。因此，我国和世界绝大部分国家和地区都采用这种供电网。

2. 不接地的三相电网

对于过电压的危险性不大，供电连续性要求较高，而且电网对地绝缘水平高，在对地分布电容不大的场合，宜采用不接地电网。在我国，这种电网主要用于矿井。

3. 经阻抗接地的三相电网

当采用不接地电网且须消除谐振危险时，将电网带电部分经高阻抗接地，以代替不接地电网。

应该指出，不同的电网应采取不同的防护方式，不同电网中的用电设备则应采取不同种类的安全防护措施。除矿井等少数特殊场合外，我国最常用的电压为380/220 V，采用星形接法，中性点直接接地的三相四线制电网。

国际电工委员会IEC将低压电网的配电制度及保护方式分为TN系统、TT系统、IT系统。

一、TN 系统

TN 系统的电源端中性点直接接地，用设备金属外壳、保护零线与该中性点连接，这种方式简称保护接零或接零制。按中性线（工作零线）与保护线（保护零线）的组合情况，TN 系统又分以下三种形式。

1. 保护接地方式：TN-S 系统

这种方式是把中性线接地，另外又配备一条接地线——保护接地线 *PE*（专用接零地线）。负载仪器的金属外壳接到供电线路中的保护接地线 *PE* 上，如供电线路上采用单相三极插座即属此种（中间一极为“保护接地线 *PE*”），如图 5－1 所示。这样，当设备绝缘损坏时，通过设备金属外壳与保护接地线 *PE* 连接，熔断供电线路上的保险丝或使过电流保护装置动作而断开电源。

在 TN-S 系统中，工作零线 *N* 和保护零线 *PE* 从电源端中性点开始完全分开，*PE* 线平时不通过电流，只在发生接地故障时通过故障电流，故外露导电部分平时对地不带电压，比较安全，但需要增加一根导线，因为设备外壳保护零线 *PE* 正常工作时漏电开关无剩余电流，所以在相同短路保护灵敏度不够时，可装设漏电开关来保护单相接地。剩余电流动作保护器对接地故障电流有很高的灵敏度，即使接触 220 V 电压时，也能在数十毫秒的时间内切断以毫安计的故障电流，使人免于电击事故，但它只能对其保护范围内的接地故障起作用，不能防止从别处传导来的故障电压引起的电击事故。

全系统采用三相五线制。独立的与中性线绝缘的 *PE* 线，不参与回路电流。它是真正的地线，保证外壳地电位。有条件的地方可采取这种制式供电。在 TN-S 制式下，患者环境内电气设备供电线路应设漏电保护器。一般漏电保护电器的额定电流取 0.03A。

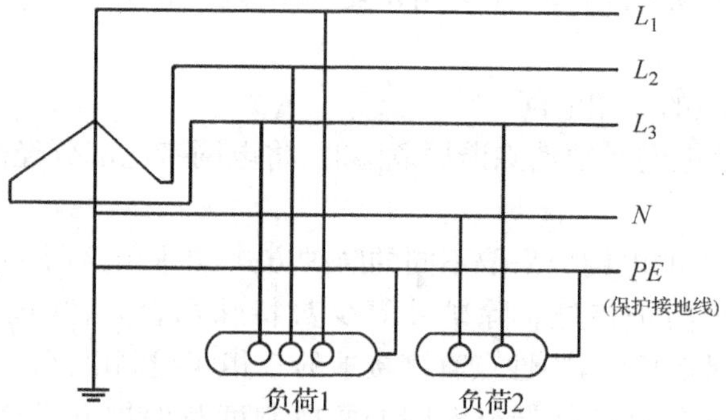

图 5－1　TN-S 系统

2. 兼用方式：TN-C 系统

TN-C 系统如图 5－2 所示，这种方式把接地的中性线和仪器的安全接地线兼用，也就是说，负载仪器的接地由中性线来实现。这样中性线在大多数情况下存在电流，所以负载仪器外壳的电位将会升高，其大小为流经中性线的电流和中性线的电阻的乘积。

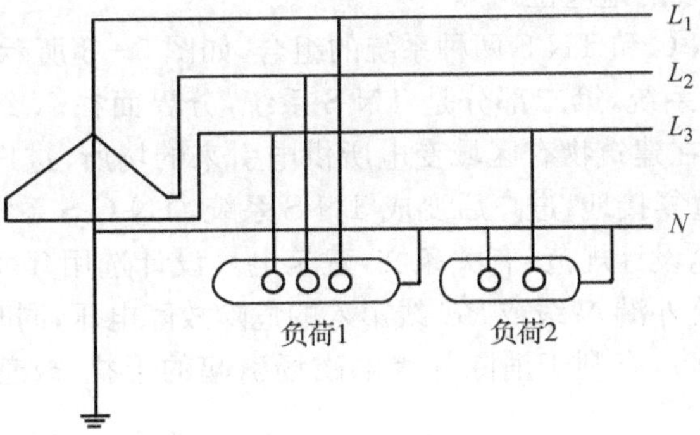

图 5－2　TN-C 系统

在 TN-C 系统中，由于 N 线兼起 PE 线和 N 线的作用，节省了一根导线，只有在三相平衡的条件，零线回路电流才是零。实际上经常遇到的情况是三相负荷不平衡，且三相的负载阻抗不是纯电阻性的，这就造成零序电流不是零，此电流流经零线的回路电阻就使零线上的电位升高。若在 N 线上通过三相不平衡电流 I，其上有电压降 V 使电气装置外露导电部分对地带电压。

三相不平衡负荷造成外壳带电压比较低，并不会在一般场所造成人身事故，但它可能对地引起火花，不适宜医院、计算机中心及爆炸危险场所。TN-C 系统不适用于无电工管理的住宅楼，这种系统没有专用的 PE 线，而是与中性线（N 线）合为一根 N 线，住宅楼内如果因维护管理不当使 N 线中断，电源 220 V 对地电压经相线和设备内绕组传导至设备外壳，使外壳呈现 220 V 对地电压，电击危险很大。另外 N 线不允许切断（切断后设备失去了接地线），不能作电气隔离，电气检修时可能因 N 线对地带电压而引起人身电击事故。TN-C 系统中，不能装剩余电流动作保护器，因此当发生接地故障时，相线和线的故障电流在电流互感器中的磁场互相抵消，剩余电流动作保护器将检测不出故障电流而不动作，因此住宅建筑物不应采用 TN-C 系统。IEC 标准明确规定：在医疗场所和与其电气上有联系的场所不允许采用 TN-C 系统。

3. TN-C-S 系统

TN-C-S 系统中一部分线路的中性导体和保护导体是合一的。目前，我国大多数医院采用这种制式供电，它的特征是输电为三相四线制。在配电盘上 *PE* 和 *N* 分线，在 *PE* 线作重复接地与大楼接地系统连接，中性线和地线合二为一。这种情况下保护接地线的低(地)电位，依赖于其与大楼接地系统的可靠连接。如果这种连接不好，由于 *PE* 线是在 *N* 线上分支的，那么 *PE* 的电位仍会造成外壳带电产生电击的危险。解决的方法一是改进 *PE* 的接地结构，二是在使用场所再增加重复接地线以保证 *PE* 线的地电位。

TN-C-S 是 TN-C 和 TN-S 两种系统的组合，如图 5－3 所示为 TN-C-S 系统：第一部分是 TN-C 系统，第二部分是 TN-S 系统，分界面在 *N* 线与 *PE* 线的连接点。该系统一般用在建筑物有区域变电所供电引来的场所，进户线之前采用 TN-C 系统，进户处作重复接地，进户后变成 TN-S 系统，TN-C-S 系统介于以上两者之间。根据《低压配电设计规范》有关条文，建筑电气设计选用 TN 系统时应作等电位连接，消除自建筑外沿 *N* 线或 *PE* 线窜入的危险故障电压，同时减少保护电器动作不可靠带来的危险，有利于消除外界电磁场引起的干扰，改善装置的电磁兼容性能。

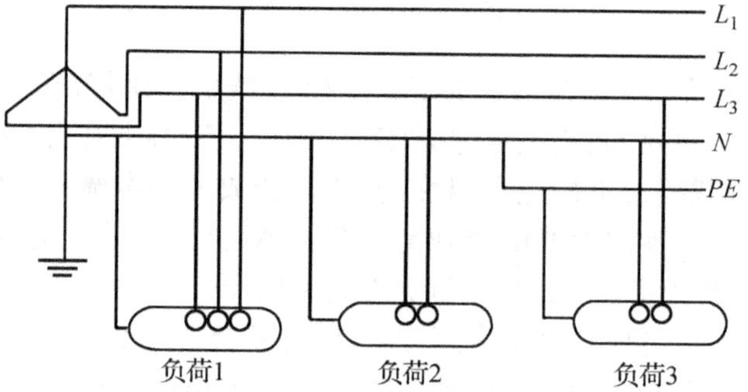

图 5－3　TN-C-S 系统

二、TT 系统

分别进行接地方式——TT 系统，如图 5－4 所示，这种方式是把中性线或两条配电线接地，但不接安全接地线。负载仪器是分别进行接地的，接地时就是用一根足够粗的导线，一头接在设备的金属外壳上，另一头接在连通大地的金属体上(其接地电阻在 4 Ω 以内)。这样，在设备的绝缘损坏发生漏电而使金属外壳带电时，电流将通过这根导线流入大地，并使装在供电线路上的过电流保护装置动作切断电源，达到保护设备的目的。

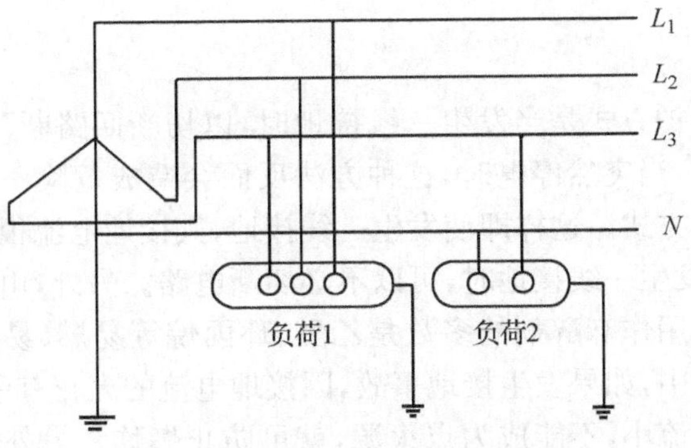

图 5-4 TT 系统

TT 系统正常运行时，用电设备金属壳电位为零，当电气设备一相碰壳时，短路电流较 TN 系统小，通常不足以使相间路保护装置动作。当人体偶然触及带电部分时危险较大，当在干线首端及用电设备处装有电路保护装置时可保证安全。不论在干线首端或用电设备处，当熔断器熔丝电流较大或自动开关瞬时脱扣器整定电流较大时，均不能可靠动作。所以 TT 系统内往往不能采用熔断器、低压短路器作接地故障保护而需采用漏电保护器。TT 系统还有一个特点是中性线 N 与保护地线 PE 无电气连接，即中性点接地与 PE 线接地是分开的，所以不存在外部危险故障电压沿着 PE 线进入建筑导致电击事故发生的隐患。

在 TT 系统内，每栋住宅楼各有其专用的接地极和 PE 线，各栋楼的 PE 线互不导通，故障电压不至于从一住宅楼传导至另一住宅楼。但 TT 系统以大地为故障电流返回电源的通路，故障电流小，必须采用对接地故障反应灵敏的漏电保护器来避免人身电击。这些系统各有优缺点，需按具体情况选用。如果住宅楼由供电部门以低压供电，应按供电部门的要求采用接地系统，以与地区的接地系统协调一致。如果采用 TN-C-S 系统，应注意从住宅楼电源进线配电箱开始即将 N 线分为 PE 线和中性线，使住宅楼内不再出现 N 线，这是因为 N 线因通过负荷电流而带有电位，容易产生杂散电流和电位差。

如果供电部门以 10 kV 电压向住宅楼供电，且变电所即在住宅楼内，则这栋住宅楼只能采用 TN-S 系统。因为采用 TN-C-S 系统将在住宅楼内出现 N 线；TT 系统则要求设置分开的工作接地和保护接地，而在同一个建筑内是很难做到将两个接地分开，维护工作也是困难的。无论采用哪种接地系统都必须按规范要求作前述的等电位连接。

三、IT 系统

上面的接地保护方式是当发生一线接地时，以切断回路断开电源来保护系统安全的方法。但是，当突然停电时，这种方法反而会造成危险。所以，这时常将配电系统接成非接地方式。这样即使发生一线接地，其接地电流很小，也不会产生大的危险。因此，当发生一线接地时，可以不必切断电路。另外，由于接地电流很小，还有其他的优点。用作麻醉剂的多数是乙醚、环丙烷等易燃、易爆性气体，使用这种麻醉剂的手术室中，如果发生接地事故，因接地电流的火花有引起火灾和爆炸的危险。如果接地电流小，不能成为点火源，就可防止爆炸。另外，爆炸性气体由于静电放电也可能着火，引起爆炸危险。因此，使用这种麻醉剂的手术室，为了防止带静电而使用导电地板(Conductive Floor)。使用导电地板可减少静电产生的危险，但是引起电击的危险性又会增大。所以，如果采用非接地配电系统，一线接地电流很小，几乎不会有致死的电击危险。因此，用导电地板的手术室的配电，差不多都是采用非接地配电系统。非接地配电方式——IT 系统如图 5－5 所示：

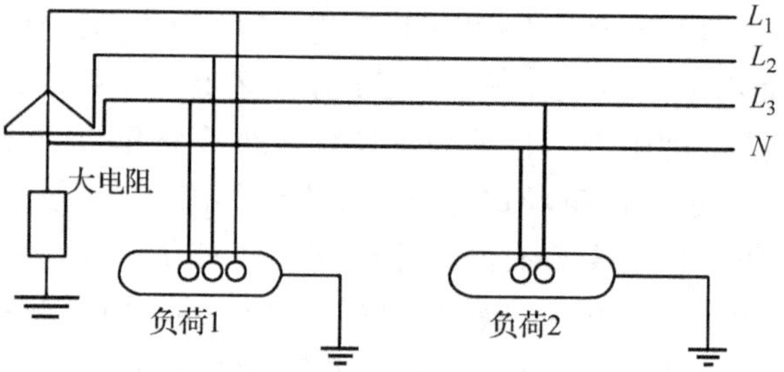

图 5－5　IT 系统

概括起来讲，非接地配电的目的有以下几点：

(1) 可以减少切断回路的机会；

(2) 防止因接地的火花成为爆炸性气体的火源；

(3) 使接地时的接触电压很小，防止电击事故；

(4) 因配电电路的对地阻抗很大，所以负载仪器的漏电流很小。

在与心脏手术直接有关的医用室，应采用经过隔离变压器引出的隔离非接地系统(IT 系统)。这种方式的优点，一是提高了供电的可靠性，二是减小了仪器的漏电流。

非接地方式就是经过隔离变压器供电，它的二次线圈侧电路两端都不接地。这种方式能做到在电路一端偶有故障接地时，系统仍能继续供电。一般电源电路当其火线对地短路或漏电流超值时，相应的保护电器就会跳闸切断电源。对于手术室这样的医用室，电源突然切断将会造成医疗上的重大致命事故，因而这样的医用室必须采用非接地布线方式。非接地方式的另一个好处就是能有效地减小电击危险，因为变压器次级线圈侧与地不构成回路，这就大大减小了仪器的漏电流经患者流入大地的危险。

值得注意的是非接地布线方式并不是不要接地。所有医用室仍必须按其功能进行保护接地和等电位接地。

IT 系统必须安装绝缘监察器，它的交流内阻不应小于 100 kΩ，试验电压不应大于 25 V，试验电流不应大于 1 mA。当绝缘电阻最终降到 50 kΩ 时，应发出声光报警信号(但不得切断电源)。用于配线方式的名称 TT、TN-S 等记号的含义，按 IEC 的规定，如表 5－1 所示。

表 5－1　配线方式记号的含义

第一个字母		第二个字母		第三个字母	
系统接地方式		仪器接地方式		仪器接地方式的补充说明	
I	T	N	T	C	S
非接地系统或高阻抗接地	直接接地	接地线用配线方式	分别接地方式	中性线和接地线通用	中性线和接地线分开

第二节　供电系统接地安全分析

一、不接地电网的安全性分析

图 5－6 所示为三相四线制不接地电网。图中 Z_1、Z_2、Z_3 分别表示各相对地绝缘阻抗。绝缘阻抗由各相对地绝缘电阻和导线对地分布电容并联组成。绝缘电阻一般是 MΩ 级的。在特殊情况下，绝缘电阻可能下降为 2～5 kΩ。电缆的分布电容可取 0.05 μF/km，架空线的分布电容约为 0.05 μF/km。

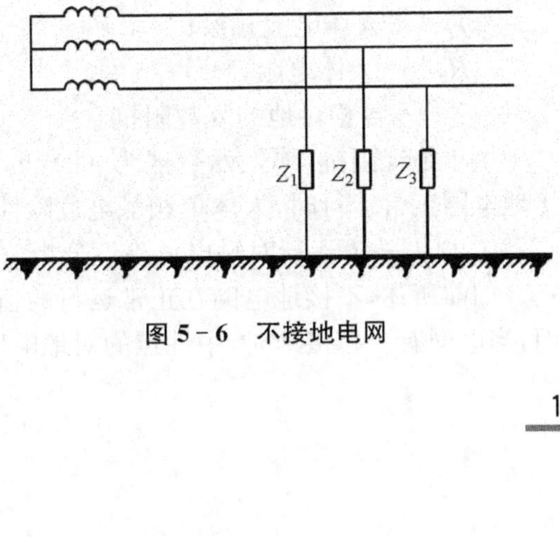

图 5－6　不接地电网

1. 正常运行触电危险性分析

在低压电网中，如图 5－7 所示，

在不接地电网中，单相触电时流过人体的电流只能通过电网各相对地绝缘阻抗形成回路。绝缘阻抗是各相与大地之间的等效阻抗，可视为绝缘电阻与分布电容的并联。

如各相对地绝缘阻抗对称，即 $Z_1=Z_2=Z_3=Z$，可计算出人体承受的电压和流过人体的电流，根据对称性可知 $U_0=0$。图 5－8 所示为等值电路，等值电路中的电势应为网络两端开路，即没有人触电时，因为对称，该电压即相电压。等值电路中的内阻抗应为网络内电压源全部短路后的等效阻抗，即三相阻抗的并联，即$Z/3$。根据等值电路，不难按式(5－1)和式(5－2)求得人体承受的电压和流过人体的电流。

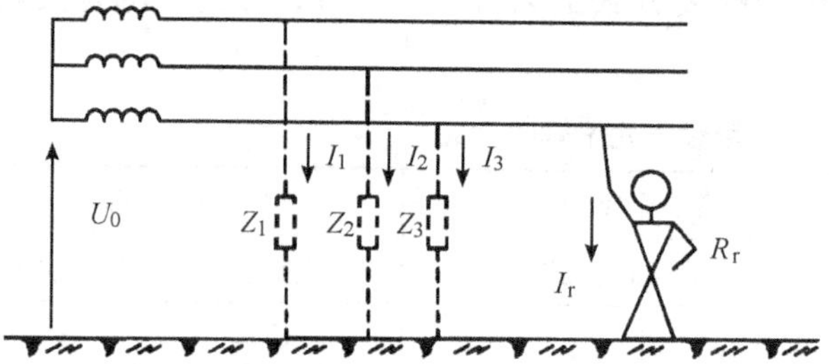

图 5－7　不接地电网人体单相触电

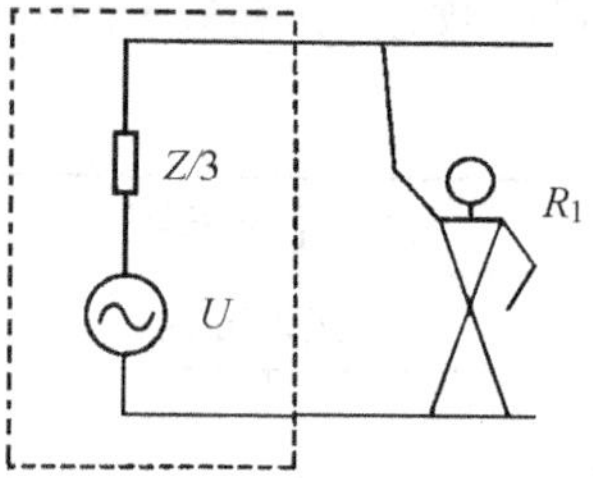

图 5－8　等值电路

如式(5－1)、式(5－2)所示：

$$U_r=\frac{R_r}{R_r+Z/3}U=\frac{3R_r}{3R_r+Z}U \quad (5-1)$$

$$I_r=\frac{U}{R_r+Z/3}=\frac{3U}{3R_r+Z}U \quad (5-2)$$

式中　U——相电压相量；

U_r——人体电压相量；

I_r——人体电流相量；

R_r——人体电阻；

Z——各相对地的复数阻抗。

由于绝缘阻抗 Z 较大，一般为 MΩ 级，I_r 一般很小，不超过数十毫安，因此，不接地电网正常运行时，人体单相触电危险性较小。

2. 电网故障运行时触电危险性分析

如前所述，不接地电网在正常运行的情况下，中性点的对地电压近似为零。然而，当电网有一相接地时，中性点的对地电压将发生变化。如图 5－9 所示，设电网的相电压为U，各相对地绝缘阻抗为Z，电网L_3相接地，接地电阻为R_d，则接地电流如式(5-3)所示：

$$I_d=\frac{3U}{3R_d+Z} \tag{5-3}$$

接地相对地电压如式(5-4)所示：

$$U_3=\frac{3UR_d}{3R_d+Z} \tag{5-4}$$

中心点对地电压如式(5-5)所示：

$$U_0=U-U_3=\frac{Z}{3R_d+Z}U \tag{5-5}$$

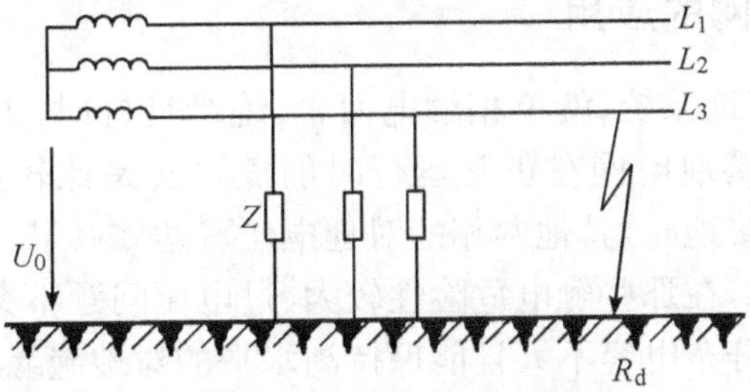

图5-9　不接地电网的一相故障接地

通常接地电阻为几十至几百欧姆，即R_d远小于Z，这样，当不接地电网发生一相接地故障时，接地相的对地电压很小；而中性点的对地电压将接近电源的相电压，同时，未接地相的对地电压由于U_0很小，故未接地两相的对地电压将上升至线电压。

因此，当不接地电网发生一相故障接地时，人体如果在接地相触电（人体电阻为R_r），则通过人体的电流I_r，如式(5-6)所示：

$$I_r=\frac{3U\times\frac{R_dR_r}{R_d+R_r}}{3\times\frac{R_dR_r}{R_d+R_r}+Z}\times\frac{1}{R_r} \tag{5-6}$$

设电源电压$U=220$ V，接地电阻$R_d=200$ Ω，人体电阻$R_r=1\,500$ Ω，电网各相对地绝缘阻抗$Z=0.5$ MΩ，可求得通过人体的电流近似值如式(5-7)所示：

$$I_r=\frac{3\times 220\times\frac{200\times 1\ 500}{200+1\ 500}}{3\times\frac{200\times 1\ 500}{200+1\ 500}+0.5\times 10^6}\times\frac{1}{1\ 500}=0.155\ (\text{mA}) \tag{5-7}$$

而当人体在未接地的另两相触电时，通过人体的电流近似值如式(5-8)所示：

$$I_r=\frac{U_{12}}{R_r+R_d}=\frac{380}{1\ 500+200}=223.5\ (\text{mA}) \tag{5-8}$$

因而，当不接地电网发生一相故障接地时，人体触电的危险性是比较大的。

另外，不接地电网一相接地时，接地电流很小，加之线电压保持不变，电网中的设备还能继续工作，于是，这种接地故障不容易被发现而长时间潜伏下来，而且这样的故障点有时很难寻找。

二、不接地电网的应用

对于中性点不接地系统，就单相触电而言，绝缘良好时，人体接触单根相线时比较安全，也就是不接地电网在正常运行时的危险性是比较小的；当系统绝缘差时，特别是发生一相接地时，其他两相的对地电压可达 380 V。

从这个角度考虑，在那些触电危险性较大、过电压问题不突出以及线路简明的场合，如果电网对地分布电容不大且能保持高水平的对地绝缘，则宜采用不接地电网。当然，电网运行方式的选择还取决于其他一些因素。低电压不接地电网一般用于采矿、石油化工等部门。

在不接地电网中，为了减轻一相故障接地的危险性，应对电网对地绝缘状态进行监视，并尽早找出故障点，排除故障。此外，在不接地电网中，还要考虑高压窜入低压的防护。

低压电网的绝缘监视，是用三只规格相同的电压表来实现的，其接线如图 5-10 所示。电网对地绝缘正常时，三相平衡，三只电压表读数均为相电压；当发生一相接地时，该相电压表读数急剧降低，另两相则显著升高。即使系统没有接地，而是某相对地绝缘显著恶化时，三只电压表也会给出不同的读数，引起工作人员的注意。

高压电网也可以用类似的方法进行绝缘监视，其接线如图 5-11 所示。监视仪表通过电压互感器同相线连接。互感器有两组低压线圈，一相接成星形，供绝缘监视的电压表用；一相接成开口三角形，开口处接信号继电器。正常时，三相平衡，三只电压表读数相同，三角形开口处电压为零，信号继电器不动作；当一根接地或一两根绝缘明显恶化时，三只电压表出现出不同读数，同时开口三角形开口处出现电压，信号继电器动作，发出信号。

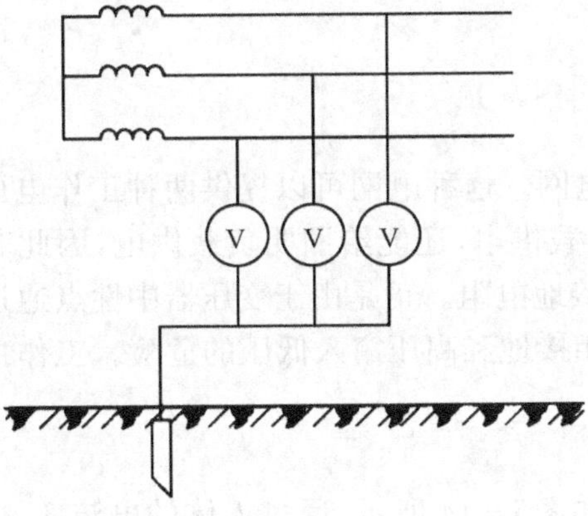

图 5－10　低压电网的绝缘监视

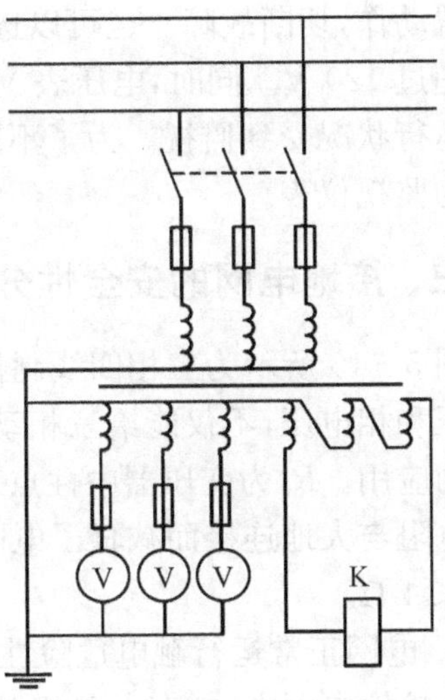

图 5－11　高压电网的绝缘监视

当高压电因导线折断或绝缘损坏而窜入低压系统时，整个低压系统的对地电压升高到高压系统的对地电压，而且这种故障可能在较长时间内存在。为了减轻高压窜入低压的危险，在不接地低压电网中，应当把低压电网的中性点经击穿保险器接地，并接上两只电压表对击穿保险器进行监视，如图 5－12 所示。

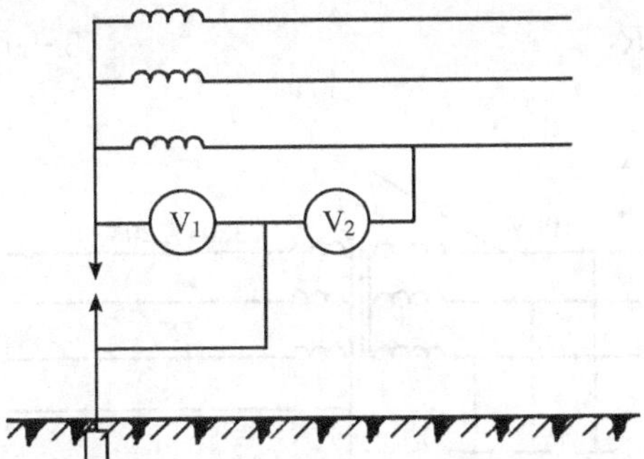

图 5－12　高压窜入低压防护及监视

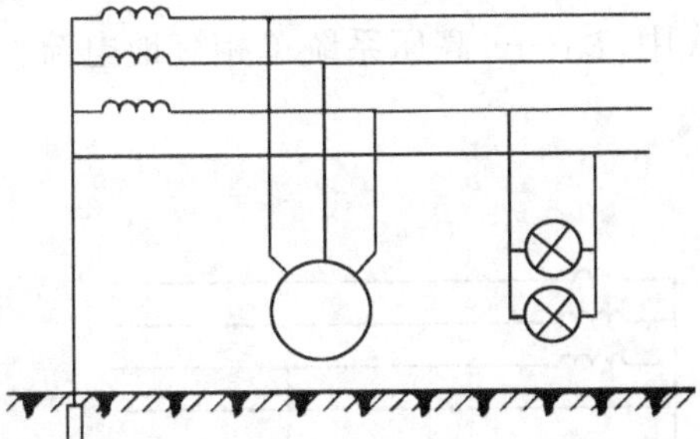

图 5－13　三相四线制接地电网

正常情况下，击穿保险器处在绝缘状态，系统不接地时，两个电压表读数各为相电压的一半。当高压窜入低压时，保险器中的空气隙被击穿，故障电流经接地装置流入大地，这个电流即高压系统的接地短路电流，它可能引起高压系统过电流保护装置动作，切断故障。也可以选定适当的接地电阻值，以限制低压系统的电压升高不超过 120 V。同时，电压表 V_1读数降至零，电压表 V_2读数上升至相电压，使系统的运行状况受到监视。为了不降低系统运行的可靠性，应当采用高内阻的电压表作为监视仪表。

三、接地电网的安全性分析

图 5－13 所示为三相四线制接地电网。这种电网可以提供两种工作电压——线电压和相电压，不仅能给三相动力负载供电，还能给照明负载供电，因此获得了广泛的应用。R_0为变压器中性点工作接地电阻。正是由于变压器中性点通过工作接地电阻与大地连接而减轻了电网一相接地和高压窜入低压的危险。工作接地电阻 $R_0 \leqslant 4\ \Omega$。

1. 电网正常运行触电危险性分析

在接地电网中，如有人单相触电，如图5－14 所示，通过人体的电流 I_r 决定于人体电阻 R_r、地面电阻 R_d 和工作接地电阻 R_0，即 $I_r=U/(R_r+R_d+R_0)$。如果人站立在潮湿的或者导电性的地面上，即 $R_d=0$，且 R_0远小于 R_r，则 $I_r=U/R_r$，这时，人体实际处于全部相电压之下，是非常危险的。

然而，当有高压窜入低压，或有感应过电压、谐振过电压发生时，电网的工作接地能稳定系统的电位，限制系统对地电压不超过某一范围，减轻过电压的危险。如图 5－15 所示，当高压窜入低压时，低压零线对地电压如式(5－9)所示：

$$U_0=I_{gd}R_0 \tag{5-9}$$

式中，I_{gd}——高压系统单相接地电流。

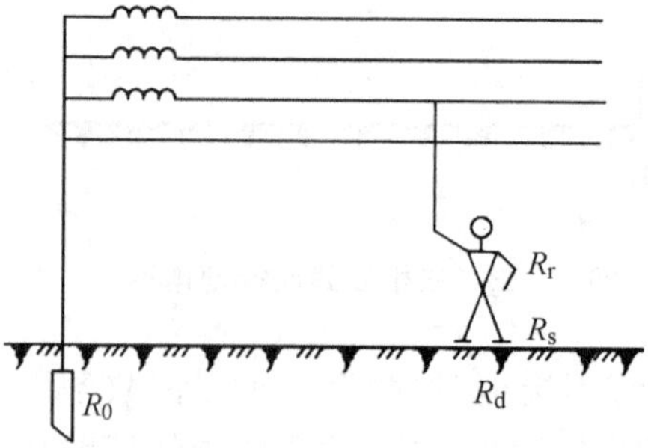

图 5－14　接地电网中单相触电

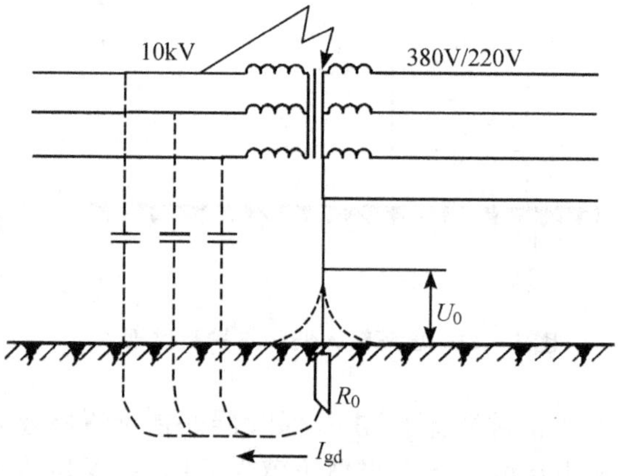

图 5－15　中性点接地时高压窜入低压

在这种情况下，当 $U_0=120$ V，要求工作接地电阻如式(5－10)所示：

$$R_0 \leqslant \frac{120}{I_{gd}} \tag{5-10}$$

对于不接地的高压电网，单相接地电流通常不超过 30 A，$R_0 \leqslant 4\ \Omega$ 是能满足要求的。

同时，由于有工作接地电阻的存在，接地电网容易受到外系统的干扰和影响。当不同电网的工作接地电阻相会或接地体相距很近时，某一电网中性点电位的漂移将会对周围接地体产生影响，而引起与这些接地体相连的其他电网中性点电位的漂移。另外，地下的杂散电流也会对接地电网产生干扰或影响。

2. 电网故障运行触电危险性分析

如图 5－16 所示，当接地电网一相接地时，另两相对地电压不会升高至线电压。这时，接地电流 I_d 取决于相线接地处电阻 R_{dx} 和电网工作接地电阻 R_0，如式(5－11)所示：

$$I_d=\frac{U}{R_0+R_{dx}} \tag{5-11}$$

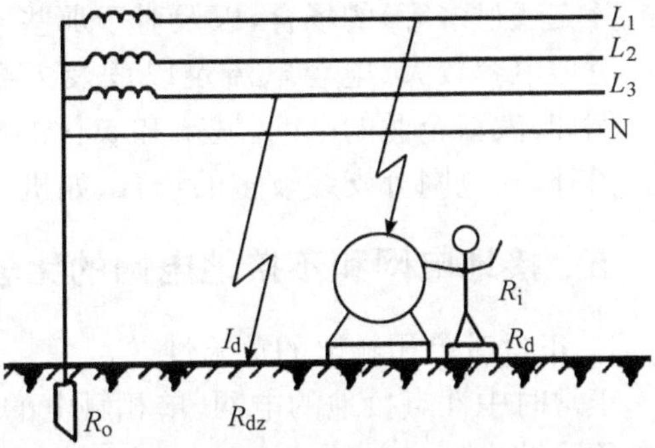

图 5－16　接地电网一相接地

接地点(即接地相)和中性点的对地电压分别如式(5－12)所示：

$$U_{dx}=I_dR_{dx}=\frac{R_{dx}}{R_0+R_{dx}}U \tag{5-12}$$

减小 R_0，可以限制 U_0 在某一安全范围之内。这时，未接地的另两相对地电压如式(5－13)所示：

$$U_s=\sqrt{U_0^2+U^2-2U_0U\cos120^\circ}=\sqrt{U_0^2+U^2+U_0U} \tag{5-13}$$

这个电压介于相电压和线电压之间。所以，与不接地电网相比，接地电网在发生一相接地故障时，工作接地电阻能够抑制对地电压的升高。通常规定 $R_0 \leqslant 4\ \Omega$，则当 $R_{dx} \geqslant 15\ \Omega$ 时，可保证 $U_s<250$ V，$U_0<50$ V。在高土壤电阻率地区，降低中性点工作接地电阻比较困难，但相线故障接地处的电阻往往也较大，因此，允许将其提高到 R_0 不超过 10 Ω。

380 V/220 V 三相四线制接地电网发生一相接地故障时，接地相和零线的对地电压均小于相电压，未接地相的对地电压可控制在 250 V 以下。因此，接地电网在一相接地时触电的危险性较不接地电网小。

四、接地电网的应用

接地电网在正常时没有不接地电网安全性高。绝缘损坏时，触电电压会略高于 220 V，而且熔断器可能不起作用。

就技术要求而言，由于接地电网可提供两种工作电压——线电压和相电压，因而得到了广泛的应用。这时，由于所采用的变压器数量少、导线截面积小等原因，使电气设备的总价格大大降低。就单相触电而言，正常运行时，中性点不接地电网较安全；而一相故障接地时，中性点接地电网较安全。因此，从安全角度考虑，对于那些难以保证线路对地绝缘强度（如环境相对湿度大、周围有腐蚀性介质、线路过长或分支线过多等）的场合，以及对于那些不能及时发现和排除绝缘故障状态的场合和对地电容较大、电容电流足以危及人身安全的场合，均应采用中性点接地电网。例如，大型企业的电网、城市和农村的电网、电站用电电网等都应采用接地电网。另外，在电网分支线较多的场合，如机械加工车间，也应采用接地电网。

五、接地电网和不接地电网的比较

1. 正常时单相触电的危险性

正常时中性点接地的电网，单相触电的危险性大；没有中性点接地的电网单相触电危险性小。

2. 一相接地时触电的危险性

对中性点不接地的电网来说，接地电流小，故障难找；当接地电阻小时，另外两相的对地电压可能升高为线电压，增加了触电的危险性。对中性点接地电网来说，由于接地电流大，故障易发现，而且通过控制接地电阻就可以控制其他两相对地电压的升高，触电危险性相对小一些。

3. 稳定电网对地电压

接地电网由于有接地装置而能抑制对地电压的升高；不接地电网由于与大地之间没有直接的电气连接，如无其他措施，可能因高压窜入低压、雷击、拉合闸操作和感应等原因，在低压侧产生较高的对地电压，引发火灾或触电危险。另外，不接地电网与大地之间只有分布电容存在，不论是感应也好，谐振也好，也都可能产生不被允许的对地电压。可以说，不接地电网抑制过电压的性能不好。因此，不接地电网中应当有合格的过电压保护措施。

4. 接地装置的影响

当两接地装置互相接近时，一个装置上的接地电流将造成地表电位升高，使另一个接地装置的电位也有某种程度的升高，从而引发触电危险或其他伤害。

不接地电网一般不会影响其他电网，也不容易受到这方面的影响；而接地电网与接地电网之间或与其他接地装置之间，则较容易相互影响。

5. 系统间的影响

不接地电网不会在地下产生有害的杂散电流。外系统的接地故障也不会导致不接地电网的工作导体意外带电。但是，由于地面上其他电气系统的静电感应或电磁感应，均可能在不接地电网上产生较高的感应过电压。例如，如果高压线路敷设在低压线路的上方，由于静电感应，低压线产生过电压。

综上所述，接地电网和不接地电网各有优缺点，应根据生产环境的特点，选择合适的电网运行方式。

第三节　医用室的保护接地措施

在医用室，为了安全使用 ME 仪器，需要把接地和等电电位化等手段适当地组合起来运用。

如前所述，ME 仪器正常工作时经过患者的漏电流容许值，CF 型为 10 μA，B 型、BF 型为 100 μA。在单一故障时，CF 型为 50 μA，B 型、BF 型为 500 μA。如果人体的电阻取作 1 kΩ，在产生微电击危险的场合下，能容许的接触电压或者两导体间的电位差计算如下：

$$1\,000\ \Omega\times10\ \mu A=10\ mV \quad（正常工作时）$$

$$1\,000\ \Omega\times50\ \mu A=50\ mV \quad（单一故障时）$$

即仪器在正常工作时，需在 10 mV 以下，即使在单一故障时也必须在 50 mV 以下。这个值是不容易做到的，而且处理这种微小电压和电流时，容易产生新问题。

并用数台仪器时，关于接地问题可以考虑如下三种方法：

(1) 仪器单独进行接地；

(2) 采用共用接地电极进行接地；

(3) 两种方法并用。

但是，无论哪种接法都存在以下几方面问题。

一、单独接地方式

为了使问题简化，以使用两台仪器为例。在一个患者身上连接仪器 A 和 B，分别进行接地，其接地电阻为 R_A、R_B，如图 5－17 所示，当从仪器 A、B 分别有漏电流

I_A、I_B流过接地极，在患者身上通过的电流如式(5－14)所示：

$$I=\frac{I_A R_A - I_B R_B}{R_A + R_B + R_P} \tag{5-14}$$

假定在正常状态下，即使取接地电阻 R_A、R_B 为 10～100 Ω，漏电流 I_A、I_B 为 10～500 μA时，通过患者的电流超过 10 μA 时危险性也极大。当仪器发生故障时，漏电流（接地电流）会变得更大，不仅会有微电击，还有产生强电击的危险。因而，单独接地方式在医学上不能推广。

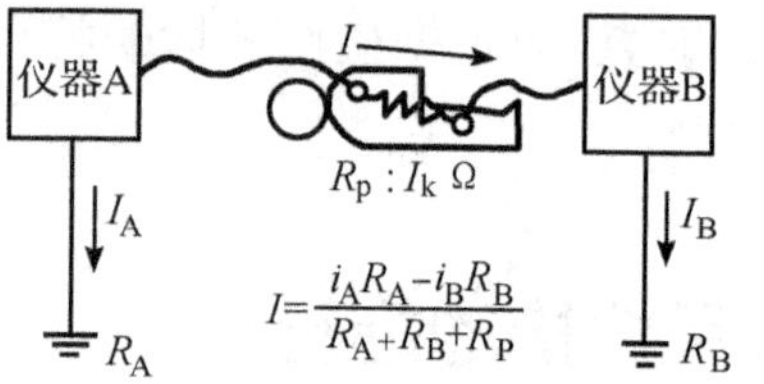

图 5－17(a)　采用单独接地的情况

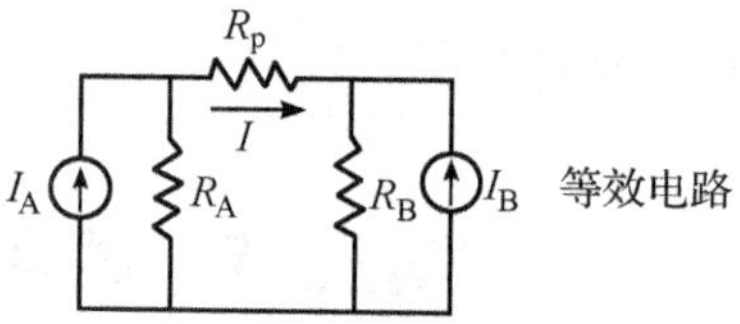

图 5－17(b)　等效电路

二、公共接地方式

把多台仪器连接到同一条接地线上时，虽然每个仪器上通过的漏电流很小，但合计起来通过地线的电流却很大。另外，在公共地线上除 ME 仪器外，有时还接有大功率的设备，因而公共地线上的电阻影响就不可忽略了。

如图 5－18 所示，设有电流 I_E通过公共地线，仪器 A、B 接到同一个患者身上，其接地分别接到 C、D 点处。如果公共地线 C、D 间的电阻为 R，则在仪器 A 和 B 间连接的患者身上通过的电流如式(5－15)所示：

$$I=\frac{I_E R}{R + R_P} \tag{5-15}$$

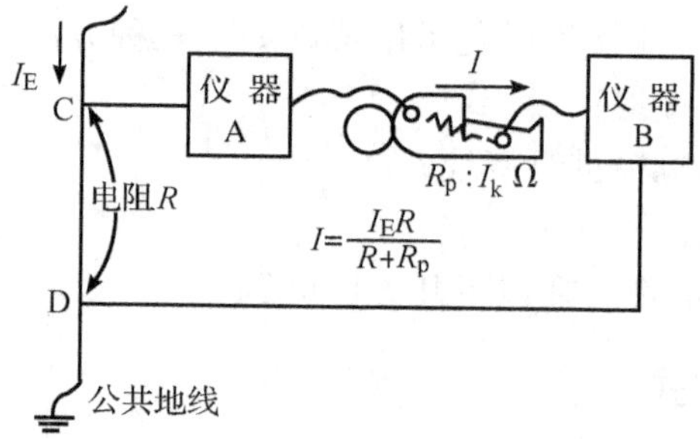

图 5－18　公共接地通过患者的电流

假若 A、B 间的电阻 R 为 0.1 Ω，电流 I_E 为 100 mA，通过患者的电流则为 10 μA。在有接地事故时，I_E 可达 10～100 A。如果事故发生在 A、B 的上游时，即使连接患者的仪器本身仍工作正常，也有对患者产生电击事故的危险。

这种问题可采取下列方法进行预防：

(1) 公共地线不能拉长和绕圈；

(2) 使用粗的地线，减小地线的电阻；

(3) 连在同一患者身上的仪器的地线要接到公共地线的同一点上。

其中，第三点特别重要，通常把它称为一点接地。

三、并用方式

这种方式同时存在上述两种方式的缺点，由两个接地电阻和接地电流的差在连接患者的仪器间产生电位差。如图 5－19 所示，如果在上游发生接地事故，就将有大电流流入患者的危险。

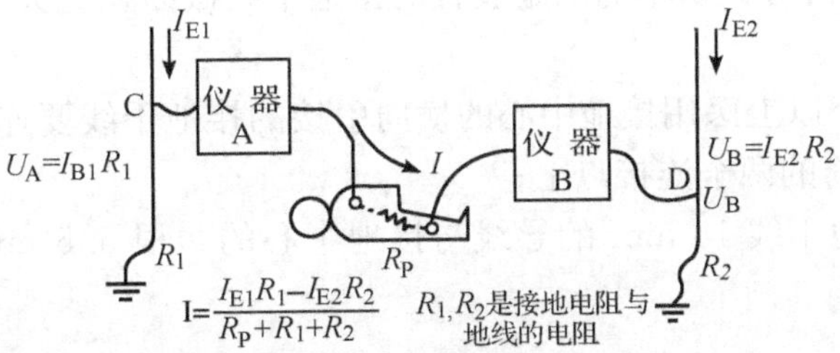

图 5－19　因并用方式产生的危险

从上述可知，ME 仪器用的接地设备在同一室内，不允许存在不同系统的接地配线，室内的接地线采用一点接地。

ME 仪器的接地并不是直接连接到公共地线上，一般是连接在电源插座上的接地插孔(接地极)上或者连接到墙壁上的接地端钮上。在同一个室内的插座和接地端钮相当多的情况下，为了做到一点接地，需要考虑用接地母线(Grounding Bus)以做到等电位接地。此外，也可另设等电位接地用的母线。

当在同一室内有多位患者的情况下，如在室内只放一个接地母线，那么把各位患者的接地线都接到接地母线上就可以了。接到患者身上的各种仪器，对同一个患者只能在同一个接地母线进行接地。连接在同一个患者身上的各种仪器，不能将地线连接到两个以上的接地母线上。

因此，基于上述原因，在医用室的接地措施上应满足下列规定：

(1) 每个医用室必须设置一个接地中心；

(2) 接地中心与供电系统的接地母线连接良好；

(3) 各个医用插座接地极刀口必须用接地分支线直接与接地中心连接。其接地导线(包括接触电阻)的总电阻应在 0.2 Ω 以下(测量方法按 GB 9706 的要求)；

(4) 各个医用插座要符合专用标准；

(5) 大功率设备要有单独的接地导线与接地干线相连接。

对于医用室接地极，如属于钢架、钢筋混凝土建造的建筑物，优先把它的建筑结构体的地下部分作为接地极使用，因为其网状结构具有较低的接地电阻。如果没有合适的钢架钢筋，可以打入或埋入专用的接地极，方法参考有关的规定。

对于接地干线的要求如下：

(1) 优先选用钢筋混凝土建造的建筑物的钢架结构的两条主钢筋作为某一层的接地干线；

(2) 从钢筋连接到其他接地中心的接地干线应使用截面积为 14 mm^2 以上的绝缘导线，X 射线机等大功率的固定装置的接地干线截面积更大，绝缘体的颜色为绿/黄色；

(3) 连接两个以上医用接地中心的横向引接的接地干线要连接到建筑物钢架或两条以上的钢筋的两个连接点上；

(4) 要把接地干线 14 mm^2 的导线与接地中心的两根 5.5 mm^2 的导线牢固地连接在一起。

四、患者环境的等电位接地

当有接地电流流过时，假若产生的接触电位和人体的电位相等，电流就不会通过人体。因此，把仪器周围的所有导电部分都用低电阻线和仪器外壳连接在一起。人体即使接触到仪器，因和外壳之间不存在太大的电位差，所以能够防止电击事故。把为得到等电位用的导线称为等电位化导线或等电位接地线。通常在测量仪器的周围环境中有很多金属物，如金属水管、煤气管，金属电线管、建筑物的钢筋和金属窗框等等时，将这些金属物和仪器外壳连接后再接地就成为等电位化方式。在和等电位接地线连接有困难或禁止连接的情况下，可用充分厚的绝缘物覆盖在金属表面上，防止人体和它接触。在安全标准中，原则上要求在距离患者 2.5 m 的范围以内要取得等电位化。确定 2.5 m 距离指当患者伸手时或者借助其他人所能接触的范围，把这个范围称为患者环境(Patient Environment)，如图5－20 所示。

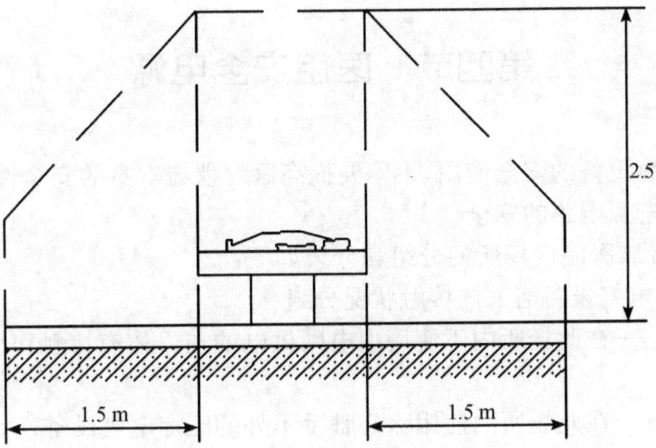

(a)

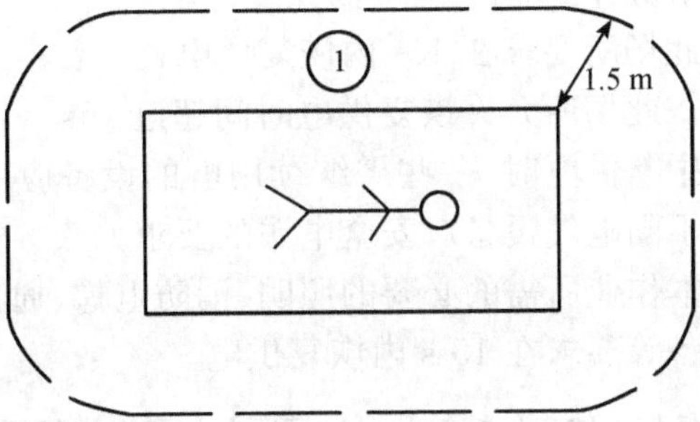

(b)

图 5－20　患者环境

等电位接地的目的主要是为了防止裸露导电性的部分之间的电位差，经医务人员间接地连接到患者产生电击电流流过心脏的危险。IEC 规定，等电位连接的端子板与插座的保护线端子或任一装置外导电部分间的连接线的电阻，包括连接点的电阻，不应大于 0.2 Ω，又规定在两组场所内，如装有局部医疗用 IT 系统供电的安装高度不超过 2.5 m 的电气设备，当正常工作时或发生第一次接地故障时，装置外导电部分、插座接地端子和等电位连接端子板间的电位差不超过 20 mV。

第四节 医用安全电源

为确保医疗设备的安全使用，不但要提高医疗仪器本身的安全性，更重要是要保证使用场所电源电路的安全性。

按 IEC 标准，医院内场所的分组和分级如下：

1. 按医疗电气设备与人体接触状况分组

0 组场所——在此场所内不使用由电网供电的与人体有接触作用部分的医疗电气设备；

1 组场所——在此场所内使用除心脏手术外的医疗电气设备；

2 组场所——在此场所内使用做心脏手术的医疗电气设备。

2. 按允许间断供电时间的场所分级

0.5 级场所——此场所要求在 0.5s 内恢复供电；

15 s 级场所——此场所要求在 15s 内恢复供电；

>15 s 级场所——此场所允许恢复供电时间超过 15s。

医院的正常电源中断供电时，一些需继续用电的设备应由安全电源继续供电并保持一定的时间。不同电气设备对安全电源的要求如表 5 - 2 所示，其他一些为了维持医院功能的基本作业所需的必要的照明、消防电梯、通信、呼叫系统、报警装置及医用气体供应设备等要求在 15 s 内恢复供电。

表 5 - 2 医疗电气设备与人体电气接触状况的场所分组和允许间断供电时间的场所分级

序号	场所名称	组别			级别		
		0	1	2	0.5 s	15 s	>15 s
1	按摩室		×			×	
2	手术盥洗间	×					×
3	普通病房		×			×	
4	产房		×			×	
5	心电图室		×			×	
6	内窥镜室		×			×	
7	治疗室		×			×	
8	临产室	×					×

（续表 5-2）

序号	场所名称	组　别			级　别		
		0	1	2	0.5 s	15 s	＞15 s
9	手术消毒间	×					×
10	泌尿科治疗室		×			×	
11	放射线诊疗室		×			×	
12	水疗室		×			×	
13	理疗室		×			×	
14	麻醉室		×			×	
15	手术室			×	×①	×	
16	手术准备室			×	×①	×	
17	石膏室	×					×
18	麻醉复苏室		×			×	
19	心导管室			×②		×	
20	特别监护室			×	×①	×	
21	血管造影室			×②			
22	血液透析室		×				×
23	中心监护室	×			×		
24	磁谐振图像室		×		×		
25	核治疗室		×		×		
26	早产婴儿室		×		×①		

注：① 只适用于手术灯和医疗电气设备。

② 由医院最后决定。

另有一些特别重要的设备则要求使设备在 0.5 s 内恢复供电的专用安全电源，如手术台灯和一些重要的生命维持系统。这样的应急电源设置的医用插座外表面为红色，且要考虑防火和防水的要求。我国还没有关于医院建筑的专用安全标准，但中国建设部标准 JGJ/T 16-92《民用建筑电气设计规范》中，有关医院的电气布线提出了相关的要求，规范中规定：县级及以上医院房间、医疗器械等电力、照明负荷为一级负荷；实时计算机及计算机网络列为一级负荷，对一级负荷的要求如下：

（1）一级负荷的供电电源应由两个电源供电（优先采用从电力系统取得）；

（2）一级负荷中特别重要的负荷还必须增设应急电源；

（3）应急电源可以为独立于正常电源的发电机组，或独立的供电网专门馈电线路式蓄电池；

（4）按 MS 级中断恢复时间，采用 UPS 或 CPS 的柴油机不间断供电装置系统（1.5 s 级和 15 s 级两种）。

第五节　医用室电路的保护

把配电线和负载仪器等组成的电流通路称为电路。电路和与其有关的电气部件一旦发生异常，不仅电路本身损坏，还有引起其他灾害的危险，如因电路漏电引起火灾和触电，因电流过大引发仪器损坏和停电等很多问题。因此，要考虑到仪器和设备的这些异常，并且要有防止异常及防止因电路损坏而引起二次灾害的措施。

在医院，电路异常大致可分为两类，一类为过电流事故，一类为接地事故。因此，电路的保护方法也相应分为两类：

（1）过电流保护——过电流保护器；

（2）接地保护——过电流保护方式和漏电切断方式。

一、过电流保护器

过电流事故主要是因电路间短路或负载仪器超过负荷引起的。用过电流保护器（过电流保护装置、保险丝、断路器、热继电器等）切断电路，就能防止过电流，配电系统中必需设置过电流保护器。

1. 过电流保护特性和整定原则

过电流保护是在保证选择性的基础上，可靠地切除系统中被保护范围内线路及设备故障的有时限动作的保护装置，按其动作时限与故障电流的关系特性的不同，分为定时限过流保护和反时限过流保护。

过电流保护的整定原则是要避开线路上可能出现的最大负荷电流。电动机的启动电流，尽管其数值相当大，但毕竟不是故障电流，所以为区别最大负荷电流与故障电流，常采用接于线路末端、容量较小的一台变压器的二次侧短路时的线路电流作为最大负荷电流。

整定时，对定时限过电流保护只要依据动作电流的计算值就可以；而对反时限过电流保护则要依据启动电流、整定电流的计算值做出反时限特性曲线，并给出速断整定值才能进行。

过电流保护是有时限的继电保护，需对其进行时限的整定。根据上述反时限特性曲线，作电流整定同时已作了时限整定，对定时限过电流保护，则要单独进行时限整定。

整定动作时限必须满足选择性的要求，充分考虑相邻线路上、下两级之间的配合。对于定时限保护与定时限的配合，应按阶梯形时限特性来配合，级差一般满足0.5 s就可以了；对于反时限保护的配合，则根据做出保护的反时限特性曲线来确定，要保证在曲线上的整定电流这一点，动作时限的级差不得小于0.7 s。

2. 过电流保护的保护范围

过电流保护可以保护被保护设备的全部和线路的全长，还可以作为相邻下一级线路的穿越性短路故障的后备保护。

3. 定时限与反时限过电流保护及其区别

(1) 继电保护的动作时限与故障电流数值的关系

定时限过电流保护，其动作时限与故障电流之间的关系表现为定时限特性，即继电保护动作时限与系统短路电流的数值大小无关，只要系统故障电流转换成保护中的电流，达到或超过保护的整定电流值，继电保护就以固有的整定时限动作，使断路器掉闸，切除故障。

反时限过电流保护，其动作时限与故障电流之间的关系表现为反时限特性，即继电保护动作时限不是固定的，而是依系统短路电流数值的大小而沿曲线作相反的变化，故障电流越大，动作时限越短。

继电保护动作时限与故障电流数值大小之间关系的不同，是定时限与反时限过电流保护的最大区别。

(2) 保护装置的组成及操作电源

定时限过电流保护装置由几种继电器组成，一般采用电磁式DL型电流继电器、电磁式DS型时间继电器和电磁式DX型信号继电器等。这些继电器往往要求用直流操作电源。

反时限过电流保护装置只用感应式GL系列电流继电器就可以了，它是具有综合电流继电器、时间继电器、信号继电器等多种功能的组合继电器，因此反时限过电流保护装置比起定时限过电流保护装置，其组成简单、价格低。反时限过电流保护装置一般采用交流操作电源，比取用直流电源来得方便和经济。

应当指出的是，GL型电流继电器还有电磁式瞬动部分，可作速断保护用，所以用一只GL型电流继电器不但可以作为反时限电流保护装置，还可兼作电流速断保护装置，其经济性突出，因而得到广泛采用。

(3) 上、下级时限级差的配合

定时限过电流保护采用的DL型电流继电器定值准确、动作可靠，因而上、下级时限级差采用0.5 s就可以实现保护动作的选择性。

反时限过电流保护采用GL型电流继电器，它的定值及动作的准确性比DL型电流继电器差。因此，为了保证上、下级保护动作的选择性，要将时限级差定得大一些，一般取0.7 s。

二、接地保护

1. 过电流保护方式

一旦发生接地事故，就有过大电流流过电路，使过电流保护器工作，切断电路，称为过电流保护方式。如图5-21所示。这种方式不需特殊的接地保护仪器，只要安上一个过电流保护器即可。但是，如果通过接地点的接地回路阻抗不够小，过电流保护器就不工作。如果配电系统是TT方式，因系统接地和仪器接地是分别独立进行的，这时即使负载仪器内部的电路和仪器外壳完全短路，因电路的阻抗取决于两个接地的阻抗之和，所以也不一定使通过的电流达到过电流保护器工作的程度。例如回路额定电流为15 A，当系统接地电阻为1 Ω，仪器接地电阻取为10 Ω时，则电流 I 为20 A（如式(5-16)），可见其不能使额定电流为25A的保护仪器工作，如图5-22所示。当配电系统是用TN-S方式时，因接地电流通过接地线流动，回路阻抗几乎为0，当有过大电流通过时，过电流保护器进行工作。这是TN-S方式比TT方式安全的原因之一，如图5-23所示。

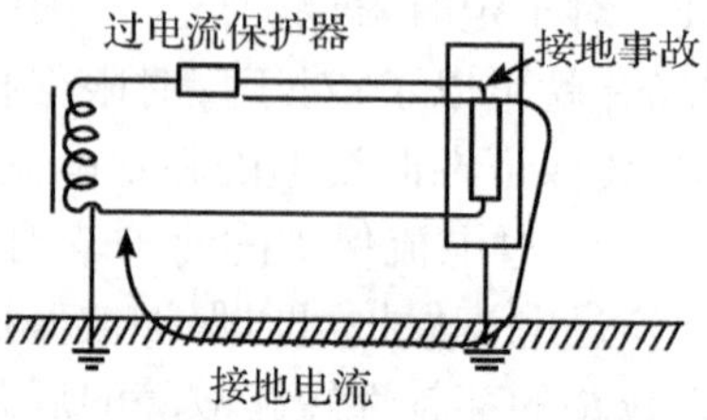

图5-21 过电流保护器的接地保护

$$I=\frac{220}{1+10}\approx 20\ \text{A} \tag{5-16}$$

图5-22 即使仪器接地过电流保护器也不工作

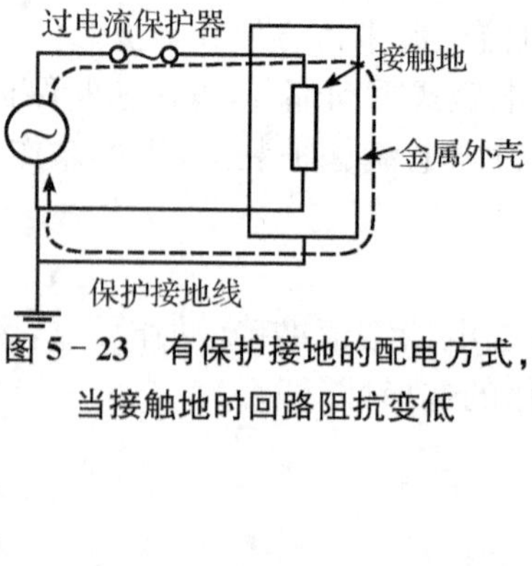

图5-23 有保护接地的配电方式，当接触地时回路阻抗变低

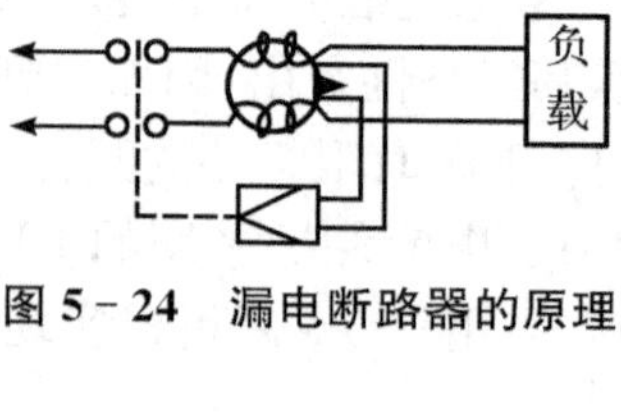

图5-24 漏电断路器的原理

2. 漏电切断方式

这是一种为了保护接地而把漏电断路器(Ground Fault Circuit Interrupter)串入电路中,用它检测到接地漏电流过大时将电路切断的方式。一般采用的断路器是利用电流之差检测接地电流的动作型漏电断路器(Residual Current Operated Protective Device),其原理如图 5-24 所示,它是一种差动变压器,在正常时往返的电流相等,次级线圈没有输出电压,但当负载医疗仪器有接地时,因往返的电流不同,在次级线圈上产生输出电压,对这个输出电压进行放大来切断电路。

漏电保护器有多种类型,可以按动作来分,也可以按工作原理来分。如果使用高速高灵敏度型的,就有可能用它来防止电击。在 IEC 的设备安全标准中把这种切断电路规定为一种辅助手段,它是为了当发生接地事故时,不使危险电压(接触电压)的存在达到有危险的持续时间。表 5-3 列出几种漏电断路器。每种断路器都有不同的特征,高速高灵敏度的短路器可以防止电击。与人体直接接触的医疗电气设备,宜设置动作电流为 5 mA 漏电流断路器。漏电断路器的选用可以根据以下需要进行选用。

表 5-3　漏电断路器的种类

用　途	漏电开关类型	额定动作电流(mA)	动作时间(s)
防止触电选用漏电开关	高速高灵敏度漏电开关 高速中灵敏度漏电开关 反时限漏电开关	5、15、30 50、100、200、300、500 5、15、30	<0.1 额定动作电流(I_e):0.1～0.2,1.4 I_e: 0.1～0.5,4.4 I_e: <0.05
防止漏电选用漏电开关	高灵敏延时型漏电开关 中灵敏延时型漏电开关	5、15、30 50、100、200、300、500	>0.1,<2

1. 根据动作时间和灵敏度来选用

高速高灵敏度漏电开关,可以防止误触相线对人的危害,但是,由于灵敏度高,所以要求用电设备和线路有良好的绝缘,由于线路对地分布电容与线路长度成正比,分布电容大,容易引起误动作,所以宜装于较短的线路内。由于人体内部电阻约 1 000 Ω,因此,还应根据对地电压来选定动作时间。

2. 根据保护目的来选用。

根据保护目的,漏电开关可分为接地(包括触电、漏电)保护用,接地保护和过载保护用,接地保护、过载保护和短路保护用三种。第一种适用于已装有低压自动开关或装有过载保护和短路保护(熔断器)的线路中,第二种多为与(交流)磁力启动器组合而成,适用于远程控制和电动机保护;第三种除有触电、漏电保护性能之外,还具有自动开关的保护性能,一般与自动开关组装在同一壳体内,安装简便,采用者多。

3. 根据安装场所来选。

不同的安装场所漏电情况不同,应考虑与具体线路相适应。因为,漏电开关既可作总保护安装在干线上,也可作分支保护安装在分支线路内。作为总保护,仅一台漏电开关即可,从管理和投资来说,都有显著的优点。但其缺点是,当某一分支发生触电、漏电事故时,将使总保护范围内的用电设备全部停电,而且事故点短时间内难以发现,延长了停电时间。同时,在正常情况下,经总保护的漏电流随着线路的增长和用电设备的增多而增加,不能安装高速高灵敏度漏电开关,因为漏电流值大,将使高速高灵敏度漏电开关动作频繁,甚至不能投入。分支线路用漏电开关可选高灵敏型,其最大优点是分支发生触电等接地故障时,只切断发生事故的区段,同时事故点容易发现。

思 考 题

5-1 供电系统的接地有几种,分别对其进行安全分析。

5-2 医用仪器的接地方式有几种,分析其优缺点。

5-3 叙述漏电保护器的选用原则。

第六章　医用电气设备的安全性测试方法

第一节　医用电气设备安全检测的通用条件

根据 GB 9706.1 医用电气设备的安全通用要求规定，所涉及的试验都是型式试验，所谓型式试验是指用一个能代表同类被测项的样品来进行试验。仅仅是那些在正常状态或单一故障状态一旦损坏就会引起安全方面的绝缘元件和结构细节才必须试验。在产品型式试验中，应该包括本标准规定的全部试验项目。当然，用于不同的试验目的时，可以选择不同的项目。型式试验的样品数量原则上为一台，特殊情况下可另加样品。

同一项目的试验原则上只进行一次，不得重复试验(除非本标准另有规定)。尤其是电介质强度试验，更应避免重复，因为它有可能降低设备受试部位的绝缘和隔离程度。

在安全检测前对环境、供电电压等都有一定的要求，在检测前对于具体条件有预处理过程。

一、试验前的预处理

医用电气设备必须在试验场所停放 24 h 以上(不工作)；设备必须按使用说明书的规定运转，运转时间与在额定电压下的试验时间相同，以检查设备是否正常工作。此外，对于无特殊防护的设备、防滴设备和防溅设备或设备部件必须经过潮湿预处理。

在潮湿预处理时，潮湿箱内的湿度为 91%～95%；温度范围应为 20～32℃，允许误差 $t\pm2$℃，因此，其下限 $t_{min}-2$℃ $=20$℃，即 $t_{min}=22$℃，其上限 $t_{max}+2$℃ $=32$℃，即 $t_{max}=30$℃，故潮湿箱温度 t 可在 22～30℃之间选定(如潮湿箱的控温精度为±1℃，t 可在 21～31℃之间选择)。设备和设备部件必须置于潮湿箱中达到以下时间要求：普通设备或设备部件为 48 h，防滴和防溅设备或设备部件为 168 h。预处理之前医用电气设备必须满足：

(1) 设备或设备部件必须完整地装好，运输储运时外包装用的罩、盖必须拆除；

(2) 不用工具即可拆卸的部件必须拆下，且与主件一起试验；

(3) 不用工具即可打开或拆卸的门、抽屉和调节孔盖必须打开和拆卸；

(4) 仅对那些易受试验所模拟的气候条件影响的设备进行这一试验。

二、医用电气设备安全检测试验的环境温度、相对湿度和大气压力

(1) 当被试设备已按预处理准备好之后，便可按下列条件进行检测：

① 环境温度：15～35℃；

② 相对湿度：45%～75%；

③ 大气压力：860～1 060 hPa。

对于基准试验，如试验结果取决于环境条件，其试验条件可从表 6－1 所列三组中任选一组，试验结果均被认可。

(2) 受试设备应与其他干扰源相隔离(例如，不要让空调器的气流直接吹向设备，以免影响试验结果)。

(3) 如果环境条件无法保持稳定，并可能影响试验结果，则应该对试验结果进行修正。

表 6－1　标准中试验的温度、相对湿度、大气压力三组条件

参　　数	a	b	c
温度(℃)	20±2	23±2	27±2
相对湿度(%)	65±5	50±5	65±5
大气压力(hPa)	860～1 060		

三、试验电压、电流的类型，电源的类别、频率

对于医用电气设备的供电电源，有如下要求。

(1) 按设备的不同类型，提出额定电压的最高限值(有效值)。

① 手持式设备：不超过 250 V；

② 额定输入功率不超过 4 kW 的设备：直流不超过 250 V，交流单相、多相电源不超过 500 V；

③ 其他设备：不超过 500 V。

(2) 电源的内阻抗足够低(由专用标准规定)。

(3) 电源电压的波动范围：不超过额定电压的±10%；但允许短时间(不超

过 1 s)跌至额定电压的－10%以下，这主要是考虑到电网上一些大容量设备，如大功率电动机、冷却系统压缩机等的启动会引起电网电压的短时间波动，设计时要采取措施，使设备能承受此类电压的低落。

(4) 系统的任何导线之间或任何导线与地之间，没有超过额定值＋10%的电压。

(5) 电压波形应为正弦波，且是对称供电系统的多相电源。

(6) 频率不超过 1 kHz。

(7) 额定频率不超过 100 Hz 时，其频率误差≤1 Hz，额定频率在 100 Hz 到 1 kHz 时，其频率误差≤1%额定值。应注意这里规定的电源电压波形和它的频率是对设备所接的外部电源而言，并不是对设备内部逆变电源的电压波形和频率的限制。

(8) 保护措施按 IEC 364《建筑物内电气设施对电击的防护》的规定。

(9) 内部电源如可更换，制造厂必须作出规定。

同时，在做医用电气设备安全检测预处理时，如果电源电压偏离其额定值而影响到试验结果时，必须考虑这种偏离的影响，同时应考虑如下几项因素。

(1) 低于交流 1 000 V、直流 1 500 V 或峰值 1 500 V 的试验电压，不得偏离规定值的 2%以上。等于或高于交流 1 000 V、直流 1 500 V 或峰值 1 500 V 的试验电压，不得偏离规定值的 3%以上。

(2) 仅能用交流电的设备，其额定频率在 0～100 Hz 时，必须用其额定频率(若标明)±1 Hz 交流电试验。额定频率在 100 Hz 以上时，用额定频率±1%的交流电试验，标有额定频率范围的设备，必须以该范围内最不利的频率进行试验。

(3) 设计有一个以上额定电压或交、直流两用的设备，必须在最不利的电压值和电源类别，例如相数(单相电源除外)和电流类型的条件下进行试验。

(4) 仅能用直流电的设备，必须用直流电试验。按照使用说明书，必须考虑极性对设备运行可能产生的影响。

(5) 除非本标准或专用标准另有规定，设备必须在相应电压范围内最不利的额定电压下进行试验。为确定这最不利的电压，有必要进行多次的试验。

(6) 由制造商规定可替换使用的附件或元件的设备，必须用那些会出现最不利条件的附件或元件来进行试验。

(7) 规定要与某种指定型式的电源，例如在对地电压、对地电容、对地绝缘电阻等方面有规定的电源一起使用的设备，必须与该指定的电源一起进行试验。

(8) 必须用不会明显影响被测值大小的仪器来测量电压和电流。

医用电气设备安全性的因素实际上是多种多样的，对各种不同因素的试验都是必要的，除安全性测试外，性能的测试也很重要，但每台仪器的测试项目都不同，测量范围甚广，不能一概而论。对许多测量仪器的性能试验则需要专门知识，作为个别仪器的问题，如治疗仪器的工作电流的泄漏（电手术刀的高频分流电流或除颤器的泄漏脉冲电流等），或测量用仪器的患者工作电流的大小（阻抗容积描记法的测量电流等）等的试验也是很必要的，但在这里不一一讲述，下面只讨论安全性测试方法。

第二节　医用电气设备漏电流的容许值及其制定

由前面的分析可知，仪器的漏电流是电击产生的原因之一，因此在国家医用电气安全设备通用标准 GB 9706.1 中，对各种不同类型医用电气设备的漏电流有严格的规定。

一、漏电流的容许值

漏电流是衡量医用电气设备电气安全的一项重要指标，它的容许最大值在 GB 9706.1中做了规定，表 6-2 所示为频率在 1 kHz 内的交、直流复合波的连续漏电流和患者辅助电流的容许漏电流值。

表 6-2　连续漏电流和患者辅助电流的容许值　(mA)

电　流	B型		BF 型		CF 型	
	正常状态	单一故障状态	正常状态	单一故障状态	正常状态	单一故障状态
对地漏电流（一般设备）	0.5	1①	0.5	1①	0.5	1①
按注②、注④的设备对地漏电流	2.5	5①	2.5	5①	2.5	5①
按注③的设备对地漏电流	5	10①	5	10①	5	10①
外壳漏电流	0.1	0.5	0.1	0.5	0.1	0.5
按注⑤（直流） 患者漏电流（交流）	0.01 0.1	0.05 0.5	0.01 0.1	0.05 0.5	0.01 0.01	0.05 0.05
患者漏电流（在信号输入部分或信号输出部分加网电压）	—	5	—	—	—	—

（续表 6-2）

电　　流	B型		BF型		CF型	
	正常状态	单一故障状态	正常状态	单一故障状态	正常状态	单一故障状态
患者漏电流(应用部分加网电压)	—	—	—	5	—	0.05
按注⑤(直流)	0.01	0.05	0.01	0.05	0.01	0.05
患者辅助电流(交流)	0.1	0.5	0.1	0.5	0.01	0.05

注：① 对地漏电流的唯一单一故障状态，就是每次有一根电源线断开。

② 不带有保护接地的可触及部件，也不带有供其他设备保护接地用装置的，且外壳漏电流和患者漏电流（如适用）符合要求的设备。例如某些带有屏蔽的网电源部分的计算机。

③ 规定是永久性安装的设备，其保护接地导线的电气连接只有使用工具才能松开，且紧固在或被机械固定在规定位置，只有使用工具才能被移动。例如：

- X射线设备的主件，例如X射线发生器、检查床或治疗床；
- 有矿物绝缘电热器的设备；
- 由于符合抑制无线电干扰的要求，其对地漏电流超过表 6-2 所示一般设备对地漏电流的规定值的设备。

④ 移动式X射线设备和有矿物绝缘的移动式设备。

⑤ 表 6-2 中规定的患者漏电流和患者辅助电流的交流分量的最大值仅是指电流的交流分量。

二、漏电流容许值的制定依据

频率在1 kHz内(包括1 kHz)的交、直流复合波的连续漏电流和患者辅助电流的容许值的指定基于如下考虑：其一，一般说来室颤或心泵衰竭的危险随着流过心脏的电流值或流过的时间增长而增长，心脏的某些区域比其他区域更敏感，也就是说，电流值若加于心脏的某一部分会引起室颤，而加于心脏的其他部分时则可能没有影响；其二，对 10～200 Hz 范围的频率来说，危险性最大，而对这个范围各种频率的危险差不多是一样的。电流直流时危险较小，降低近5倍，在1 kHz约降低 1.5 倍。超过 1 kHz，危险迅速下降，表 6-2 中的值指电流从直流到 1 kHz 的频率范围，50 Hz 和 60 Hz 的供电频率在最危险的范围内。其三，虽然通用标准中的要求比专用标准中的要求要少一些限制，但表 6-2 中一些容许值的大小是合适的，大多数类型的设备能达到，同时它们也能适用于无专用标准的大多数设备类型。

1. 对地漏电流容许值的制定依据

对地漏电流容许值等同于频率在 1 kHz 内(包括 1 kHz)的交、直流复合波时的连续漏电流和患者辅助电流的容许值的开率，对地漏电流的容许值不是临界值，而是用来防止流经供电设施保护接地系统的电流显著增加。如果内部的导体部件不会被触及，在表 6-2 中移动式 X 射线设备和有矿物绝缘的移动式设备、不带有保护接地的可触及部件，也不带有供其他设备保护接地用装置且外壳漏电流和患者漏电流(如适用)符合要求的设备，较高的对地漏电流是容许的。固定性和永久性安装的保护接地导线的设备，因保护接地线不大可能意外断开，可以有较高的容许对地漏电流。

2. 外壳漏电流容许值的制定依据

(1) CF 型设备正常状态的外壳漏电流，被增加至与 B 型与 BF 型设备相同的值，因为这些设备可能同时用于同一患者。

(2) 外壳漏电流可能流经患者一直到地，若是 B 型设备，则通过应用部分；若是 BF 和 CF 型设备，则通过操作者与外壳之间的接触。

进入胸腔的电流在心脏部位产生的电流密度为 50 μA/mm^2。进入胸腔 500 μA 的电流(单一故障状态的最大容许值)在心脏部位产生的电流密度为 0.025 μA/mm^2，比所考虑的值低得多。

(3) 外壳漏电流流经心脏引起室颤或心泵衰竭的概率。

如果在操作心内导线或充满液体的导管时不小心，就有可能使外壳漏电流到达心内某一部位。对于这些装置应当始终都非常小心地进行操作，并使用干燥的橡皮手套。

心内装置和设备外壳直接接触的概率是非常低的，可能只是 0.01。通过医务人员间接接触的概率稍微高些，大概为 0.1。正常状态的最大容许漏电流为 100 μA，它本身就有 0.05 的引起室颤的概率。若间接接触的概率为0.1，则总的概率就是 0.005。虽然看起来这个概率比较高，但如果正确操作心内装置，这一概率可以降低到单纯机械性刺激的概率水平，即 0.001。

在维护条件差的部门，外壳漏电流增至最大容许值 500 μA 时(单一故障状态)的概率，被认为是 0.1。

该电流引起室颤的概率取作 1，意外地直接和外壳接触的概率如前所述，考虑为 0.01，就得到总概率为 0.001，等于单纯机械性刺激时的概率。

通过医务人员将最大容许值 500 μA 的外壳漏电流(单一故障状态)引入一个心内装置的概率是 0.01(单一故障状态为 0.1，意外接触为 0.1)。因为这一电流引起室颤的概率是 1，所以总概率也是 0.01。这一概率也比较高，但可以采取相应措施使它降低到单纯机械性刺激的 0.001 的概率。

(4) 患者可觉察出外壳漏电流的概率

当用夹持电极接触完好的皮肤时，男性对 500 μA 的外壳漏电流能觉察到的概率为 0.01，女性为 0.014。电流通过黏膜或皮肤伤口时有较强的感觉。因为分布是正态的，存在着某些患者能觉察出非常小的电流的概率。据报道曾有人能觉察到流过黏膜的 4 μA 电流。

有 B 型、BF 型和 CF 型应用部分的设备的外壳漏电流必须有相同的规定，因为所有这些类型的设备可能同时用于同一患者。

3. 患者漏电流容许值的制定依据

CF 型设备正常状态时患者漏电流的容许值是 100 μA，当这一电流流经心内小面积部位时引起室颤或心泵衰竭的概率为 0.002。

即使电流为零时，也曾观察到机械性刺激能引起室颤。10 μA 限值是容易达到的，在心内操作时不会明显地增加室颤的危险。

CF 型应用部分的设备单一故障状态时最大容许值 50 μA，是以临床得出的、极少可能引起室颤或干扰心泵的电流值为依据的。

对于可能与心肌接触的直径为 1.25～2 mm 的导管，50 μA 电流引起室颤的概率接近 0.01。用于血管造影的小截面（0.22 mm^2 和 0.93 mm^2）导管，如将其直接置于心脏敏感区，则引起室颤或心泵衰竭的概率较高。

单一故障状态时患者漏电流引起室颤的总概率为 0.001（单一故障的概率为 0.1，50 μA 电流引起室颤的概率为 0.01），等于单纯机械性刺激的概率。

单一故障状态时容许的 50 μA 电流，不太可能达到足以刺激神经肌肉组织的电流密度，如果是直流也不会达到引起组织坏死的电流密度。

有 B 型与 BF 型应用部分的设备在单一故障状态时最大容许患者漏电流为 500 μA，因为这一电流不直接流过心脏，对外壳漏电流的解释可适用。

电网电压出现在患者身上的概率极小，只有出现下列故障时才会出现这种情况：

① Ⅰ类设备保护接地失效（概率为 0.1）；

② 基本绝缘失效，按经验这一概率小于 0.01。

由此得出患者身上出现电网电压的概率为 0.001。

对有 CF 型应用部分的设备，患者漏电流容许值 50 μA。

对 BF 型应用部分的设备，在这些条件下，最大的患者漏电流是 5 mA。即使这一电流进入胸腔，也只会在心脏产生 0.25 $\mu A/mm^2$ 的电流密度。这一电流极易为患者所察觉，然而它出现的概率是极低的。

当外部电压作用于 BF 型应用部分时，在单一故障状态下允许 5 mA 的患者漏电流，因为害生理影响的风险较小，且电网电压出现在患者身上的情况是不太可能的。

因为存在患者接地正常的状态，所以不仅患者辅助电流，而且患者漏电流都可能持续流动很长时间。在这种情况下，同样需要一个低值的直流电流以避免组织坏死。

4. 患者辅助电流容许值的制定依据

患者辅助电流的容许值，适用于阻抗体积描记器之类的设备，用于频率不低于

0.1 Hz 的电流。对于直流规定了较低的值，以防长时间使用时组织坏死。

斯太默和瓦铁生提供了 50 Hz 和 60 Hz 电流直接用于心脏病患者的心脏引起室颤的数据。室颤概率是作为电极直径和电流幅值的函数获得的，对于直径为 1.25 mm和 2 mm 的电极、电流达到 0.3 mA 时，室颤发生的可能性呈正态分布。于是，将此分布外推到包括为评估患者危险而通常使用的值，数值注明如图 6－1 所示。

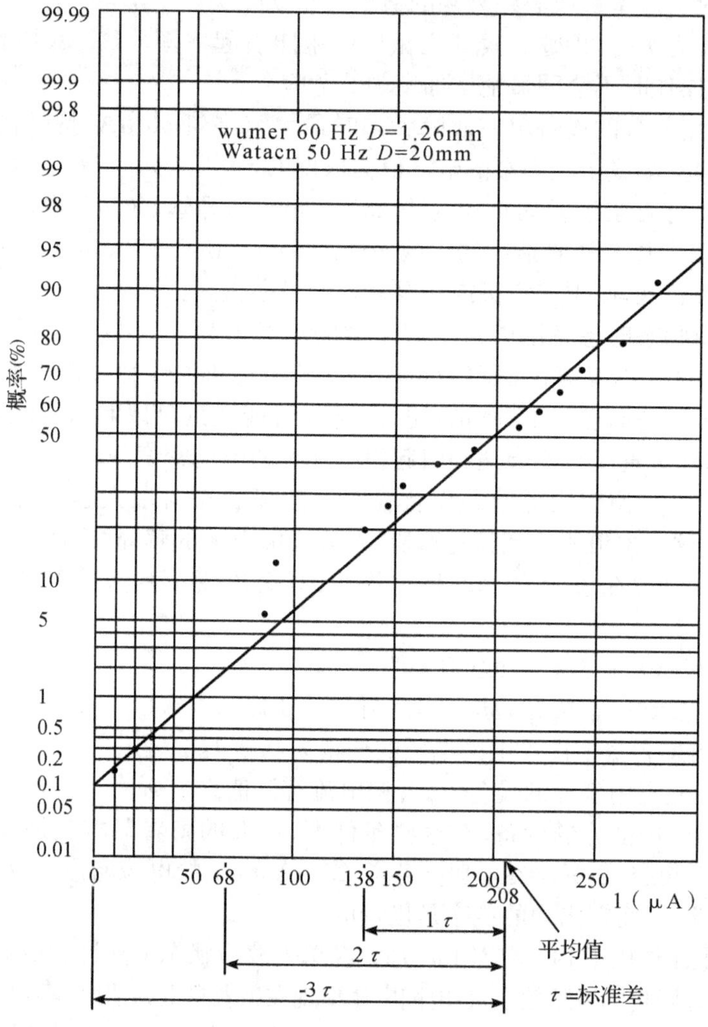

图 6－1　室颤概率

由此可以看出：任何电流值，即使很小，仍有引起室颤的可能性（常用值概率约为 0.002～0.01）。室颤的发生受许多因素影响，如患者状态，电流进入心肌较灵敏区域的概率，随电流或电流密度，随生理现象，随电场变化而变化的概率，因此，应运用统计方法确定各种条件下发生危险的可能性。

第三节 漏电流的检测

对医疗仪器设备进行电气安全检测是最基本的防电击手段。首先要对配电系统进行检测，包括电压（线电压，相电压等）、电阻（接地电阻，绝缘电阻等）的测量，例如任何两个插座地线间的电压和电阻，任何一个插座地线和任何一个患者附近的外露导体表面之间的电压和电阻。更重要的是需要对医用电子仪器的电安全性进行测试。其检测项目有漏电电流、接地线电阻、绝缘电阻等。

漏电流有对地漏电流（流过保护接地导线的电流）、外壳漏电流（从外壳流向大地的电流）、患者漏电流-Ⅰ（从仪器和患者的接触部位流向大地的电流）、患者漏电流-Ⅱ（从加在信号输出、输入部分的电源经仪器和患者的接触部位流向大地的电流）、患者漏电流-Ⅲ（从加在仪器与患者接触部位的市电电源经接触部位流向大地的电流），患者辅助电流等多种。

各种漏电流又需要考虑各种故障状态的情况，在考虑设备的故障时，一般只考虑一种故障状态：安全防护装置发生故障，或只出现一种外部异常情况的状态。

一般来说，如设备按通用标准的要求进行设计和制造，两个独立故障同时发生的概率就相当小。各种单一故障状态是考核测试的主要项目，经验证它们必须符合标准的有关要求；各种单一故障状态在测试时，用模拟的办法来创造测试条件。通过验证，考核设备在单一故障状态下的符合性。

根据 GB 9706.1 规定的“单一故障状态”，所指的这些故障在通用标准中有特定的要求和试验，其定义如下：

① 断开保护接地导线；

② 断开一根电源导线；

③ F 型应用部分上出现一个外来电压；

④ 信号输入或信号输出部分出现一个外来电压；

⑤ 与氧或氧化亚氮混合的易燃麻醉混合气外壳漏气；

⑥ 可能引起安全方面危险的电气元件故障；

⑦ 可能引起安全方面危险的机械零件故障；

⑧ 温度限制装置故障；

⑨ 液体的泄漏。

若一个单一故障状态不可避免地导致另一个单一故障时，则两个故障被认为就是一个单一故障状态。

该标准针对每一种单一故障状态都规定了具体的要求和试验方法，这是对产品安全进行了风险分析的结果。

一、测量漏电流的试验

对地漏电流、外壳漏电流、患者漏电流及患者辅助电流的测量，必须满足前面提及的环境条件以及按规定的潮湿预处理过程：① 在设备达到符合工作温度和经过了规定的潮湿预处理之后，将设备置于温度约等于 t℃（t 为潮湿箱内的温度），相对湿度在 45%～65%的环境里，并必须在潮湿处理之后 1 h 才开始测量，必须先进行无需使设备通电的测量；② 设备接到电压为最高额定网电压的 110%的电源上；③ 能适用单相电源试验的三相设备，将其三相电路并联起来作为单相设备来试验；④ 对设备的电路排列、元器件布置和所用材料的检查表明无任何安全危险的可能性时，试验次数可以减少。

对地漏电流、外壳漏电流、患者漏电流及患者辅助电流，必须在下列单一故障状态下进行测量：

① 每次断开一根电源线；

② 断开一根保护接地导线(在对地漏电流时不适用)，若是固定的永久性安装的保护接地导线，则不需要进行这一测量。

1. 测量供电电路

在对设备的漏电流检测时，对测量供电电路也有严格的要求，测量供电电路必须用模拟的方法来创造测试条件。通过验证，考核设备在单一故障状态下的符合性。从而满足对接地漏电流、机壳漏电流、各种患者漏电流以及其在各种单一故障状态情况下的测量供电电路的要求。测量供电电路的具体要求如下：

(1) 规定与有一端大约为地电位的供电网相连的设备，以及对电源类别未预先规定的设备，连接到如图 6-2 所示电路。

(2) 规定接到相线对中线之间电压近似相等而电压方向相反的供电网的设备，连接到如图 6-3 所示电路。

(3) 规定与多相(例如三相)网电源连接的多相或单相设备，连接到如图 6-4、图 6-5 所示电路之一。

(4) 规定使用指定的Ⅰ类单相网电源的设备，连接到如图 6-6 所示电路。

试验时必须依次断开和闭合开关 S_8。然而，若所指定电源具有固定的永久性安装的保护接地导线，试验时必须闭合开关 S_8。

(5) 规定使用指定的Ⅱ类单相网电源的设备连接到如图 6-6 所示电路，但不使用保护接地连接和 S_8。

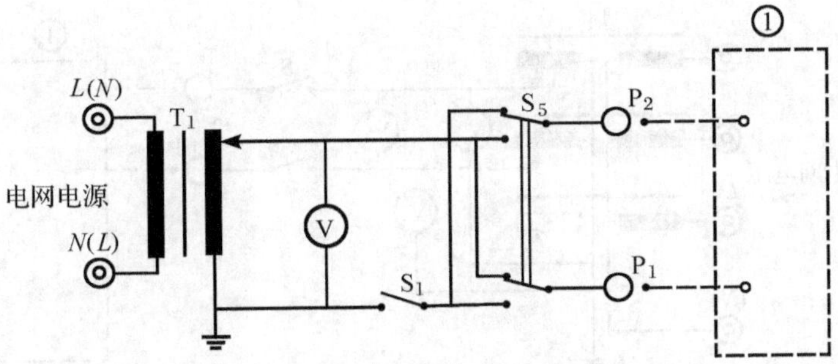

图 6－2　供电网的一端近似地电位时的测量供电电路

①—设备外壳；T_1—隔离变压器；V—指示有效值的电压表（如可能，可用一只电压表及换相开关来代替）；S_1—模拟一根电源线中断（单一故障）的单极开关；S_5—改变电网电压极性的换相开关；P_1—连接设备电源用的插头、插座或接线端子

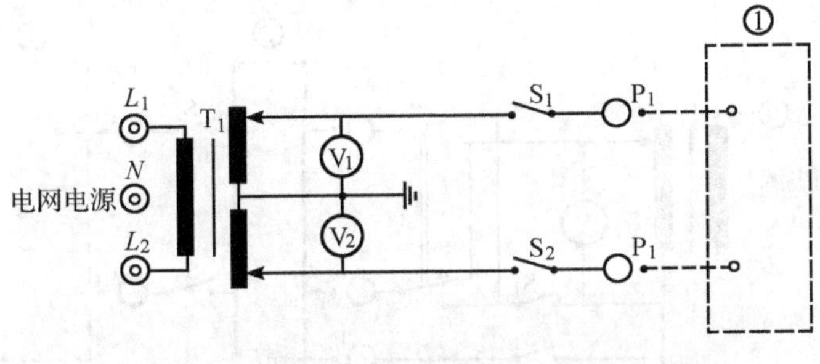

图 6－3　供电网对地近似对称时的测量供电电路

①—设备外壳；T_1—隔离变压器；V_1、V_2—指示有效值的电压表（如可能，可用一只电压表及换相开关来代替）；S_1、S_2—模拟一根电源线中断（单一故障）的单极开关

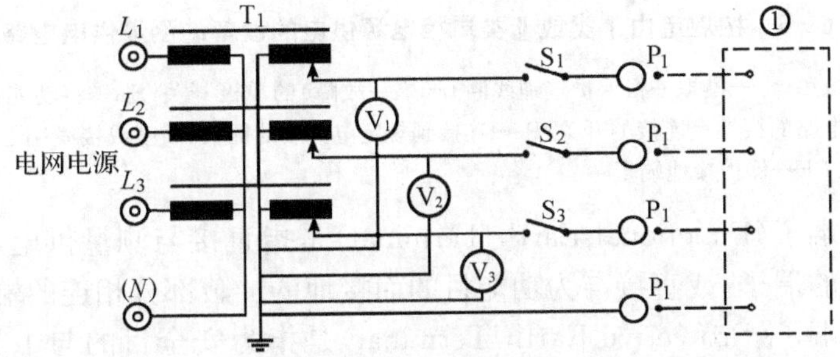

图 6－4　规定接多相供电网的多相设备的测量供电电路

①—设备外壳；T_1—隔离变压器；V_1、V_2、V_3—指示有效值的电压表（如可能，可用一只电压表及换相开关来代替）；S_1、S_2、S_3—模拟一根电源线中断（单一故障）的单极开关；P_1—连接设备电源用的插头、插座或接线端子

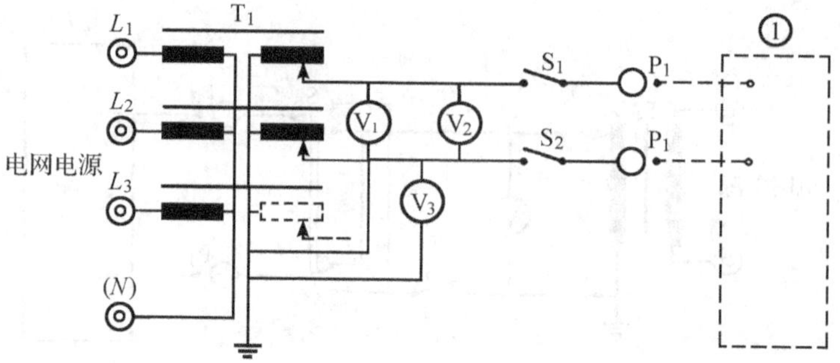

图 6-5　规定接多相供电网的单相设备的测量供电电路

①—设备外壳；T_1—隔离变压器；V_1、V_2、V_3—指示有效值的电压表（如可能，可用一只电压表及换相开关来代替）；；S_1、S_2—模拟一根电源线中断（单一故障）的单极开关；P_1—连接设备电源用的插头、插座或接线端子

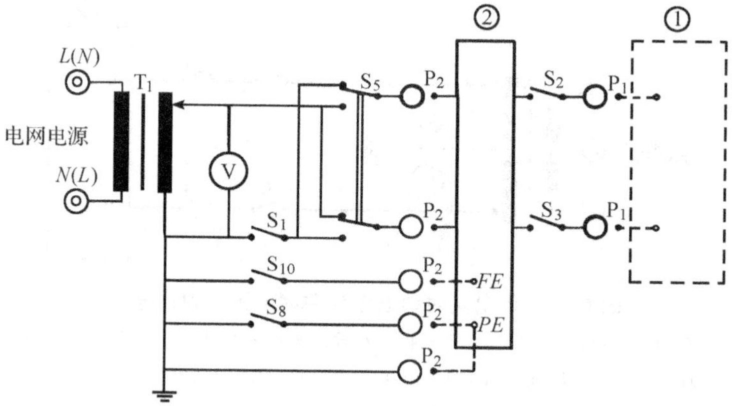

图 6-6　按规定由Ⅰ类或Ⅱ类单相电源供电的设备的测量供电电路

②—规定的电源；S_8—模拟一根保护接地线断开（单一故障）的单极开关；S_{10}—将功能接地端子与测量供电电路的接地点连接的开关；P_2—连接到规定电源用的插头、插座或接线端子；*FE*—功能接地端子；*PE*—保护接地端子

功能接地端子(Functional Earth Terminal)是指直接与测量供电电路或控制电路某点相连的端子，或直接与为功能目的而接地的屏蔽部分相连的端子。

保护接地端子(Protective Earth Terminal)是指为安全目的与Ⅰ类设备导体部件相连接的端子。该端子预期通过保护接地导线与外部保护接地系统相连接。

在使用如图 6-6 所示测量供电电路时，规定使用指定的Ⅰ类单相网电源的设备，不使用保护接地连接和 S_8。

2. 设备与测量供电电路的连接要求

(1) 配有电源软电线的设备用该软电线进行试验。

(2) 配有电源输入插口的设备，用 3 m 长或长度和型号由制造商规定的可拆卸的电源软线连接到测量供电电路上进行试验。

(3) 规定要永久性安装的设备，用尽可能短的连线和测量供电电路相连来进行试验。

3. 测量布置要求

(1) 建议把测量供电电路和测量电路放在尽可能远离无屏蔽电源供电线的地方，并避免把设备放在大的接地金属面上或其附近。

(2) 应用部分的外部部件包括患者电线(如有)在内，必须放在介电常数约为 1 的(例如，泡沫聚苯乙烯)绝缘体表面上，并在接地金属表面上方约 200 mm 处。

4. 测量装置及频率特性

测试装置 MD 主要由人体模拟阻抗及低通滤波电路组成。如图 6－7 所示，其中人体模拟阻抗选用 1 kΩ 电阻(R_2)，10 kΩ 电阻(R_1)与 0.015 μF 电容(C_1)组成无源低通滤波电路。低频电流是产生电击的原因，随着频率增高，刺激作用逐渐减小，一般认为当频率超过 1 kHz 时，它的刺激作用和频率成反比地减小。按照 GB 9706.1的要求，设计了低通滤波电路，使频率为1 000 Hz 以下的信号能顺利通过，而使频率为 1 000 Hz 以上的信号衰减。由图 6－8 所示，测试装置 MD 使频率为 1 000 Hz 以下的信号加在模拟人体上，而使 1 000 Hz 以上的高频信号衰减。

计算公式如式(6－1)所示：

$$f_H=\frac{1}{2\pi R_1 C}=\frac{1}{2\pi\times 10\times 10^3\times 0.015\times 10^{-6}}\approx 1\ (\text{kHz}) \qquad (6-1)$$

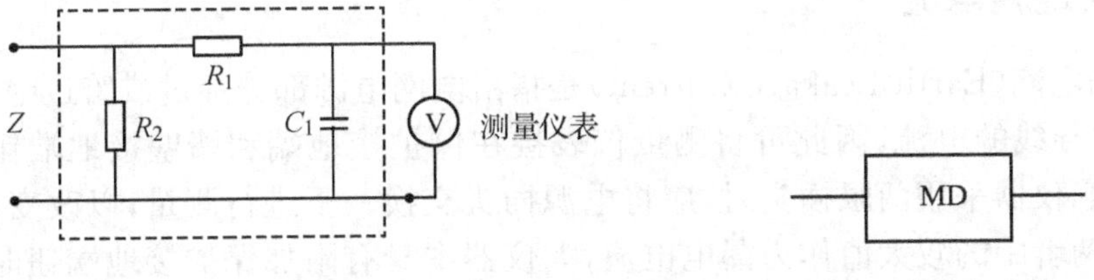

(a) 电路图　　(b) 等效电路图

图 6－7　测试装置

* 测量装置(MD)说明：

$R_1=10\ \text{k}\Omega\pm 0.5\ \text{k}\Omega$①

$R_2=1\ \text{k}\Omega\pm 0.01\ \text{k}\Omega$①

$C_1=0.015\ \mu\text{F}\pm 0.00075\ \mu\text{F}$②

① 无感元件；② 仪表阻抗。

测量装置必须满足以下几点要求：

(1) 对直流、交流及频率小于或等于 1 MHz 的复合波形来说，测量装置必须给漏电流或患者辅助电流源加上约 1 000 Ω 的阻性阻抗。

(2) 如果采用了如图 6－7 所示或具有相同频率特性的类似电路作测量装置，就自动得到了所要求的电流或电流分量的评价。这就允许用单个仪器测量所有频率的总效应。其中，很可能出现频率超过 1 kHz、数值超过 10 mA 的电流和电流分量，这就必须用其他适当的手段来测量。

(3) 图 6－8 所示的测量仪表从直流到小于或等于 1 MHz 频率交流都必须有约 1 MΩ 或更高的阻抗。它必须指示测量阻抗两端的直流或交流或有频率从直流到小于或等于 1 MHz 频率分量的复合波型电压的真正有效值，指示的误差不超过指示值的±5%。其刻度可指示通过测量装置的电流，包括对 1 kHz 以上频率分量的自动测定，以便读数能直接与表 6－2 比较。如能证实(例如用示波器)在所测的电流中，不会出现高于上限的频率，则对百分指示误差的要求和校准要求可限于其上限低于 1 MHz 的范围。

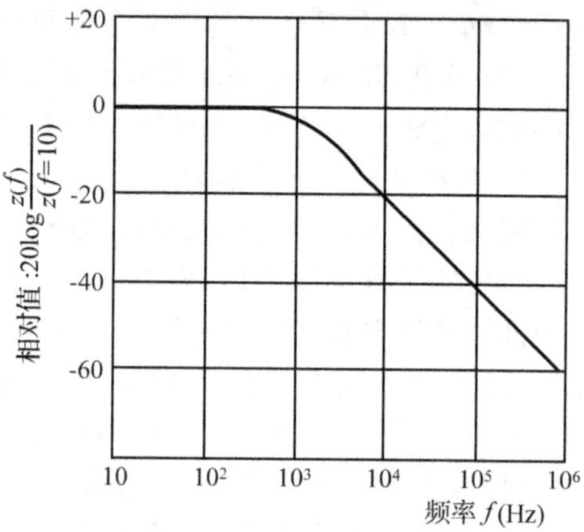

图 6－8　测试装置频率特性

二、对地漏电流

对地漏电流(Earth Leakage Current)是指由电网电源部分穿过或跨过绝缘流入保护接地导线的电流，因此可将测量仪表接在保护接地端和墙壁接地端钮(大地)之间。当仪器采用两眼插头时，应将电源插头交换一下进行测量，以改变电源的极性，取两者中的较大值作为漏电电流，如仪器本身有附加保护接地端钮时，应将它和接地断开后测量，两眼插头医用仪器对地漏电流的测量如图 6－9 所示。当医用电气设备采用三眼插座时，测量仪器接在医用电气设备的三眼插头的接地端和电源插座的接地端之间(医用电气设备的附加接地端保护断开后测量)，三眼插头医用仪器对地漏电流的测量如图 6－10 所示。

下面列举不同类别仪器的对地漏电流的测量

(1) Ⅰ类设备，不论其有无应用部分，都按图 6－11，用图 6－2、图 6－3、图6－4 或图6－5中相应的测量供电电路进行试验。

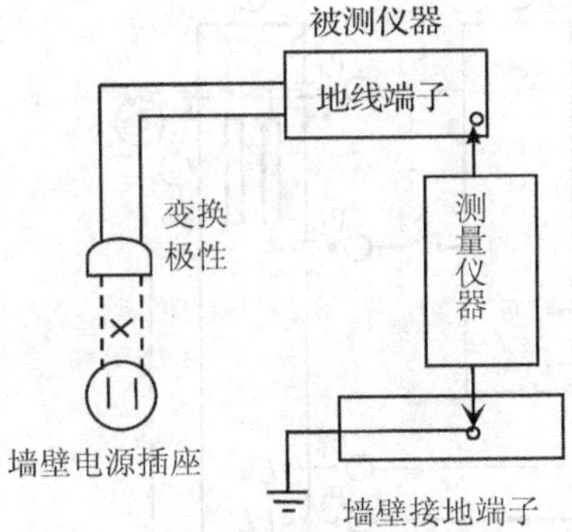

图 6－9　两眼插头医用仪器对地漏电流的测量

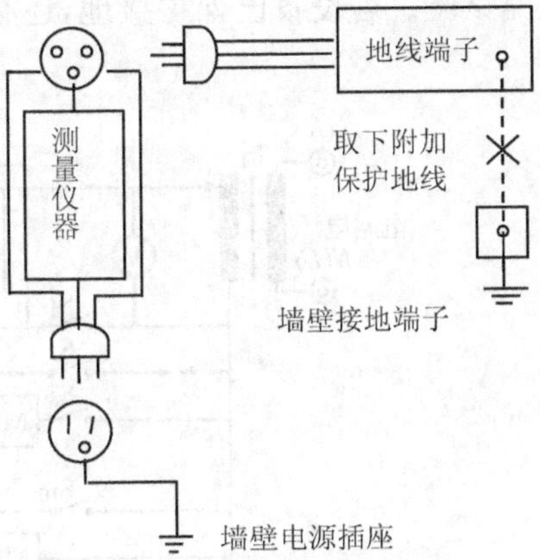

图 6－10　三眼插头医用仪器对地漏电流的测量

如图 6－11 所示，测量时，采用图 6－2 的测量供电电路的图例，将 S_5、S_{10} 和 S_{12} 的开、闭位置进行所有可能的组合：S_1 闭合（正常状态），S_1 断开（单一故障状态）按照对地漏电流、外壳漏电流、患者漏电流、患者辅助电流、表 6－2 及其注①～⑤进行测量。

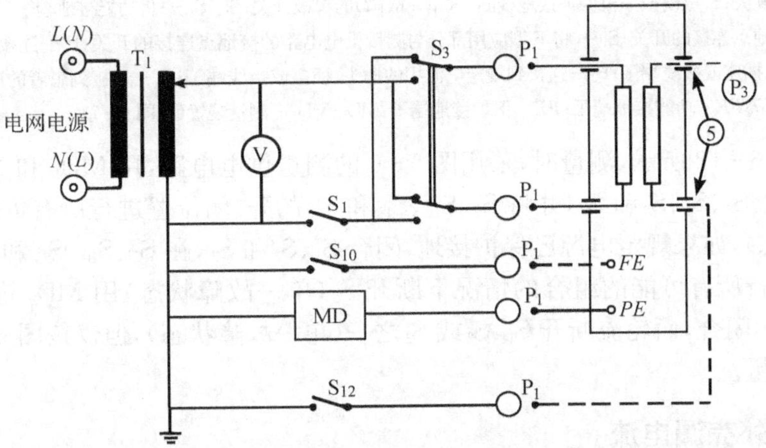

6－11　具有或没有应用部分的Ⅰ类设备对地漏电流的测量电路的图例

⑤—应用部分；T_1—隔离变压器；V—指示有效值的电压表（如可能，可用一只电压表及换相开关来代替）；S_1—模拟一根电源线中断（单一故障）的单极开关；⑤—应用部分 S_3 改变电网电压极性的换相开关；S_{10}—将功能接地端子与测量供电电路的接地点连接的开关；S_{12}—将 F 型应用部分与测量供电电路的接地点连接的开关；P_1—连接设备电源用的插头、插座或接线端子；P_3—连接到患者的插头、插座或接线端子；*FE*—功能接地端子；*PE*—保护接地端子；MD—测量装置（见图 6－7）

(2) 规定使用指定的Ⅰ类单相电源的设备，按图 6－12 用图 6－6 的测量供电电路试验。若设备已保护接地，还必须用 MD_2 进行测量。

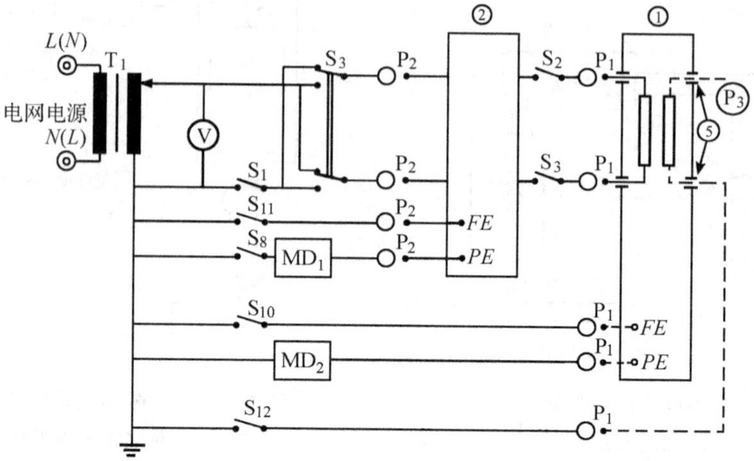

图 6－12 使用规定的Ⅰ类单相电源，具有或没有应有部分的设备对地漏电流的测量电路的图例

①—设备外壳；②—规定的电源；⑤—应用部分；T_1—隔离变压器；V—指示有效值的电压表（如可能，可用一只电压表及换相开关来代替）；S_1、S_2—模拟一根电源线中断（单一故障）的单极开关；S_5—改变电网电压极性的换相开关；S_8—模拟一根保护接地线断开（单一故障）的单极开关；S_{10}、S_{11}—将功能接地端子与测量供电电路的接地点连接的开关；S_{12}—将 F 型应用部分与测量供电电路的接地点连接的开关；P_1—连接设备电源用的插头、插座或接线端子；P_2—连接到规定电源用的插头、插座或接线端子；P_3—连接到患者的插头、插座或接线端子；*FE*—功能接地端子；*PE*—保护接地端子；MD_1、MD_2—测量装置（见图 6－7）

如图 6－12 所示，测量时，采用图 6－6 的测量供电电路，用 MD_1 和 MD_2 进行测量，闭合 S_8、S_1、S_2 和 S_3，并将 S_5、S_{10}、S_{11} 和 S_{12} 的开、闭位置进行所有可能的组合（正常状态），如果规定电源已保护接地，闭合 S_1、S_2 和 S_3，在 S_5、S_{10}、S_{11} 和 S_{12} 的开、闭位置进行所有可能的组合的情况下断开 S_8（单一故障状态）用 MD_2 进行测量。另外，将 S_8 闭合，而轮流断开 S_1、S_2 或 S_3 之一（单一故障状态），但仅按图 6－2 的说明进行测量。

三、外壳漏电流

外壳漏电流(Enclosure Leakage Current)是指从在正常使用时操作者或患者可触及的外壳或外壳部件（应用部分除外），经除保护接地导线的外部导电连接流入大地或外壳其他部分的电流。测量时，测量仪表的一端和墙壁接地端钮连接，另一端和仪器露出的金属部分的某点连接，如图 6－13 所示。测量必须在接地线断开和接地线连通两种情况下进行（一般是接地线断开时数值偏大），同时电源的极性也要变换。

除了要进行前面所述漏电流通用单一故障状态以外，还必须将最高额定网电压值的110%的电压加到地与信号输入或信号输出部分之间来测量外壳漏电流。

这一要求仅适用于制造商规定信号输入或信号输出部分与存在外部电压风险情况下的设备相连时(参见GB 9706.1)。

下面列举不同类别仪器的外壳漏电流的测量方法。

(1) Ⅰ类设备，不论其有无应用部分，按图6-14，用图6-2、图6-3、图6-4或图6-5中相应的测量供电电路试验。

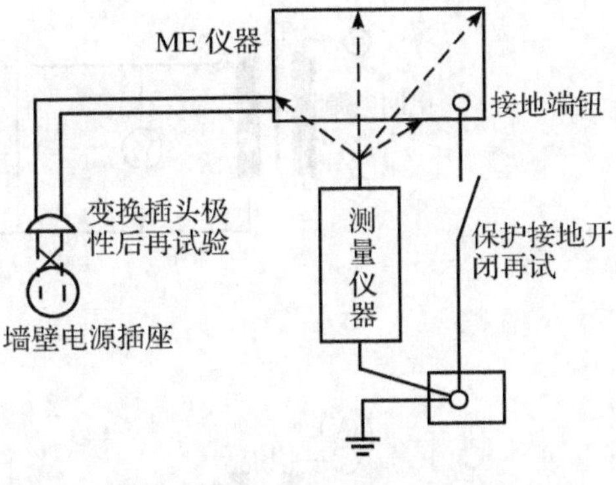

图6-13　外壳漏电流的测量原理

用MD_1在地和未保护接地外壳的每个部分之间进行测量。

用MD_2在未保护接地外壳的各部分之间进行测量。

(2) Ⅱ类设备，不论其有无应用部分，按图6-14，用图6-2、图6-3、图6-4或图6-5中相应的测量供电电路试验，但不使用保护接地连接和S_7。

用MD_1在外壳和地之间或当外壳有几个部分时在外壳每一部分之间测量。

(3) 规定与安全特低电压(Safety Extra-low Voltage，简称SELV)电源相连的设备及内部电源设备，流过外壳不同部分之间的外壳漏电流用图6-14中所示测量装置MD_2试验。

(4) 规定使用指定的Ⅰ类单相供电电源的设备，不论其有无应用部分，按图6-15用图6-6的测量供电电路试验。

规定使用指定的Ⅱ类单相供电电源的设备，不论其有无应用部分，必须按图6-15，用图6-6的测量供电电路试验，但不使用保护接地连接和S_8。

仅当设备本身是Ⅰ类时，才使用设备的保护接地连接和S_8。

5. 若设备外壳或外壳的一部分是用绝缘材料制成的，必须将最大面积为20 cm×10 cm的金属箔紧贴在绝缘外壳或外壳的绝缘部分上。为此，可用约0.5 N/cm^{2}的力压在绝缘材料上。

如有可能，移动金属箔以确定外壳漏电流的最大值。必须注意，金属箔不得接触到可能已保护接地的任何外壳金属部件；然而，未保护接地的外壳金属部件，可以用金属箔部分或全部地覆盖。

当测量单一故障状态下的外壳漏电流时，金属箔可与外壳的金属部件相接触。

当患者或操作者与外壳表面接触的面积大于正常人手的尺寸时，金属箔的尺寸可按接触面积相应增加。

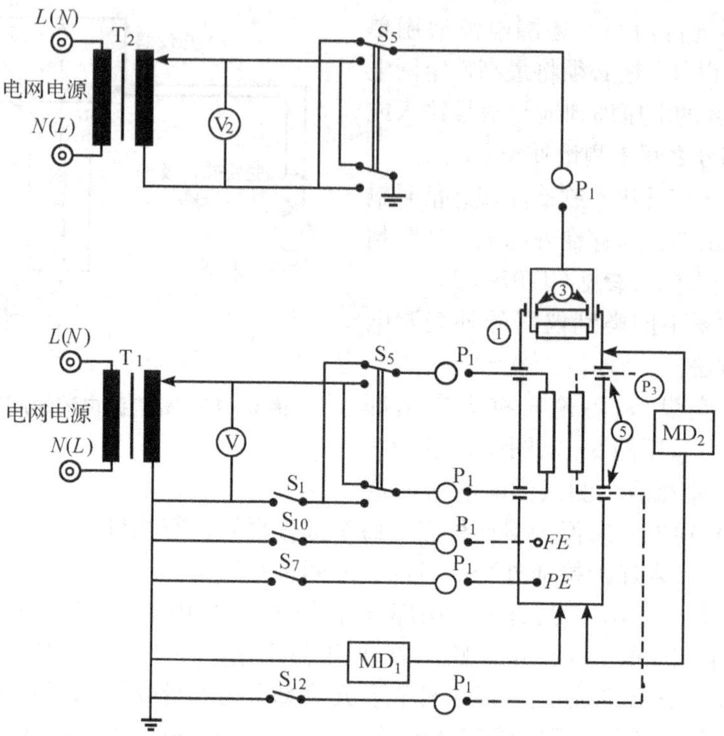

图 6-14 外壳漏电流的测量电路的图例

①—设备外壳；③—短接了的或加上负载的信号输入或信号输出部分；⑤—应用部分；T_1、T_2—隔离变压器；V、V_2—指示有效值的电压表(如可能，可用一只电压表及换相开关来代替)；S_1—模拟一根电源线中断(单一故障)的单极开关；S_5—改变电网电压极性的换相开关；S_7—模拟一根保护接地线断开(单一故障)的单极开关；S_{10}—将功能接地端子与测量供电电路的接地点连接的开关；S_{12}—将 F 型应用部分与测量供电电路的接地点连接的开关；P_1—连接设备电源用的插头、插座或接线端子；P_3—连接到患者的插头、插座或接线端子；*FE*—功能接地端子；*PE*—保护接地端子；MD_1、MD_2—测量装置(见图 6-7)

如图 6-14 所示，对Ⅱ类设备，不使用保护接地连接和 S_7 的图例。测量时，采用图 6-2 的测量供电电路，将 S_1、S_5、S_9、S_{10} 和 S_{12} 的开、闭位置进行所有可能的组合(如果是Ⅰ类设备，则闭合 S_7)，其中 S_1 断开时为单一故障状态。仅为Ⅰ类设备时，闭合 S_1 和断开 S_7(单一故障状态)，在 S_5、S_9、S_{10} 与 S_{12} 的开、闭位置进行所有可能的组合的情况下进行测量。

如图 6-15 所示，规定为Ⅱ类单相电源供电时，不使用保护接地连接和 S_7。测量时，采用图 6-6 的测量供电电路，在 S_1、S_5、S_9 和 S_{11} 的开、闭位置进行所有可能组合的情况下，用 MD_1 和 MD_2 进行测量(如果规定的电源属Ⅰ类，则闭合 S_8)。其中 S_1 断开为单一故障状态。

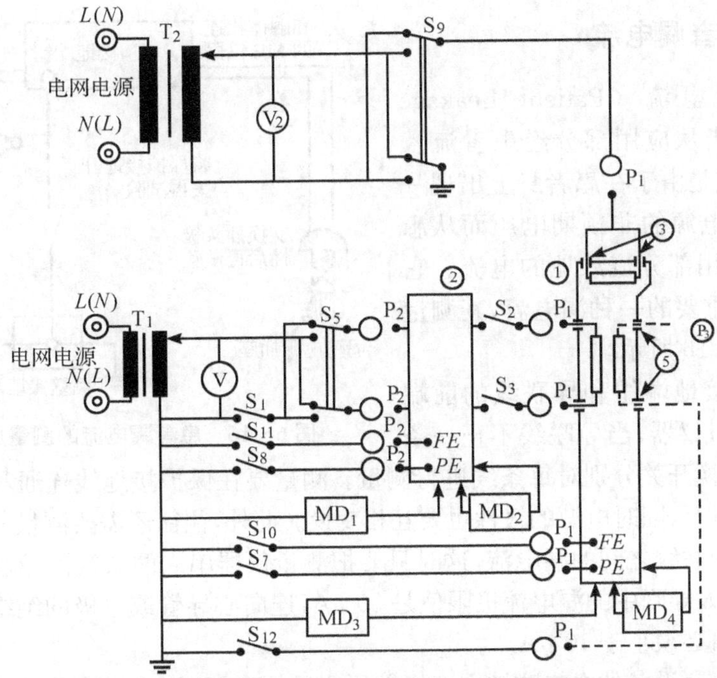

图 6-15　使用规定的单相电源具有或没有应用部分的设备外壳漏电流的测量电路的图例

①—设备外壳；②—规定的电源；③—短接了的或加上负载的信号输入或信号输出部分；⑤—应用部分；T_1、T_2—隔离变压器；V、V_2—指示有效值的电压表（如可能，可用一只电压表及换相开关来代替；S_1、S_2、S_3—模拟一根电源线中断（单一故障）的单极开关；S_5、S_9—改变电网电压极性的换相开关；S_7、S_8—模拟一根保护接地线断开（单一故障）的单极开关；S_{10}、S_{11}—将功能接地端子与测量供电电路的接地点连接的开关；S_{12}—将 F 型应用部分与测量供电电路的接地点连接的开关；P_1—连接设备电源用的插头、插座或接线端子；P_2—连接到规定电源用的插头、插座或接线端子；P_3—连接到患者的插头、插座或接线端子；*FE*—功能接地端子；*PE*—保护接地端子；MD_1、MD_2、MD_3、MD_4—测量装置（见图 6-7）

若规定的电源仅为Ⅰ类时，在 S_5、S_9 与 S_{11} 的开、闭位置进行所有可能组合的情况下，闭合 S_1 并断开 S_7（单一故障状态），用 MD_1 和 MD_2 进行测量。

用 MD_3 和 MD_4 进行测量（如果设备本身属Ⅰ类，则闭合 S_7；如果规定的电源属Ⅰ类，则闭合 S_8），并在闭合 S_1、S_2、S_3 时（正常状态），以及在 S_5、S_9、S_{10}、S_{11} 和 S_{12} 的开、闭位置进行所有可能组合的情况下，断开 S_1 或 S_2 或 S_3（单一故障状态）。

用 MD_3 和 MD_4 测量下列每一个单一故障状态，当设备属于Ⅰ类时断开 S_7，或当规定的电源属Ⅰ类时断开 S_8，在 S_5、S_9、S_{10}、S_{11} 和 S_{12} 的开、闭位置进行所有可能组合的情况下，闭合 S_1、S_2 和 S_3。

四、患者漏电流

患者漏电流（Patient Leakage Current）是指从应用部分经患者流入地的电流，或是由于在患者身上出现一个来自外部电源的非预期电压而从患者经F型应用部分流入地的电流。它实际上是最重要的一种漏电流，其测量方法如图6-16所示。

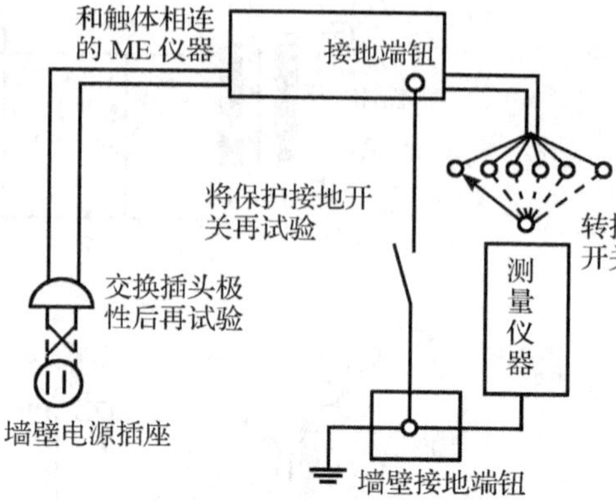

图6-16　患者漏电流的测量原理

在墙壁接地端纽和导联线的前端之间串入测量仪器，当导联线不止一条时，要通过转换开关分别对每条线进行测量。测量要在保护接地线连通和断开两种情况下分别进行，同时电源的极性也要互相变换。此外，往往还需要测量任一导联线和所有其他导联线之间的漏电流，这时只要把测量仪器串入两条被测导联线之间即可。通常，病人导联中的漏电流极限值是50 μA，连向心导管或电极的绝缘引线中的漏电流极限值必须小于10 μA。

按医用电气设备的电击防护程度将必须测量的患者漏电流分为：对B型应用部分，从相连的所有患者连线，或按制造商的说明对应用部分加载进行测量；对BF型应用部分，轮流从应用部分的同一功能并相连的所有患者连线，或按制造商的说明对应用部分加载进行测量；对CF型应用部分，轮流从每个患者的连接点进行测量。

如果制造商为应用部分的可拆卸部件规定了选用件（例如，患者电线和电极），患者漏电流必须用最不利的规定可拆卸部件进行测量。

除了要进行前面所述漏电流通用单一故障状态下测量以外，患者漏电流必须在下列单一故障状态下进行测量：

(1) 将最高额定网电压值的110%的电压加到地与任一信号输入或信号输出部分之间，这种测试不适用于下列几种情况：

① 制造商规定的信号输入或信号输出部分与不存在外部电压风险情况下的设备相连时；

② B型应用部分，除非对其电路和结构安排的检查表明存在安全方面的危险；

③ 对F型应用部分。

(2) 将最高额定网电压值的110%的电压加到任一F型应用部分与地之间或将最高额定网电压值的110%的电压加到地与任一未保护接地的可触及金属部件之间，这种测试不适用于下列几种情况：

① 制造商规定的信号输入或信号输出部分与不存在外部电压风险情况下的

设备相连时；

② B型应用部分，除非对其电路和结构安排的检查表明存在安全方面的危险。

下面列举不同类别仪器的患者漏电流的测量方式：

(1) 有应用部分的Ⅰ类设备，按图6-17，用图6-2、图6-3、图6-4或图6-5中相应的测量供电电路试验。

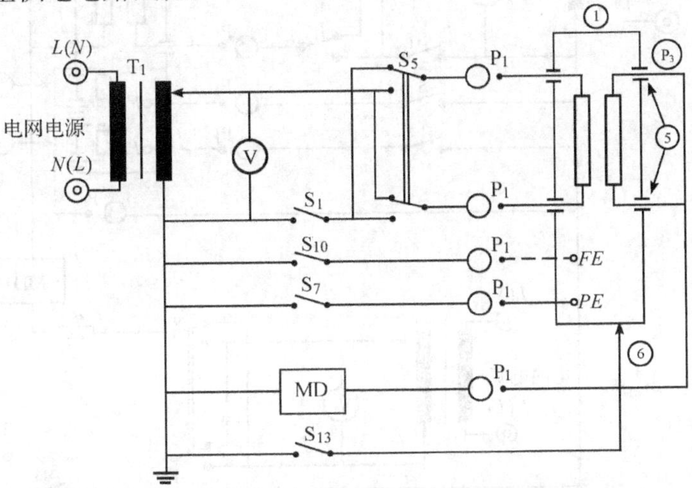

图6-17　从应用部分至地的患者漏电流的测量电路的图例

①—设备外壳；⑤—应用部分；⑥—非应用部分且未保护接地的可触及金属部件；T_1—隔离变压器；V—指示有效值的电压表(如可能，可用一只电压表及换相开关来代替)；S_1—模拟一根电源线中断(单一故障)的单极开关；S_5—改变电网电压极性的换相开关；S_7—模拟一根保护接地线断开(单一故障)的单极开关；S_{10}—将功能接地端子与测量供电电路的接地点连接的开关；S_{13}—非应用部分且未保护接地的可触及金属部件的接地开关；P_1—连接设备电源用的插头、插座或接线端子；P_3—连接到患者的插头、插座或接线端子；*FE*—功能接地端子；*PE*—保护接地端子；MD—测量装置(见图6-7)

(2) 有F型应用部分的Ⅰ类设备，按图6-18，用图6-2、图6-3、图6-4或图6-5中相应的测量供电电路试验。

设备中未永久接地的信号输入与信号输出部分必须接地。

图6-18中变压器T_2所设定的电压值必须等于设备最高额定电压的110%。

(3) 有应用部分和信号输入和(或)信号输出部分的Ⅰ类设备，还必须按图6-19，用图6-2、图6-3、图6-4或图6-5中相应的测量供电电路试验。

变压器T_2所设定的电压值必须等于设备最高额定电压的110%。除非制造商规定要接负载，信号输入和信号输出部分应短接。在接负载的情况下，试验电压应依次加到信号输入和信号输出部分的所有各极上。

(4) Ⅱ类设备按上述试验(1)～(3)作为Ⅰ类设备进行试验，但不用保护接地

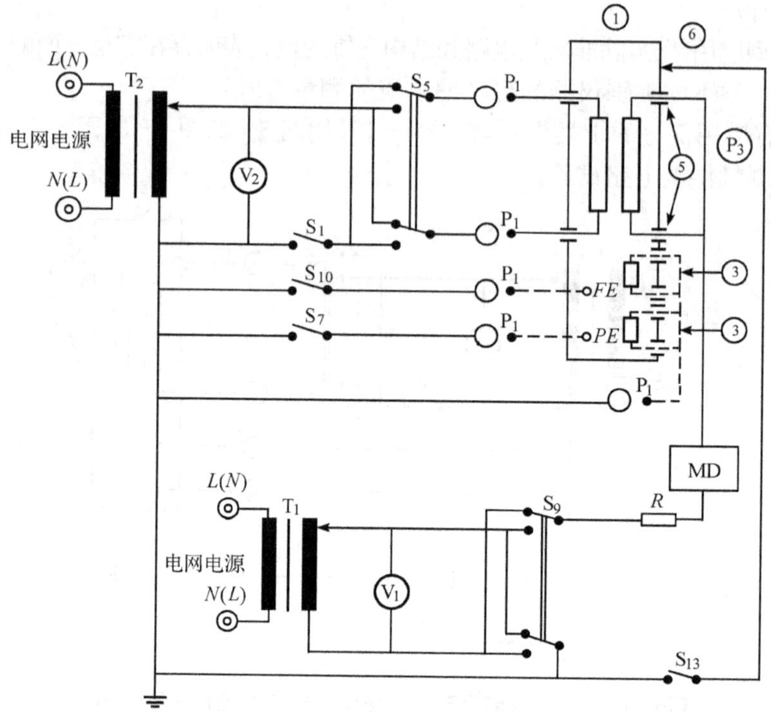

图 6-18　由应用部分上的外来电压所引起的从 F 型应用部分至地的患者漏电流的测量电路的图例

①—设备外壳；③—短接了的或加上负载的信号输入或信号输出部分；⑤—应用部分；⑥—非应用部分且未保护接地的可触及金属部件；T_1、T_2—隔离变压器；V_1、V_2—指示有效值的电压表(如可能，可用一只电压表及换相开关来代替)；S_1—模拟一根电源线中断(单一故障)的单极开关；S_5、S_9—改变电网电压极性的换相开关；S_7—模拟一根保护接地线断开(单一故障)的单极开关；S_{10}—将功能接地端子与测量供电电路的接地点连接的开关；S_{13}—非应用部分且未保护接地的可触及金属部件的接地开关；P_1—连接设备电源用的插头、插座或接线端子；P_3—连接到患者的插头、插座或接线端子；*FE*—功能接地端子；*PE*—保护接地端子；MD—测量装置(见图 6-7)

连接和 S_7。

有 F 型应用部分的Ⅱ类设备的患者漏电流，在金属外壳(若有)接地并在应用部分加上外来电压后进行测量。

若Ⅱ类设备外壳用绝缘材料制成，则在任何正常使用位置时，都应将设备放置在不小于外壳水平投影尺寸、接地且平坦的金属面上。

(5) 有应用部分、规定用指定的单相供电电源的设备，用图 6-6 的测量供电电路试验，但是若所指定的单相供电电源是Ⅱ类，则不使用保护接地连接和 S_8。

① 若设备本身属Ⅰ类，按上述试验(1)作为Ⅰ类设备试验。

② 若设备本身属Ⅱ类，按上述试验(4)作为Ⅱ类设备试验。

③ 若指定的单相供电电源属Ⅰ类，则在测量时仅需打开 S_8（单一故障状态）和闭合，而 S_1、S_2、S_3 和 S_{10}（如有）是闭合的。

(6) 内部电源供电设备，按图 6-20 进行试验。

外壳用绝缘材料制成的，必须用规定的金属箔进行试验。

(7) 有 F 型应用部分的内部电源供电设备，还要按图 6-21 进行试验。变压器 T_2 所设定的电压值必须为供电频率下的 250 V。

进行此试验时，设备金属外壳和信号输入及信号输出部分要接地。

外壳用绝缘材料制成的设备，在任何正常使用位置时，都应将设备放置在不小于外壳水平投影尺寸、接地且平坦的金属面上。

(8) 有应用部分和信号输入部分和（或）信号输出部分的内部电源设备，再按图 6-22进行试验。变压器 T_1 所设定的电压值必须是供电频率下的 250 V。

进行此试验时，设备应置于较为不利的正常使用位置上。

(9) 应用部分的表面由绝缘材料构成时，用上述金属箔进行试验，或将应用部分浸于盐溶液中。应视这些箔或盐溶液为相关应用部分的唯一的患者连接。

应用部分与患者接触的面积大于 20 cm×10 cm 的金属箔面积时，金属箔的尺寸增至相应的接触面积。

(10) 若制造商规定要对应用部分加载，则测量装置必须依次接到负载（应用部分）的所有极上。

如图 6-17 所示，对Ⅱ类设备则不使用保护接地连接和 S_7。测量时，采用图 6-2的测量供电电路，在 S_1、S_5、S_{10} 的开、闭位置进行所有可能组合的情况下测量（如果是Ⅰ类设备则闭合 S_7）。S_1 断开时是单一故障状态。

如仅为Ⅰ类设备时，若条件允许，进行在单一故障状态下，应用部分必须与设备的带电部件隔离达到容许漏电流值不被超过的程度所要求的试验。然后，在 S_5、S_{10} 与 S_{13} 的开、闭位置进行所有可能组合的情况下闭合 S_1 并断开 S_7（单一故障状态）进行测量。

如图 6-18 所示，Ⅱ类设备时不使用保护接地连接和 S_7。测量时，采用图 6-2 的测量供电电路，在 S_5、S_9、S_{10} 和 S_{13} 的开、闭位置进行所有可能组合的情况下，闭合 S_1 进行测量（如果是Ⅰ类设备，还要闭合 S_7）（单一故障状态）。

如图 6-19 所示，Ⅱ类设备时不使用保护接地连接和 S_7。测量时，采用图 6-2 的测量供电电路，在 S_5、S_9、S_{10} 和 S_{13} 的开、闭位置进行所有可能组合的情况下，闭合 S_1 进行测量（如果是Ⅰ类设备，还要闭合 S_7）（单一故障状态）。

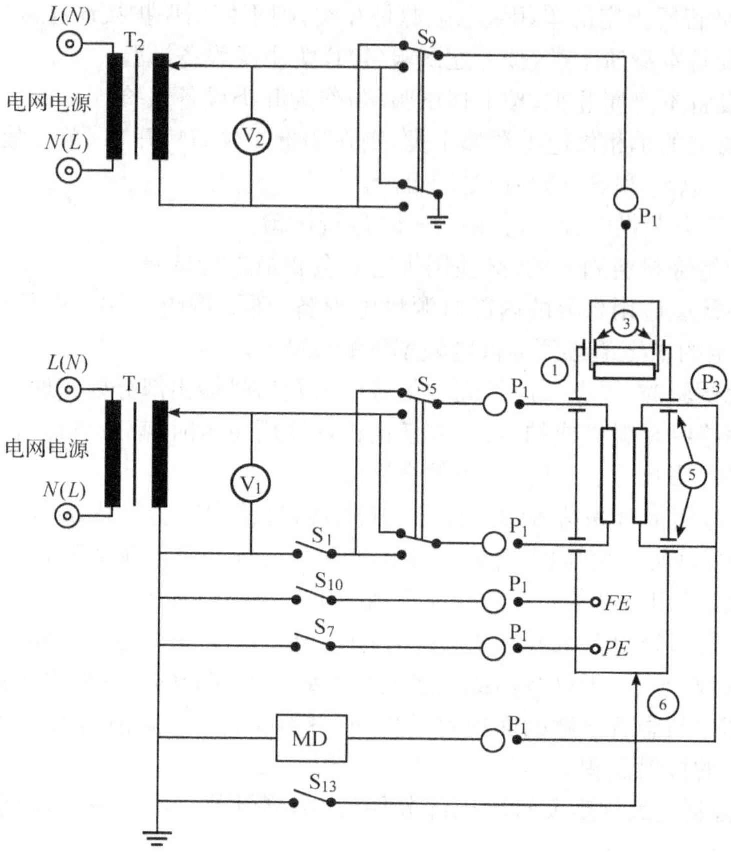

6-19　由信号输入或信号输出部分上的外来电压引起的从应用部分至地的患者漏电流的测量电路的图例

①—设备外壳；③—短接了的或加上负载的信号输入或信号输出部分；⑤—应用部分；⑥—非应用部分且未保护接地的可触及金属部件；T_1、T_2—隔离变压器；V_1、V_2—指示有效值的电压表(如可能，可用一只电压表及换相开关来代替)；S_1—模拟一根电源线中断(单一故障)的单极开关；S_5、S_9—改变电网电压极性的换相开关；S_7—模拟一根保护接地线断开(单一故障)的单极开关；S_{10}—将功能接地端子与测量供电电路的接地点连接的开关；S_{13}—非应用部分且未保护接地的可触及金属部件的接地开关；P_1—连接设备电源用的插头、插座或接线端子；P_3—连接到患者的插头、插座或接线端子；*FE*—功能接地端子；*PE*—保护接地端子；MD—测量装置(见图 6-7)

如图 6-20 所示，在应用部分和设备外壳之间测量(正常状态)。若适用，进行在正常状态和单一故障状态下，应用部分必须与设备的带电部件隔离达到容许漏电流值不被超过的程度所要求的试验。

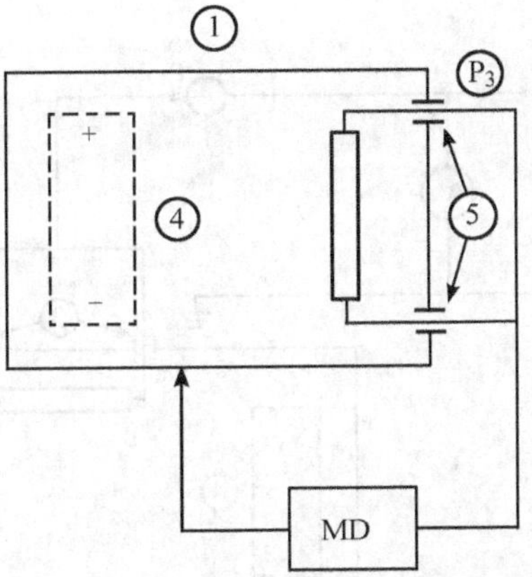

图 6-20　内部电源供电设备从应用部分至外壳的患者漏电流的测量电路

①—设备外壳；④—内部电源；⑤—应用部分；P_3—连接到患者的插头、插座或接线端子；MD—测量装置(见图 6-7)

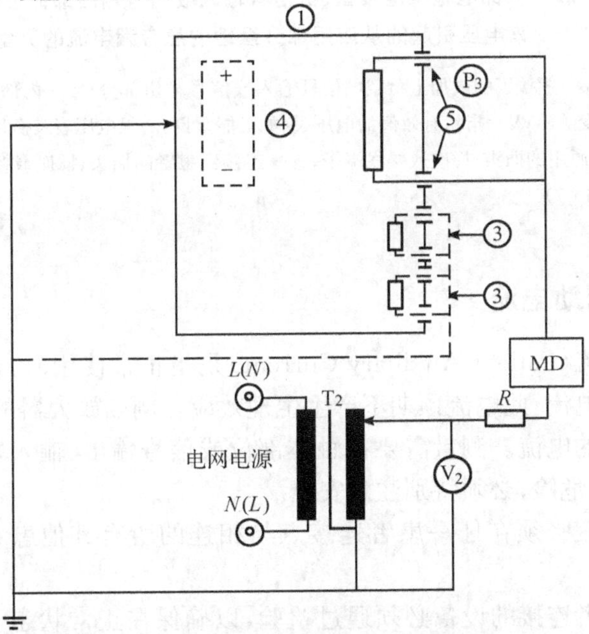

图 6-21　内部电源供电设备从 F 型应用部分至外壳的患者漏电流的测量电路

①—设备外壳；③—短接了的或加上负载的信号输入或信号输出部分；④—内部电源；⑤—应用部分；T_2—隔离变压器；V_2—指示有效值的电压表(如可能，可用一只电压表及换相开关来代替)；P_3—连接到患者的插头、插座或接线端子；MD—测量装置(见图 6-7)；R—试验装置上使用者的保护阻抗

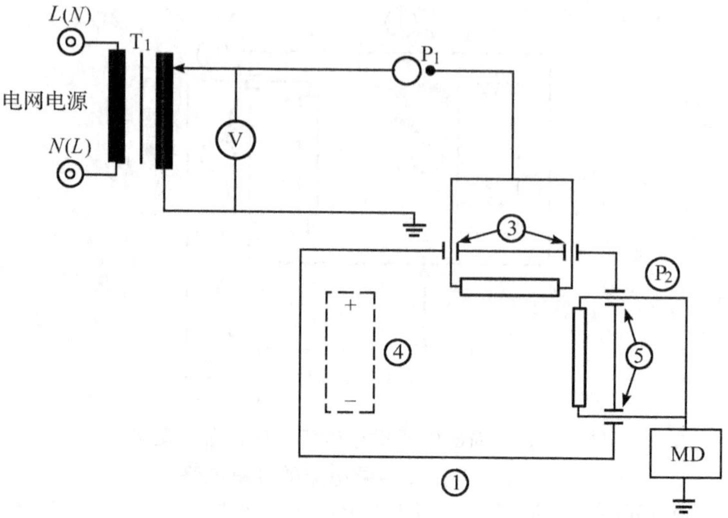

图 6－22　内部电源供电设备，由信号输入或信号输出部分上的外来电压引起的从应用部分至地的患者漏电流的测量电路

①—设备外壳；③—短接了的或加上负载的信号输入或信号输出部分；④—内部电源；⑤—应用部分；T_1—隔离变压器；V—指示有效值的电压表（如可能，可用一只电压表及换相开关来代替）；P_1—连接设备电源用的插头、插座或接线端子；P_2—连接到患者的插头、插座或接线端子；MD—测量装置（见图 6－7）

五、患者辅助电流

患者辅助电流（Patient Auxiliary Current）是指正常使用时，在应用部分部件之间流经患者的电流，此电流预期不产生生理效应。例如放大器的偏置电流、用于阻抗容积描记器的电流。测量需要在触体部位或信号输出、输入端接 220 V 的市电，测量时有一定危险，必须特别注意安全。

患者辅助电流必须在任一患者连接点与相连的所有其他患者连线之间进行测量。

具有多个患者连接的设备必须通过检验，以确保在正常状态下当一个或多个患者连接处在以下状态时患者漏电流和患者辅助电流不超过容许值：

(1) 不与患者连接；

(2) 不与患者连接并接地。

如果对设备电路的检查表明，在上述条件下患者漏电流或患者辅助电流的水平可能增加至超出限值时，试验必须进行，且实际测量应限于几种有代表性的组合。

下面列举不同类别仪器的患者辅助电流的测量方式：

(1) 有应用部分的Ⅰ类设备，按图6-23，用图6-2、图6-3、图6-4或图6-5中相应的测量供电电路试验。

(2) 有应用部分的Ⅱ类设备作为上述的Ⅰ类设备进行试验，但不用保护接地连接和S_7。

(3) 有应用部分，规定使用指定单相供电电源的设备用图6-6测量供电电路试验，若所指定的单相供电电源属Ⅱ类，则不用保护接地连接和S_8。

若设备本身是Ⅰ类，按上述(1)中Ⅰ类设备试验。

若设备本身是Ⅱ类，按上述(2)中Ⅱ类设备试验。

若所指定单相供电电源属Ⅰ类，则：

① S_8必须打开(单一故障状态)且S_1、S_2及S_3必须闭合；

② 另外，S_8必须闭合且S_1、S_2或S_3须依次断开(单一故障状态)。

在上述三项测量过程中，必须将S_5和S_{10}置于所有可能组合的位置。

(4) 内部电源供电设备，按图6-24进行试验。

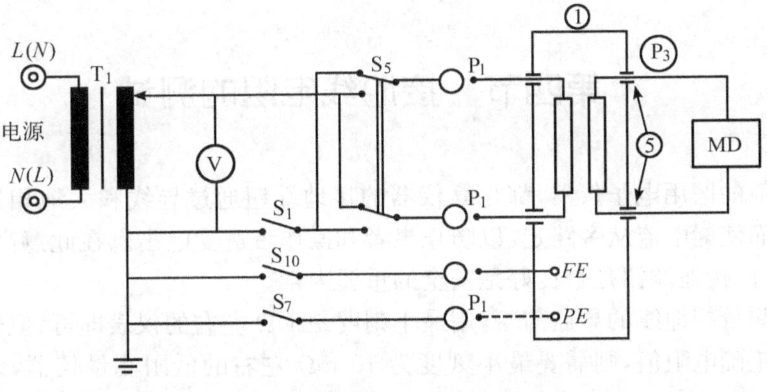

图6-23　患者辅助电流的测量电路的图例

①—设备外壳；⑤—应用部分；T_1—隔离变压器；V—指示有效值的电压表(如可能，可用一只电压表及换相开关来代替)；S_1—模拟一根电源线中断(单一故障)的单极开关；S_5—改变电网电压极性的换相开关；S_7—模拟一根保护接地线断开(单一故障)的单极开关；S_{10}—将功能接地端子与测量供电电路的接地点连接的开关；P_1—连接设备电源用的插头、插座或接线端子；P_3—连接到患者的插头、插座或接线端子；MD—测量装置(见图6-7)

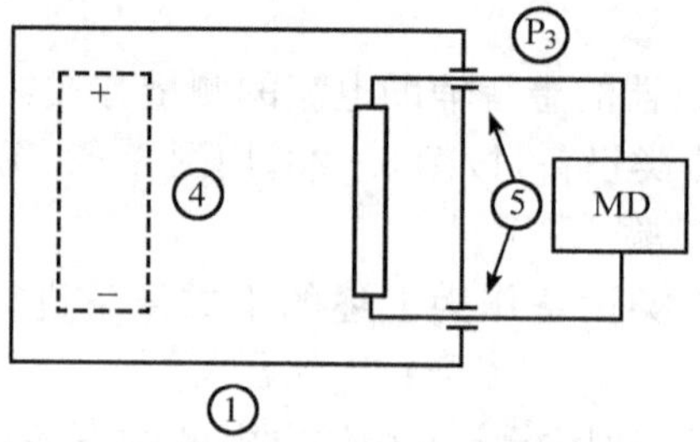

图 6-24 内部电源供电设备的患者辅助电流的测量电路

①—设备外壳；④—内部电源；⑤—应用部分；P_3—连接到患者的插头、插座或接线端子；MD—测量装置(见图 6-7)

如图 6-23 所示，对Ⅱ类设备则不使用保护接地连接和 S_7。测量时，采用图6-2的测量供电电路在 S_1、S_5、S_{10} 的开、闭位置进行所有可能组合的情况下进行测量(如果是Ⅰ类设备，要闭合 S_7)。S_1 断开时是单一故障状态。

若仅为Ⅰ类设备时，在 S_5、S_{10} 的开、闭位置进行所有可能组合的情况下，闭合 S_1 并断开 S_7 进行测量(单一故障状态)。

第四节 接地线电阻的测试

一般的医用电子仪器，都是靠仪器的接地端钮通过导线和大地相连，俗称“接地”，从而使漏电流从旁路走，以防止患者和操作者遭受电击。在此意义上，接地线是否良好、接地端钮是否良好是安全的重要因素。

要测量接地线的导通与否，用最小刻度是 1 Ω 左右的仪表即可，但若要知道接地线的正确电阻值，则需要最小刻度为 10 mΩ 左右的低阻测量仪器，以便能准确地测量 0.1～0.2 Ω 这样小的电阻。但是，测量如此小的电阻时，被测点和表笔间的接触电阻也属同一数量级，所以一般应采用四端网络法制成的测量仪器。此外，也有一些简易的测量方法。

一、单线接地线的电阻测量

仪器附属的接地线一般都是经安全设计的，其电阻值应在安全标准范围内，只要用检测仪器做导通的简单试验就可以了。但也有较细的多股细导线在中途几乎断线，而只是靠一根细线导通的情况，此时，若不对电阻值进行实际测量是很危险的。这种测量除用上面介绍的低电阻测量仪器外，也可用如图 6-25 所示的简易测量法。电线的断线大多发生在接地线的插头的根部附近，因此测量前最好把这部分轻轻用力拉一下再测量。另外，还需注意连接墙壁接地端钮的鳄鱼夹的弹簧松弛情况。这时，需要采用两端网络法测量，这种方法已考虑了因弹簧的松弛而引起接触电阻增大的因素。

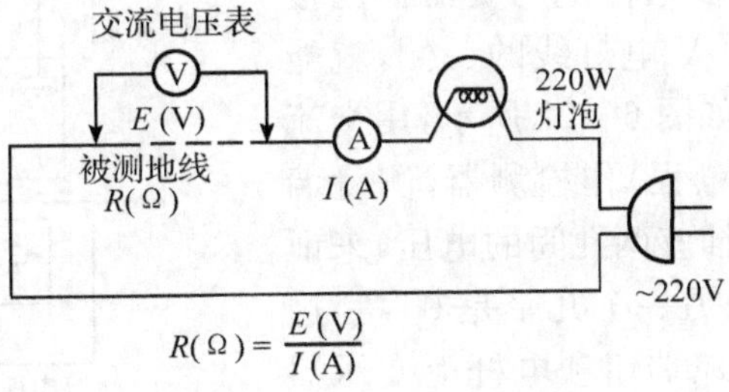

图 6－25　简易地线电阻测量

二、三芯引线中接地芯线的电阻测量

导通试验可将检测器的电阻测量钮的一头和三眼插销的接地头相连，另一头和仪器的接地端钮相连，即测量插销接地头和仪器接地端钮间的电阻。若仪器上无接地端钮，则必须在仪器内部找到和接地点相连的部分，然后测量它们之间的电阻。

三、墙壁接地端钮间的电阻测量

如果在墙壁接地端钮处发生断线，医用仪器即使接地也不起作用。因此定期检查墙壁接地端钮非常重要。检查方法如图 6－26 所示，用检测器做各端钮间的导通试验即可。如图中所示的墙壁接地端钮 3 不起接地端钮的作用。一般说来，最容易发生导通不良（断线）的地方是墙壁接地端钮和里面的接地母线连接点，这可用肉眼进行定期检查。

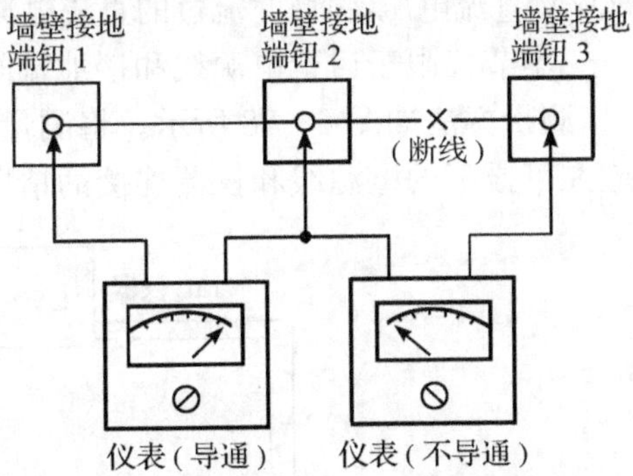

图 6－26　墙壁接地端钮间的导通测试

此外，电阻值的测量也很重要，但要充分掌握端钮相互之间以及和其他医用室的端钮的连接状况，需要经过仔细考虑后再测量，切勿使测量电流通过其他正在使用中的医用电子仪器，以免给患者带来危险。

四、墙壁接地端钮的简易试验

如接地母线或接地干线在中途断线，则接地端钮将不再起作用，因此事先必须仔细检查接地端钮能否使用。在电杆上的变压器已接地的情况下，利用 220 V 电灯线的一侧，就能进行这种简易试验。如图 6－27 所示，用交流电压表(100～250 V 量程)作检测器，测量墙壁接地端钮间或电源插座两孔间的电压，来证实其中一个是 220 V，另一个几乎是 0 V。这个方法可用于测量接地端钮和电杆上变压器的接地端之间的导通情况。如果墙壁接地端钮系统在某处断线，则两孔的电压都将指示为 0 V。

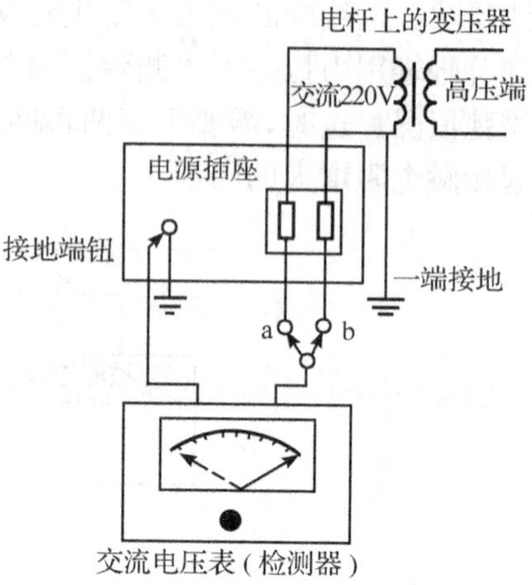

图 6－27　墙壁接地端钮简易测试

五、绝缘电阻的测试

漏电流是从市用交流电源的火线通过电阻(*R* 耦合)和电容耦合(*C* 耦合)向接地端钮与患者接触部位流过的电流，测量这个电阻耦合值就是绝缘电阻测试。通常，采用直流绝缘电阻表(高阻表)来测量绝缘电阻值。测量方法是在两个被测点之间加 500 V 直流电压，将此时流过的直流电流折算为直流电阻在仪表上显示出来。

本节仅限于讨论电源线和接地端间以及电源线和患者引线间的绝缘电阻的测量，测量方法如图 6－28 所示。将测量仪器串接在电源线的一端和各测定点之间，应在可拔下的电源线和仪器连接的情况下进行测量。

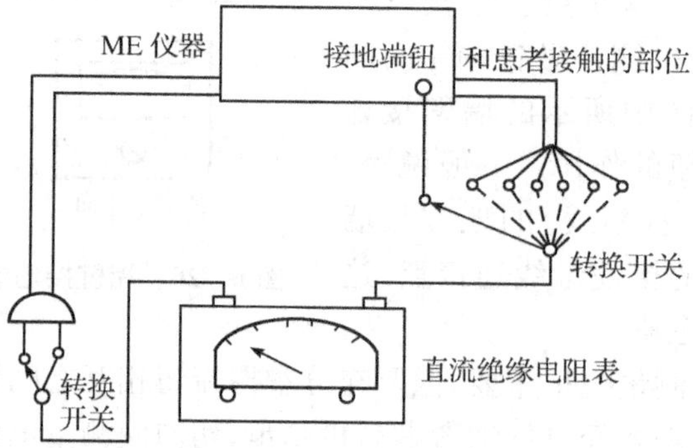

图 6－28　绝缘电阻的测量

测量时应改变绝缘电阻表的极性，测量两次。测量结果受当时的温度、湿度影响极大，所以应选择不同环境条件多次测量，把最坏情况下测得的数值当做绝缘电阻值。

六、等电位接地系统的检测

等电位接地系统(EPR 系统)将在同一室内的患者能接触到的所有医用电气设备、电子仪器、露出的金属部分，都用电阻小的导线连接于一点(EPR 点)，把这点再和接地干线连接，使任何仪器间、任何金属部分间都不会产生 10 mV 以上的电位差的接地系统。组成这个系统之后，按患者的电阻最小为 1 000 Ω 来计算，这样患者不管接触室内哪两点，流过患者的电流均在 10 μA 以下，连微电击都能防止。在可能发生微电击的心脏导管检查室、手术室、ICU 等地方采用 EPR 系统。

EPR 系统检测仪器可使用测量漏电电流时所使用的测量仪器(将 1 000 Ω 与 0.15μF 的并联电路和高灵敏度的交流电压表并接)来测量。测量时，将测量仪器测量电极的接地端和墙壁的 EPR 点相接，电极的另一端和室内所有露出的金属部分(医用电气设备的金属壳，电视机等电器的金属露出部分、金属床的部件、铝的窗框、台灯的金属部分等)相接，测量各点的电位确定在 10 mV 以下。测量电路如图 6－29所示。

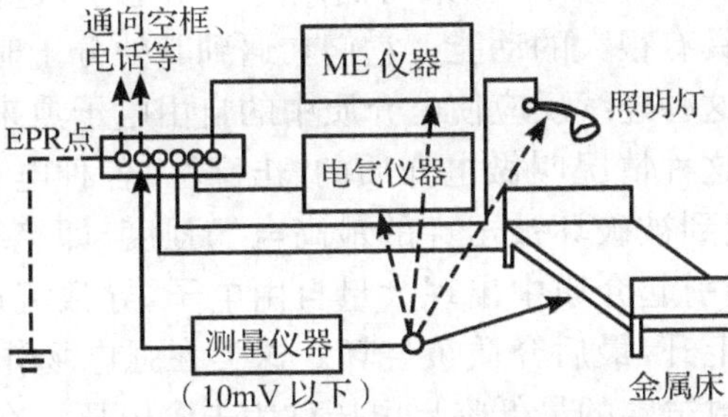

图 6－29　EPR 系统的检测

另外，各点的电位即使都在 10 mV 以下，考虑到相位关系，两点间的电位差也有可能超过 10 mV(一点电位是 7 mV，另一点电位是 5 mV，若两点是反相时，则两点间的电位差即为 12 mV)，所以还须对特定两点的电位差进行测量。

第五节　电介质强度的检测

电介质强度测试是企业对电气产品的电气安全性能最基本的出厂检验，由于电介质强度测试是破坏性的测试，因此，一般在电气产品的正常使用寿命内，基本都不再做电介质强度测试。为了保证电气产品在正常使用寿命的若干年内，保持电介质的绝缘性能，要求电气产品必须进行电介质强度测试。

为了确保医用电气设备的安全，国标 GB 9706.1(国际标准 IEC 601－1)《医用电气设备 第一部分：安全通用要求》对医用电气设备的电介质强度(即耐电压强度)做了强制规定，“试验时不得发生闪络或击穿。”

一、电介质强度

电介质是物质基本电磁性能受电场作用而极化的物质，或者是在外电场的作用下，因为内部结构发生变化，又反过来影响外电场的物质。例如空气、云母、陶瓷、玻璃纸、塑料、油等都是电介质。从极化过程可以看到，电介质分子中正、负电荷在外电场中电场力的作用下，有被分离的趋势。如果外电场足够强大，有可能使一些电子在电场力作用下脱离原子核束缚而成为自由电子，这些自由电子在外电场作用下又获得加速，具有很大的动能。它们在遇到其他分子时，可能使被碰撞的分子又释放出电子来，这种连续反应使电介质中的自由电子愈来愈多，可使介质失去绝缘性能成为导体，这种情况叫做电介质的“击穿”。各种电介质材料都有一定的能承受而又不致于遭到被破坏被击穿的最高电场强度，即绝缘场强。电介质中的场强超过击穿场强会引起介质中出现大量自由电子，导致流过介质的电流急剧增加，介质温度也迅速上升，最后介质被烧坏。这类在强电场作用下，电介质丧失电绝缘能力的现象，导致击穿的最低临界电压称为击穿电压。在均匀电场中，击穿电压与介质厚度之比称为击穿电场强度，它反映电介质自身的耐电强度。

固体电介质击穿有三种形式：电击穿、热击穿和电化学击穿。电击穿是因电场使电介质中积聚起足够数量和能量的带电质点而导致电介质失去绝缘性能。热击穿是在电场作用下，电介质内部热量积累、温度过高而导致失去绝缘能力。电化学击穿是在电场、温度等因素作用下，电介质发生缓慢的化学变化，性能逐渐劣化，最终丧失绝缘能力。电介质的化学变化通常使其电导增加，这会使介质的温度上升，因而电化学击穿的最终形式是热击穿。影响电介质强度的因素很多，包括电压，温度，湿度，时间，频率，波形等。

电介质强度测试方法在不同的电气行业中基本相同，而医用电气设备电解质强度试验在 GB 9706.1 规定如下：

(1) 单相设备和按单相设备来试验的三相设备的试验电压，必须按规定加绝缘部分上历时 1 min：开始，必须加上不超过一半规定值的电压，然后必须在 10 s 内将电压逐渐增加到规定值，必须保持此值达 1 min，之后必须在 10 s 内将电压逐渐降至一半规定值以下。

(2) 试验电压必须有波形和频率，应使绝缘体上受的电介质应力至少等于在正常使用时以相同波形和频率的电压加于各部分上时所产生的电介质应力。

(3) 试验时不得发生闪络或击穿。如发生轻微的电晕放电，但当试验电压暂时降到高于基准电压(U)的低值时，放电现象停止，且这种放电现象不会引起试验电压的下降，则这种电晕放电可以不考虑。

电解质的击穿由于绝缘材料(电介质)的材质，加工工艺，使用环境，使用条件的不同，绝缘性能存在很大差别，就是同一块绝缘材料，其不同部位的绝缘性能也存在很大差别，所以，绝缘材料的击穿性能差别也很大，如果按照被测绝缘材料由于试验电压引起的电流以失控的方式迅速增大，绝缘无法限制电流时，就认为绝缘已被击穿。因此，绝缘材料失控电流的大小决定了绝缘材料的绝缘性能是否丧失，如有的绝缘材料失控电流很大，则使用的测试设备功率就应该很大，这在实际测试中很难实施。

闪络是在气体或液体内沿着固体的表面发生的两极间的击穿。在 GB 9706.1 标准中规定：出现闪络定为不合格。

电晕是发生不均匀的、场强很高的辉光放电。辉光放电为电介质击穿前的一种发光放电，放电电流较为稳定，并且电介质呈现绝缘的高阻状态。所谓轻微的电晕放电与引起试验电压的下降的电晕放电判定，在实际的测试中电晕很难发现，其原因一是和测试时环境的光线强弱与被测设备结构有关；二是和引起试验电压下降的电晕放电和测试设备输出功率大小有关，如测试设备输出功率小，轻微电晕放电就有可能引起试验电压的下降；三是电晕与闪络的判别掌握，它们都以光的形式出现，电流都可能有大有小，比较难判断。

二、电介质强度测试设备

目前，市场上电介质强度测试仪的品种很多，归纳起来主要有以下三种形式：

1. 调压器升压型电介质强度测试装置

(1) 大型调压器升压型电介质强度测试装置

大型调压器升压型电介质强度测试装置工作原理如图 6-30 所示，这类电介质强度试验装置的结构简单，抗干扰能力强，输出功率大，输出电压高(数十千伏甚至数百千伏)，但对被试品有电弧、爬电、闪络等绝缘性能方面的潜在隐患不敏感，升压变压器常用油浸式，体积大，全套装置很难形成一体，多为人工操作进行控制，不便于对多个被试品连续测试，多用于电力系统的电介质强度试验。

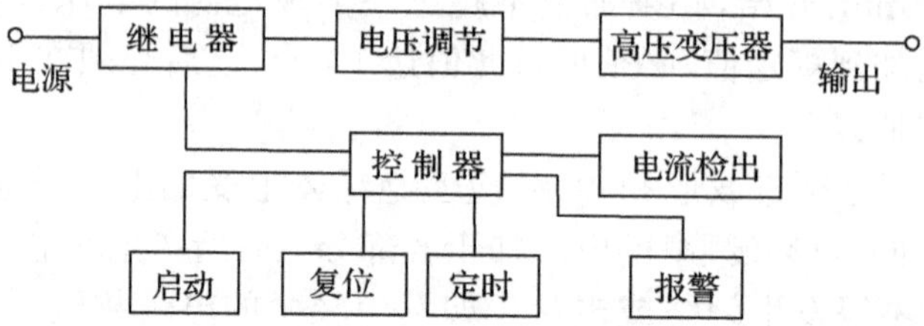

图 6-30　大型调压器升压型电介质强度测试装置原理图

（2）小型调压器升压型电介质强度测试装置

小型调压器升压型电介质强度测试装置工作原理如图 6-31 所示，一般是由高压升压回路、漏电流检测回路、指示仪表组成，高压升压回路能调整输出需要的实验电压，漏电流检测回路能设定击穿（保护）电流，指示仪表直接读出实验电压值和漏电流值（或设定击穿电流值）。样品在要求的试验电压作用下达到规定的时间时，仪器自动或被动切断试验电压；一旦出现击穿，漏电流超过设定的击穿（保护）电流，能够自动切断输出电压，并同时报警，以确定样品能否承受规定的绝缘强度试验。

这类电介质强度测试仪的结构较前一类复杂，测试源输出功率较大，输出电压较高（数十千伏），输出电压设置必须在电压输出的情况下进行，在功率范围内，输出电压会随负载电流的变化而变化。漏电流显示值有时会受测试电压高低的影响。升压变压器常用干式，全套装置可形成一体，其体积取决于功率的大小，有自动切断功能，可对被试品连续、多次进行立即升压测试，但对有分时分压试验标准或缓慢升压标准的被试品，不便进行连续自动测试。

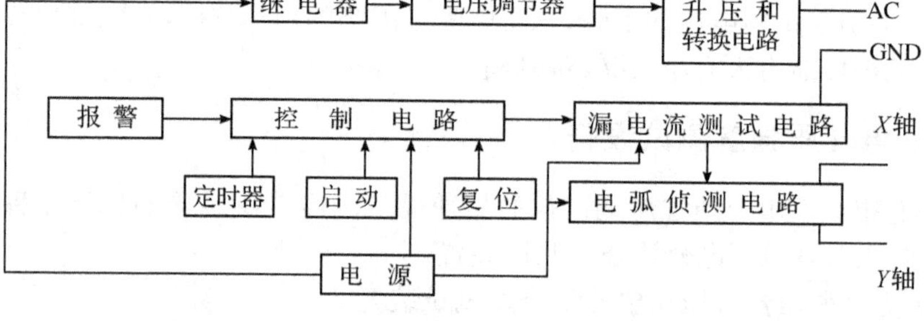

图 6-31　小型调压器升压型电介质强度测试装置原理图

该类仪器一般还外加电弧（闪络）侦测电路，电弧（闪络）侦测电路输出两路信号分别到示波器的 X 轴和 Y 轴形成一个稳定的"李沙育图形"（即一个闭合的圆环），若被测电气设备发生"闪络"现象，则李沙育图形的边缘会出现较大的"毛刺"。图 6－32(a)、(b)、(c)分别是无闪络现象的轻微闪络现象，明显闪络现象的李沙育图形。

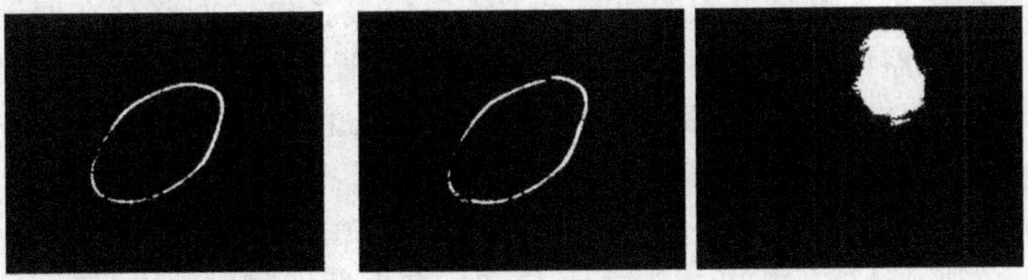

(a) 无闪络现象的李沙育图形　(b) 轻微闪络现象的李沙育图形　(c) 明显闪络现象的李沙育图形

图 6－32　李沙育图形

2. 程控型电介质强度测试仪

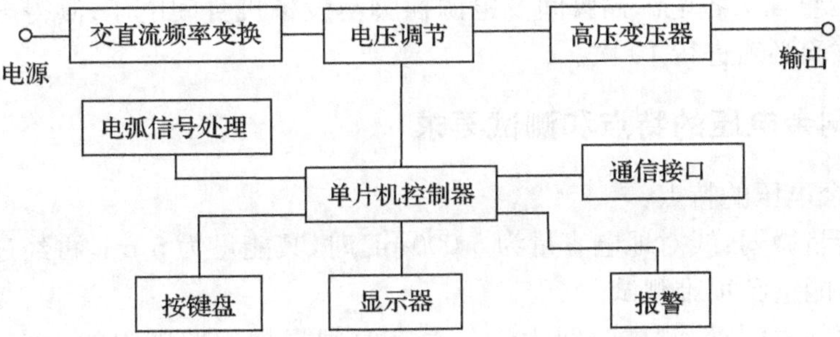

图 6－33　程控型电介质强度测试仪原理图

程控型电介质强度测试仪工作原理如图 6－33 所示，这种电介质强度测试仪的结构较复杂，通过脉宽调制方式变频输出，输出波形失真稍大，输出频率可变（50Hz/60Hz），输出电压精度和输出电压调整范围较前者低，在功率范围内输出电压稳定，不受负载变化的影响，测试源输出功率容易达到数千瓦，超功率输出时仪器能自动保护，输出电压设置在无电压输出的情况下进行，安全性好，对判断被试品是否出现电弧、爬电、闪络等绝缘性能方面敏感。电压输出方式可通过软件满足多种标准要求，击穿保护速度快，工作时对电网干扰较大，仪器的校准通过按键或通信接口进行，便于和计算机联网完成测试统计、分选工作，可对被试品连续进行测试，价格略高。

第六节 剩余电压及能量的检测

剩余电压是电气设备断电后，电源插头各极间、内部储能器件上，在一段时间内保持的残余电压。剩余电压的建立是由于电气设备电源回路存在着储能器件，如果回路中储能器件容量足够大，电能释放电阻阻值也足够大，即使储能器件中存储的能量很小，存在的时间很短，但产生的剩余电压也将会引起触电安全事故。为了避免剩余电压过高，必须对剩余电压进行测试。

GB 9706.1 规定了对医用电气设备电压和(或)能量的限制：用插头与电源连接的设备，必须设计成在拔断插头之后 1 s 时，各电源插脚之间或每一电源插脚与设备机身间电压不超过 60 V。通过下列试验来检验是否符合要求：设备运行在额定电压或其上限电压；用拔断插头的方法使设备与电网断开，且设备电源开关置于"通"或"断"中最不利的位置上；在断开电源后 1 s 时，用一个内阻抗不影响测量值的仪表来测量插头各电源插脚间及电源插脚与设备机身间电压；测得电压不得超过 60 V；试验必须进行 10 次。

一、剩余电压的特点和测试要求

1. 剩余电压的特点：

(1) 能量微弱：线对地电容量为 5 000 pF 时，其能量为 5 mJ，再经过回路电阻 1 s的放电，能量已很难测试。

(2) 存在时间短：测试时间为 1 s，存在时间根据回路电阻的大小，也仅有数秒钟。

(3) 电压形态特殊：测试的既不是峰值电压也不是有效值电压，而是变化时的瞬时点电压。

2. 剩余电压测试设备的要求：

(1) 很高的测试内阻：用内阻抗不影响测量值的仪表测量。

(2) 精确的测试时间：拔断插头之后 1 s 时这一点的时间。

(3) 瞬时采集测试数据能力：测试采集 1 s 时这一点的电压。

(4) 最大值数据保持功能：GB 9706.1 - 1995 规定："在断开电源后 1 s 时测量，试验必须进行 10 次。"为了得到最高的电压，10 次中选电压断电时的最高剩余电压。

二、剩余电压测试方法

目前，对剩余电压进行测试的方法主要有：

1. 存储示波器测试法：国外的实验室一般采用存储示波器来测试剩余电压，用插拔电源插头的方法，以存储示波器记录断电 1 s 过程电源插头各极间的剩余电压，并从存储示波器的屏幕上读取记录断电 1 s 时剩余电压波形幅值。但是，用存储示波器来测试剩余电压存在测试精度不高和测试过程繁琐及添置费用较高的缺点。

测试精度不高，主要体现在：

(1) 由于测试数值是测试人员从存储示波器的屏幕上读取剩余电压波形幅值来确定，存在人为的判定误差和存储示波器的显示误差；

(2) 存储示波器的输入阻抗低，一般为 10 MΩ，其探头阻抗也存在较大误差，因此，综合测试精度仅在 10%左右。

测试过程繁琐主要体现在：

(1) 测试过程连线繁琐，首先，需制作插拔插头用的装置，然后，将该装置与存储示波器和剩余电压测试仪用测试线相连接，测试过程中还需变换连线。

(2) 测试过程操作的繁琐，首先，测试 $L-N$ 间 1 s 时剩余电压 10 次，电源插头插拔一次，分别观察记录一次，共需分别操作 10 次；其次，还有 $L-E$ 和 $N-E$ 间各 10 次剩余电压测试，也需将电源插头分别各插拔一次，并分别各观察记录一次，整个测试过程需繁琐地操作 30 次。

2. 专用剩余电压测试仪测试法

专用剩余电压测试仪能模拟插拔电源插头方式进行测试，其测试阻抗在 100～200 MΩ，并能够手动和自动测试 1 s 时 $L-N$、$L-E$ 和 $N-E$ 间各 10 次剩余电压，测试精度和分辨率较高，现有的剩余电压测试仪不但能实时记录测试过程出现的最大值，设置被测设备测试是否合格的报警提醒，而且还能克服存储示波器测试法测试过程繁琐和测试精度不高的缺点。

三、剩余能量的测量

剩余能量测量过程首先在额定电压下运行设备，然后断开电源。在正常情况下以尽可能快的速度打开正常使用时用的调节孔盖。立即测量可触及的电容器或电路部件上的剩余电压，通过功率计算公式推算出残留能量。如果制造商规定了一个非自动放电装置，应通过检查来弄清其内部情况和标识。

第七节　其他安全性能检测

其他安全性的试验还包括绝缘耐压试验、升温试验、机械强度的试验、化学药品试验、防爆试验等其他安全性能检测。下面介绍机械强度的试验、易燃混合气的试验。

一、机械强度的试验

对医用电气设备的机械强度的试验要求设计和制造设备时，形成其部件的任何调节孔盖及其所有零件，都必须有足够的强度和刚度。用下述试验检验是否符合要求：

(1) 外壳或外壳部件及其所有零件的刚度试验，用 45 N 直接向内的力加在面积为 625 mm^2 的任何表面上，不得造成任何看得出的损伤或使爬电距离和电气间隙降低。

(2) 外壳或外壳部件及其所有零件的强度试验，用弹簧冲击试验装置，对试样施加冲击能量为(0.5±0.05) J 的撞击。弹簧冲击试验装置结构如图 6－34 所示，该试验装置有三大主要部分：主体、冲击件和带弹簧的释放圆锥体。主体包括外壳、冲击件导向装置、释放机构和刚性固定在主体上的各部件。主体组件的质量为 1 250 g。冲击件包括锤头、锤柄轴和击发球形柄，这一套组件的质量是 250 g。用聚酰胺制的锤头呈半球形面，其半径为 10 mm，洛氏硬度为 HRC 100；将锤头固定在锤柄轴上，要使锤头的顶端在冲击件即将释放时与圆锥体前端面相距 20 mm。圆锥体质量为 60 g，当释放爪正要释放冲击件时，锥体弹簧能施出 20 N 的力。

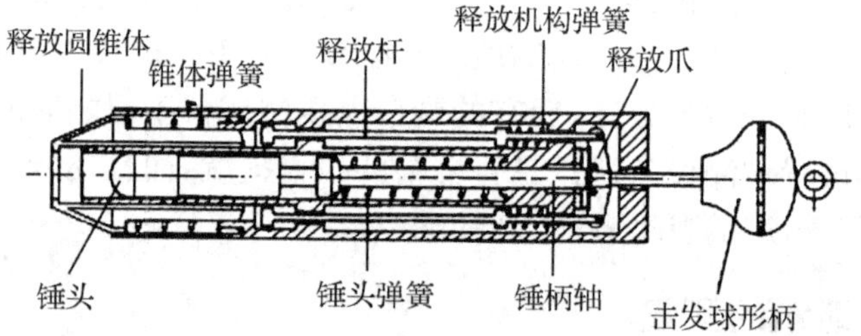

图 6－34　弹簧冲击试验装置

进行弹簧冲击试验，将锥体弹簧调节到使压缩的行程(以 mm 为单位)与施出的力(以 N 为单位)之乘积等于 1 000，而压缩行程约为 20 mm。经过这样调节后，冲击能量为(0.5± 0.05) J。释放机构弹簧调整到能施加足够的压力以保持释放爪处于啮合位置。把击发球形柄拉到释放爪与锤柄上的槽口啮合为止，于是释放杆把释放机构打开，让锤头往下打。设备要牢固地支撑，必须对外壳上可能的每个薄弱点撞击三次。对手柄、控制杆、旋钮、显示装置和类似装置以及信号灯及其灯罩也必须施加压力，但对信号灯或灯罩仅在其高出外壳 10 mm 以上或其面积超过 4 cm^2 时才进行。装在设备内部的灯及灯罩仅对正常使用时容易损坏的进行试验。

试验后，所受损伤必须不产生安全方面的隐患，特别是带电部件必须不会变成可触及的带电部件，对光洁度损伤、不使爬电距离和电气间隙降到规定值以下的凹痕，以及不影响防电击或防潮的小裂口，不予考虑。肉眼看不见的裂纹，纤维增强模制件表面裂纹及类似损伤均不予考虑。如果内盖外衬有装饰盖，只要在取下装饰盖后内盖能经得起试验，装饰盖上的裂纹不予考虑。

(3) 可携带式设备上的提拎把手或手柄，必须能承受下列加载试验。

把手及其固定用零件承受等于设备重量四倍的力，均匀地加力于把手中心处 7 cm 的长度上，不要猛拉，应在 5～10 s 内从零开始逐渐加大到试验值，并保持 1 min。设备装有一个以上把手时，力必须分布在把手之间，必须根据设备在正常提拎位置时所测定的每个把手所承受设备质量的百分比来确定力的分布。设备若装有一个以上把手，但设计成易于仅用一个把手提拎的，则每一个把手都必须能承受总的力。把手与设备间不应松动，也不得出现永久变形、开裂或其他损坏现象。

二、易燃混合气的试验

该试验装置包括一个点燃室和一个触点装置。点燃室容积至少为 250 cm^3，内装规定的气体或混合气，触点装置通过断开和闭合来产生火花，如图 6－35 所示。

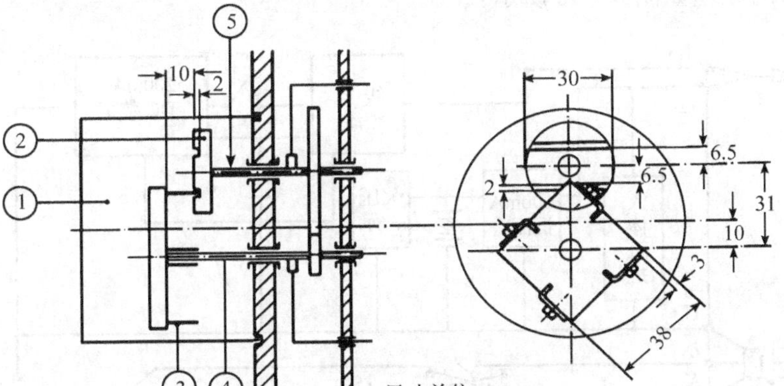

尺寸单位：mm

图 6－35　易燃混合气试验装置

① 点燃室；② 镉盘；③ 钨丝；④ 钨丝盘的轴；⑤ 带槽圆盘的轴

触点装置由带两个槽的镉盘和另一个带四根 0.2 mm 直径钨丝的盘组成；第二盘在第一盘上滑动。钨丝的自由长度是 11 mm。接有钨丝盘的轴以 80 r/min

的转速旋转，连接镉盘的轴与连接钨丝盘的轴呈反向转动。与钨丝相连的轴和另一根轴的转速比是 50∶12。这两根轴互相绝缘，并与设备机架绝缘。点燃室必须能承受 1.5 MPa 的内超压。

通过该触点装置，将受试电路闭合或断开，检查火花是否会点燃受试的气体或混合气。

第八节　常用电气安全检测仪

医用电气的安全检测是十分重要的，仪器漏电流大于 10 μA，如直接通过人的心脏就有室颤的危险。GB 9706 对医用电气设备的电安全指标有明确的规定，下面介绍几种常用电气安全检测仪。

一、DAS－1 型数字式电安全测定仪

DAS－1 型数字式电安全测定仪能快速简便地实现标准规定的测量接线和各种开关的组合状态，以便进行正常和单一故障状态下的漏电流测试，还可以方便地测量仪器与电源插座之间的接地电阻，漏电流测量范围 0.5～199.9 μA，分辨率 0.1 μA，大于 200 μA 则溢出，接地电阻测量范围 0.005～1.999 Ω，分辨率 0.001 Ω，大于 2 Ω 则溢出。

仪器的原理如图 6－36 所示：

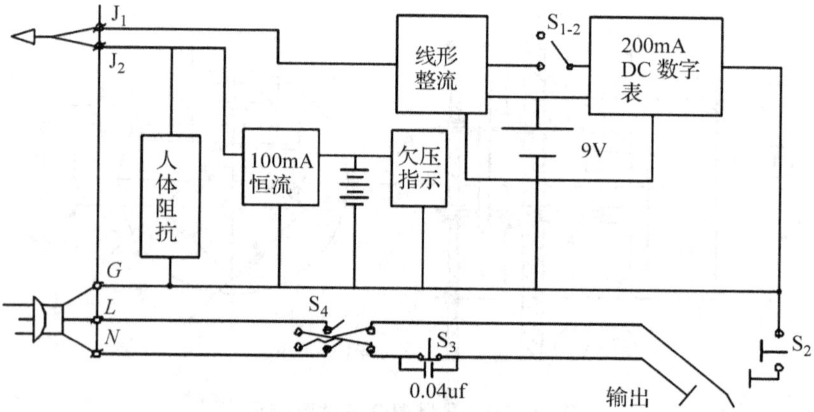

图 6－36　DAS－1 型数字式电安全测定仪原理图

该测量仪电路原理解释如下：

(1) 测量用人体阻抗按 GB 9706 规定：电容 0.15 μF 耐压 400 V 以上1 000 Ω/1 W

电阻,用数字表精选。

(2) 为克服探头接线电阻的影响,低电阻测量采用四端网络法。AB为电流端,由CD测量电压,探头线为两根,分接在 J_1、J_2 接线柱上,顶端合一。

(3) 恒流源用7805三端稳压线路组成,调节串联电阻 R,调节恒流输出100 mA,由六节YGN 0.5A·h镍镉电池供电,欠压指示由TL 062接成比较器,驱动指示灯如图6-37所示。

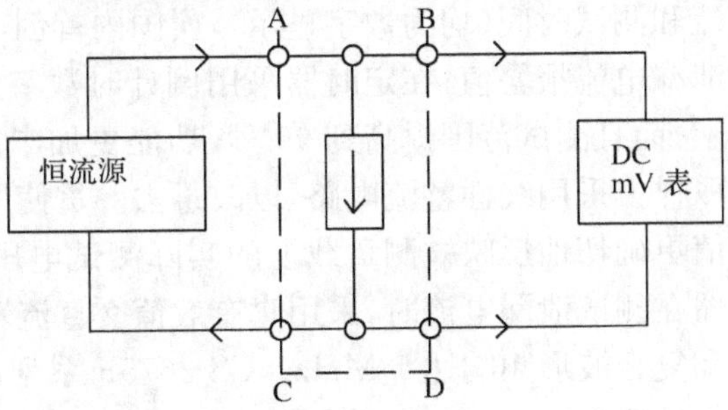

图6-37　恒流源电路

(4) 用TL 062组成线性全波整流电路,使小讯号整流线性度得以实现。

(5) 直流200 mV数显示电压表由7106和液晶显示屏组成,由6F22,9 V层选电池供电。

(6) S_1 为电阻电流测量选择开关,S_2、S_3 模拟断地线和断中线的单一故障,S_4 实现中相线的反接。

二、CS 2675F医用泄漏电流测试仪

CS 2675F系列医用泄漏电流测试仪如图6-38所示,是按照GB 9706.1-1995(IEC 601-1-1988)《医用电气设备第一部分:安全通用要求》设计和生产。其测试回路(MD)输入阻抗模拟人体阻抗,符合GB 9706.1-1995(IEC 601-1-1988)的要求,测试电流达5 μA,并为用户提供一个输出电压0～250 V连续可调,输出的基本容量配置为300 VA的隔离电源,可以满足Ⅰ、Ⅱ类各型设备进行正常状态下和单一故障下的对地漏电流、外壳漏电流、患者漏电流、患者辅助电流的测试。

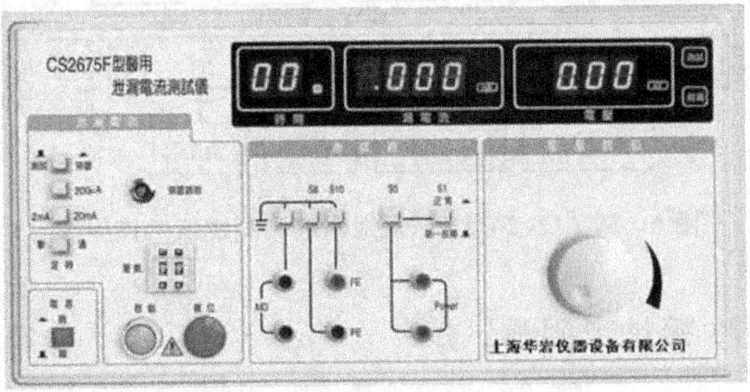

图6-38　CS 2675F系列医用泄漏电流测试仪

CS 2675F 系列医用泄漏电流测试仪产品是在吸收、消化国际先进泄漏电流测试仪的基础上,结合我国众多用户的实际使用情况加以提高完善的。CS 2675F 系列医用泄漏电流测试仪是一台全数显改进型新产品,能同时显示测试电压、泄漏电流和测试时间(均为数字显示),属国内首创,可根据用户的不同需求连续任意设定泄漏电流报警值;在定时器采用倒计时数字显示,使测试时间精度提高到±1%以上,而且测试范围提高到 99 秒,功能更加丰富实用。医用泄漏电流测试仪在电压取样上采用线性整流电路,以改过去一贯使用的桥式整流方法,使测试电压的指示值更确切地反映被测负载上的实际测试电压,误差更小、线性更好、精度更高。仪器在测试泄漏电流时,采用真有效值交直流转换电路,能够测量直流、交流、正弦波和复合波形频响达 1 MHz。CS 2675F 系列泄漏电流测试仪的隔离电源容量若不加后缀为 300 V·A,若加"-1"如 CS 2675F-1 为 1 kV·A,更大隔离电源容量可特别定做。

医用泄漏电流测试仪主要由测试回路(MD)、量程变换、交直流转换、指示装置、超限报警电路和测试电压调节装置组成。测试回路(MD)完全按照 GB 9706.1-1995(IEC 601-1-1988)"19.4 实验 e)测试装置"中要求,量程变换部分可方便用户根据实际负载大小选择合适的量程;交直流转换部分将交流电压和电流信号转换成直流电压电流信号,指示装置显示测试电压和实际泄漏电流以及测试时间,超限报警电路完成对不合格产品的报警和指示并自动切断高压,实验电压调节装置可以根据不同的标准需要调节合适的测试电压。医用泄漏电流测试仪工作原理如图 6-39 所示:

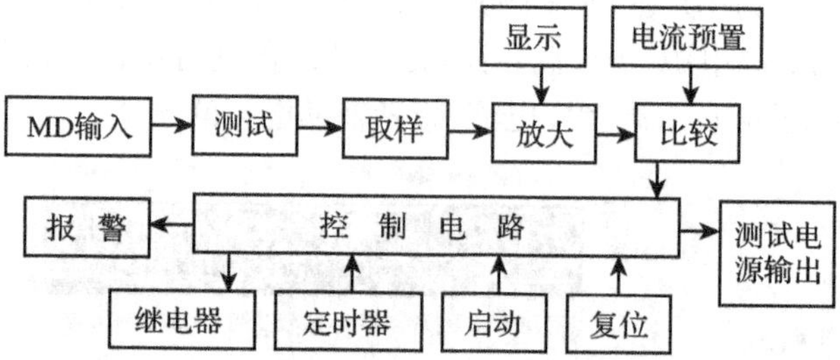

图 6-39 CS 2675F 医用泄漏电流测试仪工作原理

三、CS 2678 接地电阻测试仪

接地电阻测试仪是用来测量电气设备内部的接地电阻,它所反映的是电气设备的各处外露可导电部分与电气设备的总接地端子之间的(接触)电阻。接地电阻测试仪为了消除接触电阻对测试的影响,采用了四端测量法,即在被测电气设备的

外露可导电部分和总接地端子之间加上电流(一般为 25 A 左右),然后再测量这两端的电压,算出其电阻值。

CS 2678 接地电阻测试仪是按照 GB、IEC、ISO、BS、UL、JIS 等国际国内的安全标准要求而设计的,接地电阻的指标是衡量各种电气设备安全性能的重要指标之一。它是在大电流(25A 或 10A)的情况下对接地回路的电阻进行测量,同时也是对接地回路承受大电流指标的测试,以避免在绝缘性能下降(或损坏)时对人身的伤害。该仪器对供电电压要求不高,测量精度高,速度快,使用方便,特别适用于要求高的实验室和自动检测线上使用。该测试仪适合于不同的国家标准:如符合 GB 9706.1—1998 家用和类似用途电器的安全标准中通用要求有关条款规定(其中 CS 2678Y 符合 GB 9706.1 医用标准要求)。适用于测量各种电机、电器、仪器仪表、家用电器等用电网供电的电气设备外壳易触及的金属附件与其保护接地端子之间的电阻值,具有两档测试阻值(200 mΩ 或 600 mΩ),测试时间可在 0～99 s 之间设定。当被测值超过所设置的报警值,具有声光报警功能,并有过电流(>AC30A)保护功能,该仪器采用除法器的原理进行测量,测试电流的波动不会对测量精度造成影响,因此具有测量准确、操作方便、体积小、对电源要求低等优点。该仪器使用 31/2 位数字显示,读数方便直观,可靠性极高。新增断线报警功能(开路报警)可以非常方便地知道仪器是否在正常测试状态,用户可根据实际需要选择此项功能。

接地电阻测试仪是由测试电源、测试电路、指示器和报警电路组成,测试电源产生测量电流,测试电路将电流信号和流经被测电阻上的电流产生的电压信号进行处理,完成交直流转换,进行除法运算,指示器指示电流值和电阻值,若被测电阻大于报警值,仪器发出断续的声光报警,若测试电流大于 30 A,则发出连续的声光报警,并切断测试电流,以保证被测电器的安全。接地电阻测试仪工作原理如图 6-40 所示:

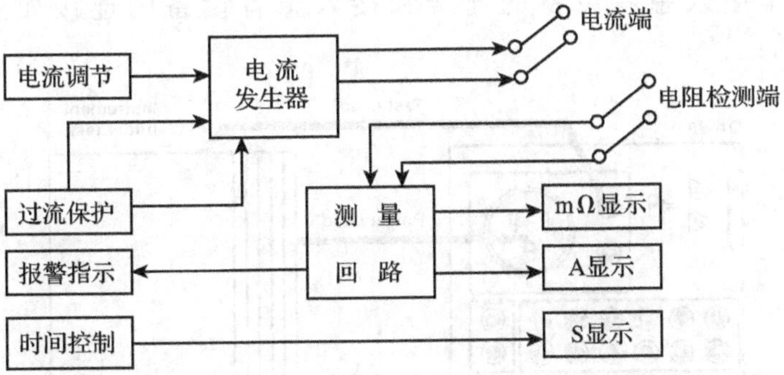

图 6-40　CS 2678 接地电阻测试仪工作原理

四、QA-90 自动电气安全检测仪

QA-90 自动电气安全检测仪如图 6 - 41 所示，它代表了新一代的电气安全分析仪，是目前市场上唯一能在一次测试中对带有不同防护等级的被检设备(例如：心脏浮动和体部浮动除颤器)进行测试的安全分析仪。用户只需选择被检设备的类型和等级，QA-90 即自动按选定标准规定进行测试。

图 6 - 41　QA-90 自动电气安全检测仪

测试结果在 LCD 上显示，并且与所选各种检测标准中的容许值进行比较，显示是否通过，测试未通过有声音报警；显示结果可以立即打印出来，也可存储在仪器中以便以后调用。QA-90 可通过 Pro-Soft QA-90 软件远程控制操作。Pro-Soft QA-90 允许用户建立自己的测试方案，存储设备信息到磁盘，并规定格式输出数据到其他的数据库或设备管理程序，可编辑满足国家标准和国际标准要求的独立测试程序。

QA - 90 可检测的标准有：IEC 60601. 1、UL 2601. 1、IEC 60601. 1. 1、UL 2601. 1. 1、IEC 60601. 2. 4、IEC 61010 - 1、EN 60601 - 1、VDE 0750T/12 - 91、BS 5724、CAN/CSA - C22. 2、No 601. 1 - M90、AS 3200. 1、NZS 6150：1990、VDE 0751 T1/12 - 90、OVE 0751、UL 544、HEI 158 等。

1. QA-90 自动电气安全检测仪的使用

QA-90 测试时外部连线应事先准备好，测试线连接有多种方式：非接入患者设备的连接、接入患者设备的连接、电源电缆测试、电流测量测试(双线)、电压测量测试(双线)、阻抗测量(双线)连接辅助电源/隔离变压器。

常见的非接入患者设备的连接和接入患者设备的连接如图 6 - 42 和图 6 - 43所示：

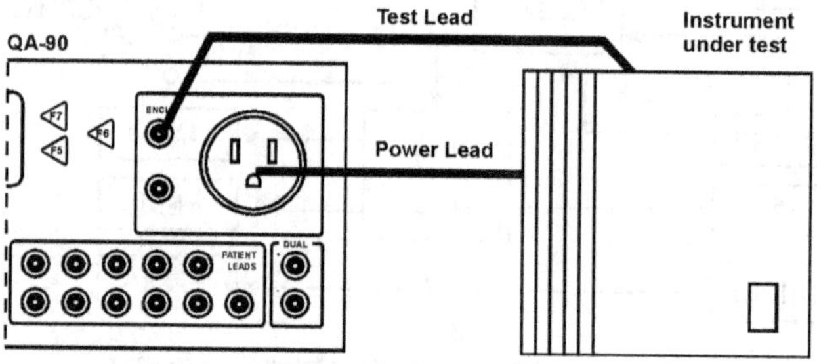

图 6 - 42　非接入患者设备的连接图

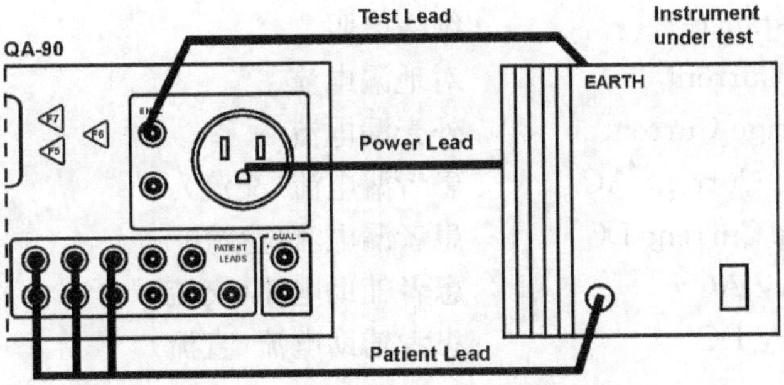

图 6 - 43　接入患者设备的连接图

测试时，在主菜单中有测试等级可选，不同的测试等级所能测试的参数不一样，测试等级关系在 Pro-Soft 中有详细介绍，开始测试时要选择合适的测试等级，医疗仪器一般选择 CL1 等级。主菜单界面如下所示：

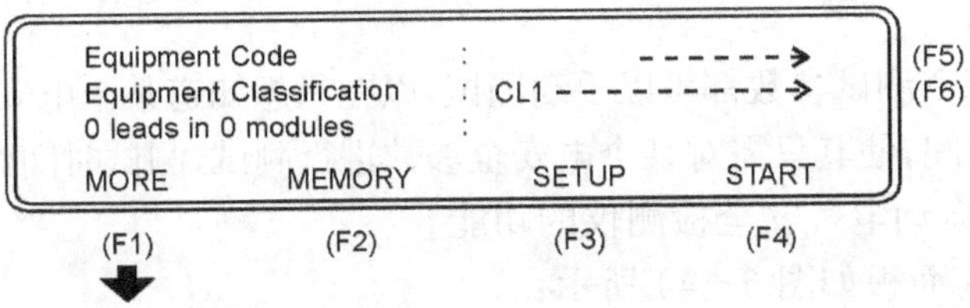

在主菜单按功能键 F1(MORE)进入测试菜单如下所示：

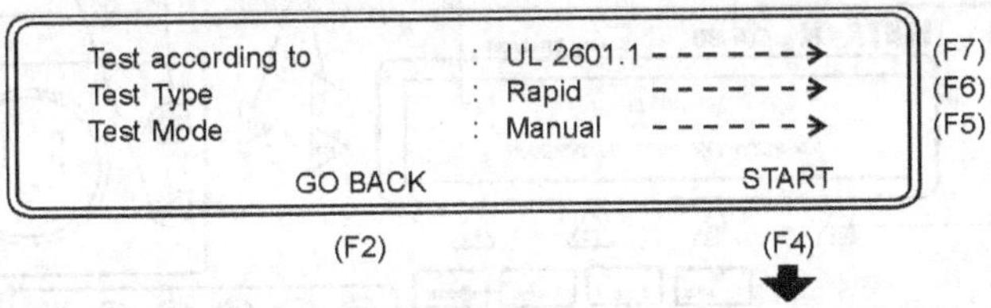

Test According To：　IEC 60601. 1　参照标准，有多个标准可选择，但前提是国际标准

Test Type：　Rapid　测试类型，分为正常和快速测试

Test Mode：　Automatic　测试方式，分为自动和手动

选择自动测试时，QA-90 自动检测出全套检测数据，所能测试的参数和开始时选择的测试等级有关。一般自动检测时间约为 3 min，检测的主要项目为：

Mains Voltage　主电源电压测试

Current Consumption　电流消耗

Protective Earth　保护接地电阻

Insulation Resistance	绝缘电阻
Earth Leakage Current	对地漏电流
Enclosure Leakage Current	外壳漏电流
Patient Leakage Current AC	患者漏电流(交流)
Patient Leakage Current DC	患者漏电流(直流)
Patient Auxiliary AC	患者辅助电流(交流)
Patient Auxiliary DC	患者辅助电流(直流)

如选择的是手动测试，则进入测试菜单如下所示：

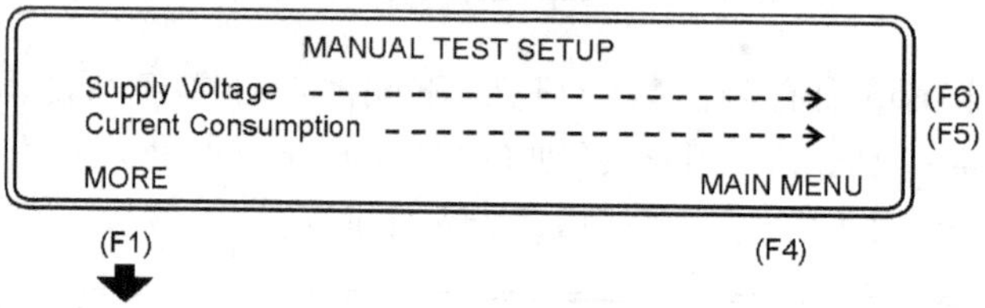

菜单中的每个测试参数都可以手动测试，以在只想知道某个电安全参数的时候，为操作者节省时间，使其只需对某个电安全参数进行测试，测试时间约 10～30 s。

2. QA-90 自动电气安全检测仪的功能

QA-90 的前面板如图 6－44 所示：

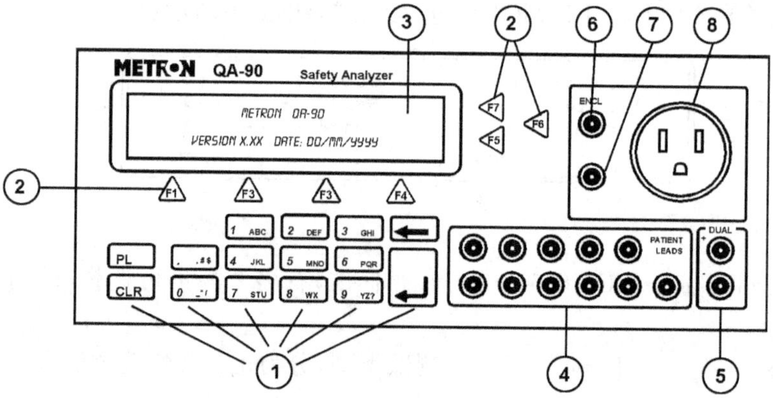

图 6－44 QA-90 前面板图

前面板各按钮和端口的功能分别为：

(1) Key Pad　　11 个数字键用于输入信息

PL　　患者导联　　开启新窗口用于患者导联输入

CLR　　清除按钮　　清除屏幕显示

　回退键　删除最后一个字符

　回车键　确定输入的数据

(2) Function Keys　F1～F4 用于选择显示在屏幕底部的菜单条上的功能
F5～F7 用于选择对应的功能或在相应的信息域中输入信息

(3) LCD Display　显示信息、测试结果以及功能菜单

(4) Patient Leads　用于患者应用部分

⚠　注意：测试过程中此部分将施加最大 256 VAC Max 500 VDC 的测试电压

(5) Dual　双线测试，E+和 E−，浮动输入/输出，用于标准多用标导线样式

(6) Encl　外壳，用于连接被检设备的外壳

(7) Earth　校准测量导线用的额外地线连接

(8) Contact　连接被检设备的电源插头

QA-90 的后面板如图 6－45 所示：

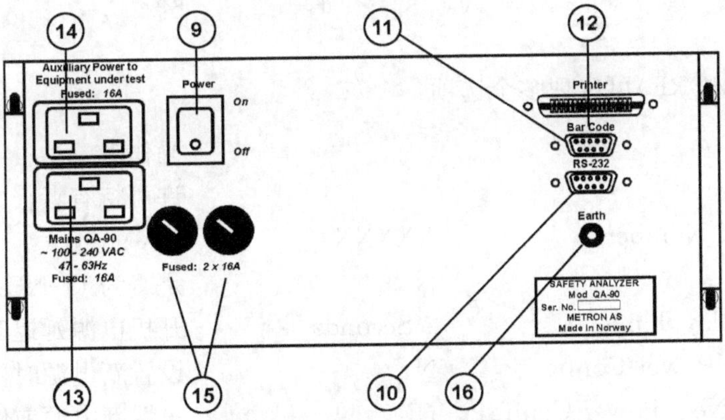

图 6－45　QA-90 后面板图

后面板各按钮和端口的功能分别为：

(9) Power Switch　接通、断开电源

(10) RS-232 Serial Port　9 针 D-sub 接口

(11) Bar Code Port　9 针 D-sub，HP-Smartwand 接口(TTL)

(12) Printer Outlet Port　25 针 D-sub，并行接口

(13) Mains QA-90　　测试仪电源接口
(14) Auxiliary Power　　被检设备的辅助电源接口
(15) Fuse　　电源保险丝,2×16 Amps @ 220 V
(16) Earthing Contact　　额外接地点

3. QA-90 的系统设置

打开 QA-90 后面板的开关按钮,QA-90 开机,系统自动自检,自检完毕后显示主菜单如下:

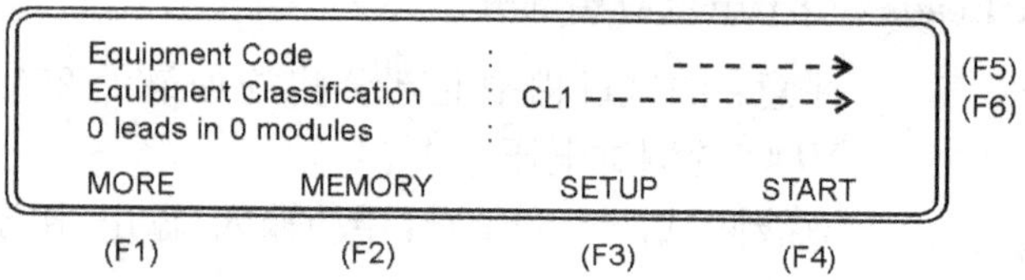

按功能键 F3(SETUP)进入系统设置菜单如下所示:

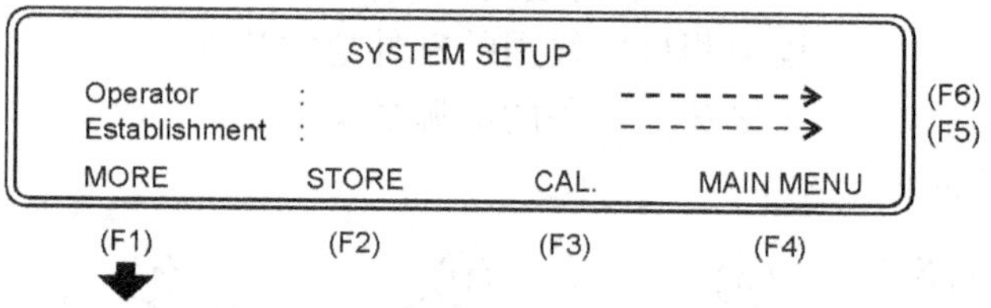

按 F1(MORE)可出现多个选项:

Operator:		操作者
Establishment:		许可持有者
QA-90 Serial Number:	XXXXX	QA-90 编号
IT-NET:	N	是否为 IT-NET 网电源
Power-up Delay Time:	2 Seconds	开机电源延迟时间
Stop at New Power Config:	N	设置新电源时停止
Stop before New Power Config:	N	设置新电源前停止
Stop at New Module:	N	新电源模式时停止
Multiple Protective Earth Tests:	N	多种接地保护测试
Multiple Enclosure Tests:	N	多种外壳测试
PE Test Current:	25	接地保护电流测试
External Isolating Transformer:	N	外接绝缘变压器
Acoustic Alarm for Failed Test:	Y	测试失败声音报警
Auxiliary Power:	N	是否有辅助电源

Language: English 操作系统语言
Date: XX/XX/XXXX (DD/MM/YYYY) 日期
Time: XX:XX:XX (HH:MM:SS) 时间
Report Page Length(Number of Lines:58) 每页打印报告的行数
Firmware Ver. XX. XX 操作软件版本号

其中操作软件有多个语言:英语、英语(美国)、德语、法语、意大利语等,各项设置根据实际和需要设置。

4. QA-90 的系统校准

在主菜单按功能键 F3(SETUP)进入系统设置菜单如下所示:

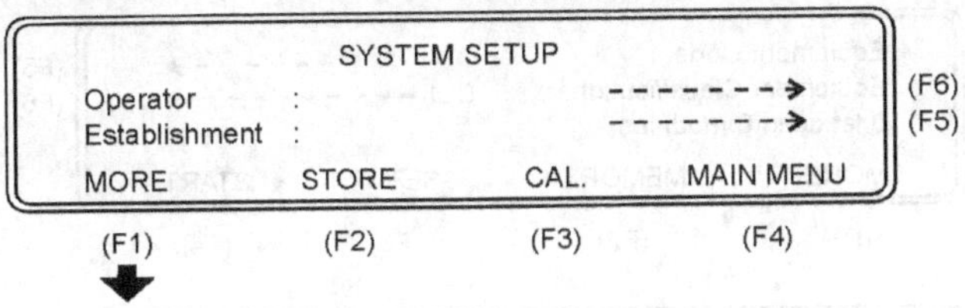

再按功能键 F3(CAL)进入系统校准菜单如下所示:

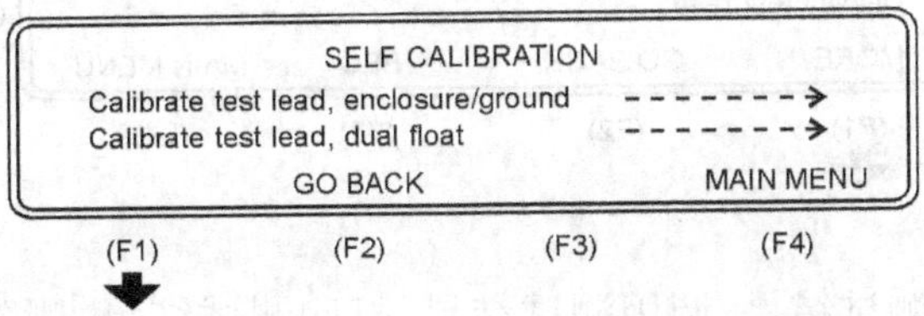

Calibrate test lead, enclosure/earth 外壳/接地线(mΩ)
Calibrate test lead, dual float 双线测试浮动(mΩ)

不同类型的测试选择不同的校准方式,校准时测试线的正确连接如图 6-46 所示:

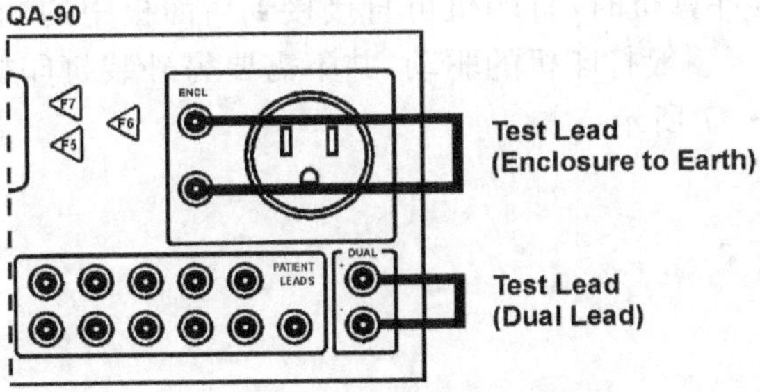

图 6-46 校准测试线连接图

外壳/接地线校准为连接 Enclosure 接口和 Earth 接口，双线测试校准为连接双线测试浮动接口。

5．QA-90 的存储功能和打印功能

QA-90 的存储器存储内容包括测试存储和次序存储。它可以保存多个测试结果和次序测试，并可在 Pro-Soft 软件中被调用。当测试相同的多台仪器时，可以使用次序存储来方便管理。因为仪器编号是唯一的，所以在不同的仪器编号中可设置不同的次序号，这样就方便进行相同仪器的测试比较。内置存储器可储存多达 200 个的设备测试结果。

在主菜单中按 F2(MEMORY)进入存储菜单如下所示：

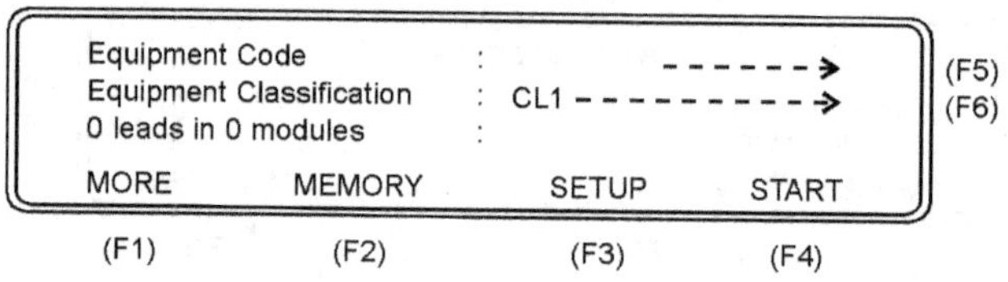

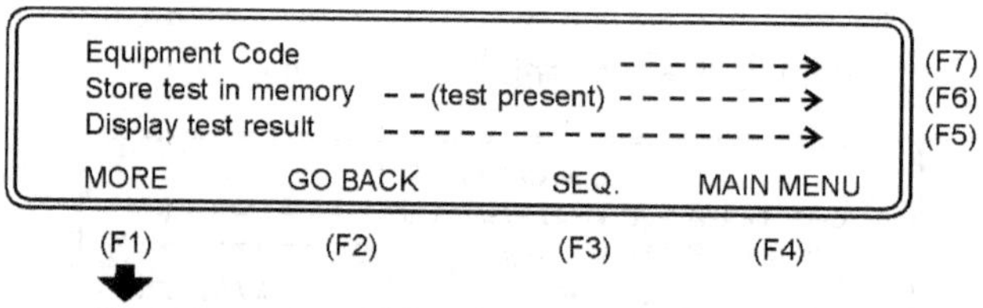

菜单中有显示测试结果、调用测试结果、打印测试结果、删除测试结果等。按 F1(MORE)有更多的参数。

按 F3(SEQ.)进入次序存储菜单，其功能和测试存储菜单的格式一样，都可以对存储的次序进行管理，包括查看、删除、调用、打印等。

QA-90 的打印功能是 QA-90 的一大特点，打印结果报告十分方便。

在 QA-90 不接计算机时，打印机可直接接到后面板中的 25 针 D-sub 并行接口。QA-90 中自带了一般打印机的驱动，并不需要另外装打印机驱动。QA-90 与打印机接线如图 6-47 所示：

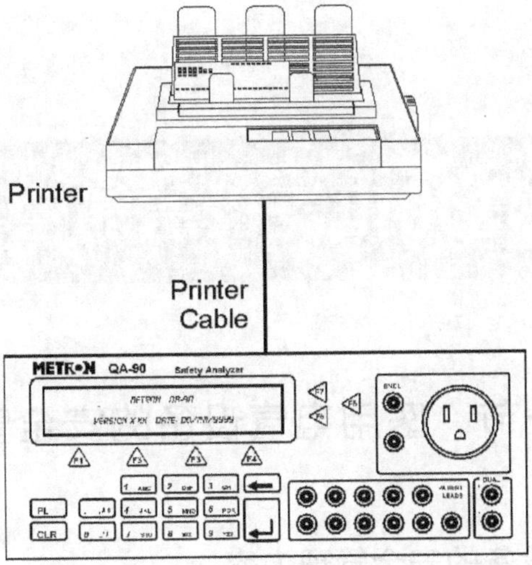

图 6-47　QA-90 直接与打印机接线图

当 QA-90 接计算机时，打印机不能直接接在 QA-90 的打印接口，只能接在计算机的打印接口上，如图 6-48 所示：

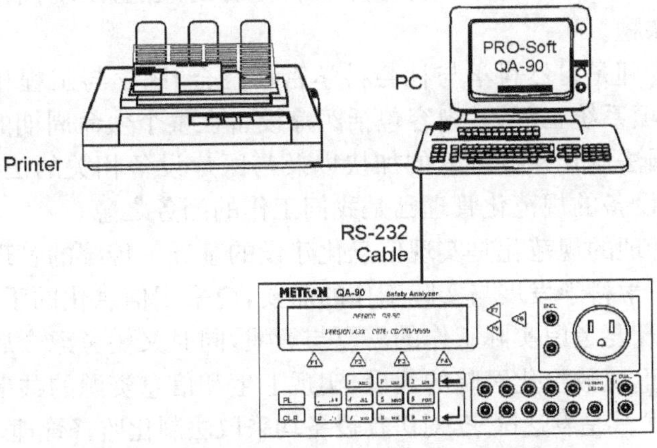

图 6-48　QA-90 接计算机时与打印机接线图

思　考　题

6-1　试叙述医用电气设备安全检测试验的温度、相对湿度和大气压力条件。

6-2　GB 9706.1 规定的“单一故障状态”的定义是什么？

6-3　漏电流的检测包括哪几种？分别叙述测量方法。

6-4　叙述接地电阻与绝缘电阻的测量方法。

第七章 医用电气设备的管理和保养

第一节 医用电气设备的安全管理

一、医用电气设备的安全管理内容

随着医院现代化建设的飞速发展，各级医疗机构大量引进先进的医疗技术与现代化医疗设备。如何正确使用这些先进的医疗设备，怎样才能确保医疗设备的安全性、可靠性和有效性，充分发挥医疗设备应有的效能，是现代化医院管理的一个非常重要的课题。

医疗设备管理是自然科学与社会科学密切融合，医学与工程相结合的边缘学科，同时也是一项系统工程，其内容包括医疗设备在整个生命周期的全过程的动态管理。随着我国法制化建设进程的加快以及与医疗设备相关的法律、法规的相继出台，加强医疗设备的规范化管理已是我们工作的当务之急。

医疗设备管理的规范化是实现信息化建设的基础。传统的管理理论与方法已不能完全适应医学科学发展与实际工作的需要，应采用信息化的手段和方法，因此在管理规范中，既要考虑实际工作的需要与习惯，同时又要考虑今后信息化发展的趋向，尤其是要重视数字化医院的建设，实现卫生和信息资源的共享。

世界各国，尤其是发达国家，对医疗设备均采取法制化监督管理。监督管理一方面监督产品，另一方面监督生产制造企业。监督产品旨在验证产品的安全性和有效性，对已准许上市产品的定期再评价、进行不良事件报告等；监督生产制造企业旨在保证产品稳定的安全和有效，具体体现在审核生产制造企业的质量管理体系。

美国于 1938 年开始，将医疗器械纳入美国卫生部食品药品管理局(FDA)管理范围，1968 年发布《旨在保健和安全的辐射性控制性》(Radiation Control for Health and Safety Act)。严格地说，其对医疗器械的系统管理，应从 1976 年发布《医疗器械修正案》(The Medical Device Amendments of 1976，MDA)算起，其管理运行历史较长，管理体系又比较健全，在国际上有一定权威性。

我国医疗设备的管理也借鉴了 FDA 的管理办法。国家为了加强对医疗设备的监督管理,保证医疗设备的安全、有效,保障人民健康和生命安全,制定了《医疗器械监督管理条例》,并于 1999 年 12 月 28 日在国务院第二十四次常务会议上通过,自 2000 年 4 月 10 日起施行。适用于在中华人民共和国境内从事医疗设备研制、生产、经营、使用和监督管理的单位或个人。贯穿于医疗设备的整个寿命周期,是国家目前对医疗设备实施监督管理的法律依据,《医疗器械监督管理条例》中规定医疗设备实行分类管理和生产注册制度,分类方法与 FDA 相似,厂家生产二类、三类医疗器械应当通过临床验证,且三类医疗器械还要经国务院药品监督管理部门审查批准。

然而医院设备的安全性管理又不完全等同于一般设备的安全管理和日常维护的内容,尤其对于医用电气设备来说,其除了通过设备前期与使用期的一般管理项目的实施来保证设备安全性外,还着重强调对电气、放射、电磁辐射及生物安全等多方面的特别安全要求。医疗设备直接或间接作用于人体,对健康和生命安全有重大影响,所以,无论是国内还是国外对其安全管理都很重视。

医用电气设备管理是指在医疗环境下,根据一定的程序、方法、原则,对医用电气设备在整个生命周期中加以计划、指导、维护、控制和监督,以便更好地利用人力、财力、物力和信息等,安全、有效地为广大患者服务,获得良好的社会效益与经济效益。目前,医疗设备管理从管理的理论到方法都在不断地发展和完善。

医用电气设备的管理是一项系统工程,在实施过程中,实际上存在两种运动状态。其一是物质运动状态,包括从设备购置、验收、安装、调试、使用、维护、维修直至报废的整个生命周期,管理内容一般为技术管理,目的是保证使用设备的安全性和质量控制的有效性,促进医疗技术水平的提高。其二是价值运动状态,包括设备购置的资金筹集、预算与计划的论证,运行和维护的成本费用、财务管理,成本、效益/效果评价,其管理内容一般为经济管理,目的是合理组织人力、物力、财力,充分利用有限的资源为卫生事业服务。所以,设备管理应该是两种状态的全面动态管理过程,是经济与技术相结合的管理方式,两者又是一个统一体。

从管理的内容上,医疗设备管理大体上分为以下几个方面。

1. 制度管理

制度管理包括管理结构、职能、职责、人员以及各项规章制度和操作规程的规范化,要做到有章可循,这是实施规范化管理,做到机构落实、职责明确、分级管理、责任到人、管理与服务相结合的制度保证。

2. 物流管理

物流管理包括设备计划、采购、合同签订、验收出入库、资产物流管理的各个流程的程序化。要严格执行国家相关法律、法规,如政府采购法、招标投标法、合同法等。

3. 质量管理

设备到货验收、安装调试、应用质量检测、计量管理、预防性维护及使用的操作规程等，是质量管理的重要内容，目的是确保医疗设备在整个生命周期中的安全、有效，为病人提供良好的服务。

4. 信息化管理

信息化管理是医疗设备规范化管理的一种重要手段。为了实现医疗设备信息资源的共享与合理利用，实现信息化管理是提高管理水平的必由之路，具体包括设备名称的统一、代码的规范、信息采集的完整、操作流程的标准化等。

5. 考核与评估

考核与评估是检查实施管理规范化程度的一种必要手段。它包括对管理体系、制度、质量保证体系、经济成本效益的考核与评估等。通过这项工作，可以检验管理工作的成效，对所发现的问题提出改进方案，从而进一步优化管理体系。

二、医用电气设备的安全管理分类

美国医用装置的职能管理部门是 FDA，FDA 把 1 800 多种医用装备分成三类进行不同层次的管理。

Ⅰ类：一般性管理。对于危险性比较低的装置，只要能够遵守其制定的管理条例和生产规范即可，如外科手术器械、体温计等属此范畴，种类约占 27%～30%。

表 7-1 医用电气设备管理分类

类别	名称	品名举例
Ⅰ	心电导联线	
	医用 X 射线机配套用具	非电动床、椅等用具、胶片处理装置等
Ⅱ	肌电诊断仪器	肌电图机、眼动图仪、眼震电图仪、视网膜电图仪、诱发电位检测系统（含视、听、体）、其他生物电诊断仪器
	电声诊断仪器	听力计、小儿测听计、心音图仪、舌音图仪、胃电图仪、胃肠电流图仪
	无创医用传感器	
	心电诊断仪器	单导心电图机、多导心电图机、胎儿心电图机、心电向量图机、心电图综合测试仪、晚电位测试仪、无损伤心功能检测仪、心率变异性检测仪、心电分析仪、运动心电功量计、心电多相分析仪、心电遥测仪、心电电话传递系统、实时心律分析记录仪、长程心电记录仪、心电标测图仪、心电工作站

（续表 7-1）

类别	名　称	品　名　举　例
Ⅱ	脑电诊断仪器	脑电图机、脑电阻仪、脑电波分析仪、脑地形图仪、脑电实时分析记录仪
	无创监护仪器	病人监护仪（监护参数含心电、血氧饱和度、无创血压、脉搏、体温、呼吸、呼吸末二氧化碳）、麻醉气体监护仪、呼吸功能监护仪、睡眠评价系统、分娩监护仪
	呼吸功能及气体分析测定装置	综合肺功能测定仪、呼吸功能测试仪、氧浓度测定仪、肺通气功能测试仪、CO_2 浓度测定仪、肺内气体分布功能测试仪、弥散功能测试仪、氮气计、微量气体分析器、压力型容积描绘仪、肺量仪
	医用刺激器	声、光、电、磁刺激器
	血流量、容量测定装置	脑血流图仪、阻抗血流图仪、电磁血流量计、无创心输出量计、心脏血管功能综合测试仪
	电子压力测定装置	电子血压脉搏仪、动态血压监护仪
	生理研究实验仪器	方波生理仪、生物电脉冲频率分析仪、生物电脉冲分析仪、微电极控制器、微操纵器、微电极监视器、足底压力测量系统、人体脂肪测量计
	光谱诊断设备	医用红外热像仪、红外线乳腺诊断仪
	睡眠呼吸治疗系统	助眠器
	心电电极	
	（MRI）	脑磁图系统
	放射性核素治疗设备	骨密度仪、伽马照相机、肾功能仪、甲状腺功能测定仪、核素听诊器、心功能仪、闪烁分层摄影仪、放射性核素透视机、γ射线探测仪
	核素标本测定装置	放射免疫测定仪
	核素设备用准直装置	放射性同位素设备准直器、医用人体辐照校准体模
Ⅲ	体外反搏及其辅助循环装置	气囊式体外反搏装置
	医用磁共振成像设备	永磁型磁共振成像系统、常导型磁共振成像系统、超导型磁共振成像系统、胃肠道造影显影剂（用于 B 超、CT、MRI 的胃肠道造影显像）
	生理研究实验仪器	快速过敏皮试仪

(续表 7-1)

类别	名称	品名举例
Ⅲ	用于心脏的治疗、急救装置	植入式心脏起搏器、体外心脏起搏器、心脏除颤器、心脏调搏器、主动脉内囊反搏器、心脏除颤起搏仪
	有创式电生理仪器及创新电生理仪器	体外震波碎石机、病人有创监护系统、颅内压监护仪、有创心输出量计、有创多导生理记录仪、心内希氏束电图机、心内外膜标测图仪、有创性电子血压计
	有创医用传感器	各种植入体内的医用传感器
	医用刺激器	心脏工作站电刺激器
	无创监护仪器	心率失常分析仪及报警器、带 ST 段的监护仪
	放射性核素治疗设备	钴^{60}治疗机、其他远距离放射性核素治疗装置、核素后装近距离治疗机、植入放射源、
	放射性核素诊断设备	ECT、正电子发射断层扫描装置(PECT)、单光子发射断层扫描装置(SPECT)、放射性核素扫描仪

Ⅱ类:实施标准管理。除了遵守一般性管理外,还必须建立一整套企业生产标准,以确保装置的安全性和有效性。如心电图机、X 射线机等,种类约占 65%。

Ⅲ类:售前批准管理。必须遵守Ⅰ类和Ⅱ类的管理条例,而且在出售前还要把各种证明安全性、有效性的数据报 FDA,如起搏器、植入人体的材料和器官等,种类约占 5%~8%。

我国的医疗设备管理也借鉴了 FDA 的管理方法,常见医用电气设备管理分类如表 7-1 所示,在医院临床应用中加强医疗设备的管理,可以减少因仪器而引发的事故。从购进安全的仪器,创造安全的环境,到安全操作仪器都是比较关键的。例如,就电的仪器来说,应引进Ⅰ、Ⅱ级,必要时引进Ⅲ级和内部电源仪器;在心脏导管室、手术室、ICU 室,CCU 室等,向心脏直接插入电极和导管较多的场所,须使用 CF 型仪器。关于使用环境,则需要加强接地设备(EPR 系统),采用接地的三孔插头,安装备用电源、安装管道、配备温度和湿度调节装置等。

医用电气设备按其管理分成三个大的阶段:医用电气设备前期管理;医用电气设备使用期管理和医用电气设备后期管理。其中医用电气设备使用期管理,主要是对设备使用、维护、更新、改进进行管理,这一阶段是设备发挥使用性能和使用目标的阶段,因此也是设备一生管理的主要阶段;医用电气设备后期管理,主要是对设备的报废进行管理,这一阶段是设备一生管理的最后一步。当然,在设备使用期管理中穿插有设备的更新、改造、报废等,均属于后期管理阶段。

三、安全管理技术人员

为了提高涉及面很广的安全管理业务水平，需要相关安全管理技术人员有广泛的知识和技能。除了要有电机工程学，电子学，医用电子工程学、安全性和可靠性的工程学等知识外，还要求对质量管理、基础医学、临床医学以及与医用电气设备有关的规则等有一定的掌握。概括起来说，临床工程师应该成为：

(1) 执法和护法者，应该严格按法规和标准的要求办事；

(2) 检查员，使安全隐患消失在萌芽状态；

(3) 教育者，做好使用人员的培训；

(4) 示范员，带头贯彻好安全防范措施。

在美国，临床工程师资格的确定是以 AAMI(Association for the Advance of Medical Instrumentation)为中心来进行的。确定考试的内容有解剖学、生理学、安全性、仪器的适用范围、仪器的规格、仪器的评价、测试仪器。教育能力、咨询能力等也是考试的内容。美国确定临床工程师委员会对临床工程师的定义是：在医疗设施的技术上具有高度的教育、经验和技能，并能够有效地安全地负责管理患者和医用电气设备装置间的关系以及使用医用电气设备装置。

在日本，也有类似的机构来进行临床医学技师的认证。在我国，各方面对确认医用电气设备技术工作者或医用电气设备安全管理技术工作者的呼声渐高，可认为将要求他们具有与美国临床工程师类似的知识结构。

第二节　医用电气设备的前期管理

实际上医用电气设备的管理，必须对从购进到使用、保养、报废(更新)等整个在医院内使用期进行综合管理。为保证医用电气设备能安全使用，需要相关人员掌握各种各样的业务，能将各种业务知识有组织、系统地运用到仪器使用上来，这就是安全管理业务。医用电气设备在医疗上起着重要作用，但如果安全管理不当，不仅不能发挥仪器的作用，而且有带来危险之隐患。

现在，医用电气设备越来越普及，随着使用台数的增加，故障也将增加。为提高仪器的功能，仪器操作变得复杂化，同时也增加了产生错误操作、错误连接的危险。有时，即使是受过训练的仪器操作者，如果仅仅按照程序操作仪器，在发生故障时，不能立即采取对策，事态将进一步恶化。为了对重大事态处理得当，防止发生事故，需要进行两个方面的管理——仪器、设备的安全保养的管理，提高仪器使用和操作者的适应能力。从医用电气设备购入开始到报废为止的全部期间内实行这两方面的管理是很重要的。

医用电气设备前期管理是设备正式交付生产使用前的管理。医用电气设备前期管理过程如图 7-1 所示，主要包括设备的规划决策、外购设备的选型和采购、自制设备的设计和制造、设备的安装和调试及设备使用初期的管理。这一阶段决定着医用电气设备的原始性能，是医用电气设备一生管理的重要阶段。

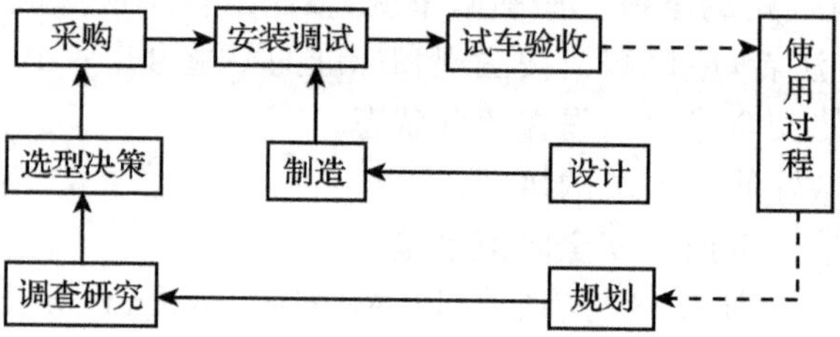

图 7-1　医用电气设备前期管理过程

一、医用电气设备的购置计划

设备和仪器等的购入计划，一般和安全管理业务没关系，按照各个部门的计划来进行。但是，当购入仪器时，必须考虑和现有设备的配套、安全性、可靠性、价格、性能等问题，选择最合适的仪器。

当购入仪器时，对其性能、价格、设计、制造厂的可靠性等通常都要进行比较和研究，这些都算作安全管理业务，避免给医疗部门购入不安全的、可靠性差的、不易保养管理的仪器。

为此，应准备一份可行性方案表格，做一些调研，进行比较和评估，为采购部门提供有说服力的客观的数据编制计划：① 考虑医疗、教学、科研等工作是否确实需要，是否能提高医疗技术水平，在经济上能否取得投资的效益；② 编制计划还要精打细算，对正在使用的设备加强管理、延长寿命，靠增收节支来解决一部分设备购置资金问题；③ 制订计划必须根据本单位的发展规划和财务承受能力编制。

医用电气设备购置计划是购置医用电气设备的依据。医用电气设备的装备应当有长远规划、中短期规划和年度计划。使用单位按照有关要求和程序，编制医用电气设备购置计划，并按照计划和预算进行购置，这是一种将设备购置纳入切实可行符合购置要求的控制手段，是防止在购置过程中造成失误的有效措施。

计划管理是为了达到一定的目标而做出的决策、措施和安排。医用电气设备计划管理就是对计划的编制、审批，计划的执行和调整，计划检查的过程实行规范化、程序化的管理过程。通过计划管理，可以在装备医用电气设备，特别是购置大型医用电气设备时，做好调查研究，收集信息，进行成本效益分析，做好论证工作，保证购置的医用电气设备性能价格比合理、技术先进、安全有效。因此，医用电气设备的计划管理，是医用电气设备全过程管理的重要内容。

在制订医用电气设备购置计划时应当遵守以下的基本原则：经济原则，有效原则、先进原则（见表 7-2）。

表 7-2　仪器购入时的比较表实例

比较表

年　月　日

医院设备科

（盖章）

制造厂				
型　号				
价　格				
特　征				
安全性、可靠性性能等	级·型			
	耐损坏措施			
	患者漏电流			
	MTBF			
	输出端钮			
	输出条件			
交易单位	交易情况			
	保证期间			
	服务体制			
	其他			
特记事项				
判　断				

经济原则，就是要按照经济规律办事，从发挥最大经济效益出发，使有限的财力资源得到充分利用，确保购置的设备，投资回报期短、投资效益高。为此，准备一份可行性方案表格，做一些调研，进行比较和评估，为采购提供客观的数据，仪器购

入时的比较表实例如表 7-2 所示。要实现经济原则就要在制订计划时遵循客观规律和价值规律，使人力、物力、财力得到充分的利用。

有效原则，是制订设备购置计划的重要原则。所谓有效是指医用电气设备在预防、诊断和治疗过程中能够提供准确信息并得出确切诊断，能够安全且明显改善患者的病情或使患者康复。从有效原则出发，应注意几个问题：① 要保证医用电气设备与医疗、护理、预防、教学和科研等工作任务相适应；② 要立足于国产设备，适当引进国外新设备，这样可以节省资金，方便维修；③ 购置大型贵重的设备时，既要考虑设备的有效性，又要考虑本单位对设备功能的实际需要。

先进原则，是指医用电气设备的先进性如何，对于进口的精密设备应以高技术水平为原则。购置这种设备后应当将医院的医疗、教学、科研等工作的质量提高到一个新高度。先进原则要求购置的设备在设计原理、配套组成、各项功能等方面都保证达到国际国内先进水平。

制订医用电气设备购置计划，首先由设备管理部门根据本单位发展目标和工作重点，组织使用部门提出增加或更新设备的申请，再由设备管理部门依据上年度设备购置计划执行的情况，结合本年度各使用部门设备购置申请做初步汇总，并根据初步汇总的项目内容进行分析和研究，分析和研究的内容包括：购置要求是否符合本单位的总体发展目标和发展重点；使用部门是否具备使用条件和技术力量；配套条件是否齐全等等。根据调查和预测的有关数据、资料，确定年度医用电气设备购置计划的总体目标、重点、措施和实施步骤等，并提出初步方案。购置设备计划提出以后，设备管理部门要会同财务部门编制财务预算，使计划数字化。如果计划所需要的资金与财务能够提供的资金差距不大，可以直接编制预算。如果差距大，应当提出解决资金的途径和方法，预算方案应当进行适宜性、可行性评估论证。最后在进行适宜性、可行性论证评估的基础上，单位领导应对计划进行综合平衡，从必要性、技术性、可能性等方面进一步进行审核，然后做出决定确定方案。

二、医用电气设备的验收

医用电气设备购置合同签订以后，由于经过不同的运输途径，包装质量的好坏，运输条件的优劣，订购的设备有可能出现数量或质量方面的问题，所以到货后无论是国产或进口的医用仪器，都要验收后再进行安装调试，做好验收和安装调试是设备投入使用前的关键环节。正确的安装和调试，能使设备充分发挥各项功能。如果调试不好，会影响设备性能的正常发挥，甚至影响设备的使用寿命。

在购入仪器时，要进行验收，在验收时，要鉴定仪器是否符合规格，还要测量仪器性能的数据，作为以后管理业务的基础。即将购入时的有关功能、性能、安全性等全部数据详细记录并保存起来。验收项目和定期检查项目相同，按机种类型准备检查明细表。

医用电气设备的验收与安装调试，从技术管理角度讲，就是对购进的设备从外包装到内在质量进行检查验收，经过验收的设备进行安装和通电实验，并根据说明书提供的技术指标和各项功能进行调试，保证设备达到良好的工作状态。

1. 验收前的准备工作

(1) 验收资料的准备。验收技术资料的准备，主要是收集与设备有关的文字材料，如合同、运输提单、合同备忘录、使用说明书、验收单等有关文件资料。进口设备的外文资料应当提前进行翻译。这些资料是验收工作的技术依据，应当提前熟悉，做好充分的准备。

(2) 验收人员和部门的准备。验收工作开始前，要通知单位领导及设备主管部门管理人员、使用人员、维修人员作好验收准备。组织人员熟悉合同及有关配套附件情况，详细阅读使用说明书，了解该设备的土要技术指标、性能，操作规程。

(3) 制定验收方案。对于大型精密设备的验收，要组织参加验收的技术人员制定检验技术规程，制定技术验收方案。对验收人员和接机技术人员进行短期培训，在此基础上，提出要求检验的技术指标、功能和检验方法。验收方案要完整、全面并切实可行。

(4) 建立验收记录和验收报表。验收工作应当建立必要的规章制度，验收记录及验收报表要完整。内容包括：合同规定双方共同检验的项目、检验计划表、检验通知书、现场检验记录、检验会签等。

(5) 做好辅助设备的准备。根据要验收设备的要求，准备足够的堆放场地。提前做好房屋、水、电、空调等有效辅助设备的准备工作。

(6) 验收工具的准备。验收工具是指使用于搬运、开箱的设备和用具，大型设备的搬运应当准备吊车或液压搬运车。开箱工具有开箱器、羊角锤、扳手、螺丝刀等。

(7) 对进口设备申请商品检验。进口设备应与当地商检部门联系，由商检人员派人进行检验。

(8) 对进口计量设备申请计量检定。进口计量设备应与当地计量检定部门联系，由专门计量检定人员进行检验。

2. 验收的程序

(1) 开箱。开箱时箱体要正立，注意不要猛力敲击，防止震坏部件。开箱后检查内包装是否有破损，如有残损，要及时拍照，检查包装是否符合设备质量要求。

(2) 清点。数量验收应当以发票、装箱单、合同明细单为依据逐项核对，核对时不要只核对数量，还要逐项核对编号。如出现数量或实物与单据编号不符，应当做好记录并保留好原包装便于与厂方联系补发；设备包装箱内应有下列文件：制造厂的技术说明书及鉴定证书、检验合格证(合格证应有的标志:制造厂名称、产品名称和型号、检验日期、检验员代号)、维修线路图纸(或单独订购)。

(3) 查验外形。开箱清点数量后,要对主机及附件进行外形检查,外壳铭牌应当标明制造厂名称、产品名称、型号、使用电源电压、频率,额定功率、产品出厂编号、出厂日期、标准号;要查看仪器外形是否完整,有无变形、磨损、锈蚀;设备面板备开关是否完好,固定螺丝是否松动。

(4) 检查机内组件。机内组件要打开外壳进行检查,看线路板是否是新的;机器编号、出厂日期与合同要求是否符合;有无漏装插件的情况。

(5) 重点检查精密易碎部件。对于精密、易碎部件如仪表、监视器、镜头、球管等,要仔细检查有无裂痕、擦伤、霉斑、漏油、漏气、污染、破碎等情况。

(6) 在验收过程中,所有与合同要求不符的情况都应当做好有关记录并拍照、录像以备索赔。

3. 验收管理制度

(1) 购进的各种医用电气设备必须严格按照验收手续、程序进行,严格把关。验收合格以后方可入库,不符合要求或质量有问题的应及时退货或换货索赔。一般验收程序为:外包装检查、开箱验收、数量验收、质量验收。

(2) 验收工作必须及时,尤其是进口设备,必须掌握合同验收与索赔期限,以免因验收不及时造成损失。

(3) 医用电气设备验收应由使用科室、医用电气设备管理部门及厂商代表共同参加,如要申请进口商检的设备,必须有当地商检部门的商检人员参加。验收结果必须有记录并由参加验收各方共同签字。

(4) 对验收情况必须详细记录并出具验收报告,严格按合同的品名、规格、型号、数量逐项验收。对所有与合同发票不符的情况,应作记录,以便及时与厂商交涉或报商检部门索赔。

(5) 质量验收应按生产厂商提供的各项技术指标或按招标文件中承诺的技术指标、功能和检测方法,逐项验收。对大型医用电气设备的技术质量验收,应由省卫生厅授权的机构进行。验收结果应作详细记录,并作为技术档案保存。

(6) 对于紧急或急救购置的不能够按常规程序验收的设备,可以简化手续,或按先使用事后补办验收手续的程序进行,但必须由医疗设备管理部门负责人签字同意。

(7) 验收合格的设备应由经手人办理入库手续。入库单一式三联,一联交会计作记账凭证,一联交库房保管作入账凭证,一联交采购部门存查。

(8) 对违反验收管理制度造成经济损失或医疗伤害事故的,应追究有关责任人的责任。

三、医用电气设备的安装调试

1. 安装使用环境的技术要求

医用电气设备的使用环境主要是指医用电气设备安装场地、机房要求、供电、接地，使用地点的温度、湿度、空气的净度和磁场、电场和电磁波的干扰等。在医用电气设备安装前，必须做好安装使用环境的准备。

(1) 温度、湿度

① 根据医用电气设备技术要求和对温度、湿度的限制条件，事先设计好使用环境的温、湿度。

② 应根据设备运行的温度允许范围、本身发热功率、机房空间大小，选择空调的功率大小、温控精度及安装位置。根据当地的湿度变化，选择配置合适的去湿机。

(2) 机房场地

应根据厂方提供的要求，结合实际情况做好机房设计与施工准备，必须考虑的有：

① 机房面积、尺寸和高度，候诊面积与病人输送通道。

② 大型、笨重的医用电气设备应设计好运输通道，包括宽度、高度与转弯角度。

③ 机房的平整度要求、承重能力(包括地面与吊架顶) 要求。

④ 特种设备的放射线防护、屏蔽、空气净化要求。

⑤ 需设地缆或固定地脚装置的医用电气设备，应设计好安装位置图，地缆沟的尺寸、走向及位置，并做好安装前的准备。

(3) 供电

① 计算好电源消耗功率，设计好电源线路和开关的容量、供电线直径、内阻，选择配置专用变压器。

② 根据供电电压的稳定性和停电情况，考虑配置专用变压器和不间断电源(UPS)及其功率大小、精度要求等。

③ 电源插座的容量、位置数量。

④ 照明要求，如采用何种灯光、亮度大小、灯光位置等。

(4) 地线

地线设置是保证医用电气设备使用安全的重要措施，应按厂方提供的要求，设置有效的接地系统，确保接地电阻达到医用电气设备的技术要求。

(5) 水源、气源、制冷

对于有水、气源等要求的医用电气设备，在安装之前，应要求厂方提供相关的技术参数，用户应认真做好准备，并考虑其流量、接口、安全性等因素。

(6) 网络要求

如果医用电气设备要求与其他设备联网或数据远程传输,如 PACS 系统、LIS 系统、HIS 系统等,应事先布置网络线路、接口数量及其位置与传输速率等。

(7) 电磁干扰

医用电气设备(有源设备)一般会产生电磁场干扰,从而干扰邻近设备或受其他设备干扰。为此,安装设备前选择位置时,应考虑设备技术要求中电磁兼容性参数,保证与相邻设备的最小距离大于规定要求。

2. 安装调试

医用电气设备安装调试有以下步骤:

(1) 按照说明书对调试的医用电气设备的各项技术功能(包括软件功能)逐一调试。必要时应作临床实际操作,有些参数能验证的,应进行量化检查。

(2) 对大型医用电气设备,如大型 X 射线机、X-CT 机、磁共振、直线加速器等,由于价值较昂贵,在进行安装调试前应当组成专门班子。按合同规定,厂方应派合格的技术人员进行安装调试,并对使用和维修人员进行技术培训。

(3) 参加安装调试的人员要先熟悉设备的安装、使用说明书,了解医用电气设备的性能,掌握安装调试的基本要求。首先检查电压、地线是否符合要求,有水源要求的医用电气设备要事先检查水压和流量,必要时查验水质。有放射源的医用电气设备要按照要求测试防护性能。安装调试工作应尽量在索赔期前完成。

(4) 调试过程中,操作人员应尽快熟悉和掌握关键的技术。根据不同的医用电气设备及要求,可以安排专题技术讲座,使设备的功能得到充分的开发。连续开机以验证设备的可靠性。

(5) 安装调试完成,医用电气设备正常运转后,有关人员要做好安装调试记录,同时制定使用操作规程及管理制度。操作规程及管理制度应包括以下内容:使用人员应具备技术条件,处理好开机前注意事项及程序、对病人的安全处理、操作程序、日志文档、设备发生意外时的处理措施、维修保养记录、更换人员的交接手续等。

(6) 设备的保修,是指设备经过安装调试投入使用后,在保修期内,非人为原因,由于设备本身设计或部件等方面出现质量问题,造成设备不能正常运行,厂家应当给予无偿维修或更换。医用电气设备的类型比较多,保修期的时间也不同。保修期的计算一般是以设备安装调试运行正常,双方签署验收的时间开始计算。

第三节　医用电气设备的使用管理

一、医用电气设备的操作使用管理

在设备生命周期中,使用期管理是一个主要的管理阶段。虽然前期管理已决定了绝对的设备寿命周期费用,设备的使用期管理一般不会对设备的整个寿命周期费用产生太大的影响,但是设备运行的有效性与安全性等设备管理关键目标的实现,与设备的使用与维护状态密切相关。特别是对医用电气设备,其安全性与有效性更加重要。因此医用电气设备的使用期管理是医院设备管理的主要工作,是需要特别加强的。

在设备生命周期中,设备的使用期管理包括使用与维修两个主要方面,也是设备一生管理的最主要和时间最长的阶段。这里把医用电气设备使用期管理的目标表述为如下 5 个方面:

(1) 保证医用电气设备医疗工作的安全性;

(2) 保证医用电气设备医疗工作的有效性;

(3) 提高医用电气设备的使用率;

(4) 延长医用电气设备的寿命;

(5) 降低医用电气设备运行费用,追求生命周期费用最低。

在这些目标中,设备的安全性与有效性又是医用电气设备管理最主要的两个目标,这也是医用电气设备管理与普通设备管理的明显不同之处。这一阶段的正确与科学管理,对保证这五个目标的实现具有十分重要的作用。

在医务部门中,医用电气设备的使用周期可用模式图 7 - 2 来表示,图中每个项目都和安全管理业务有密切关系。

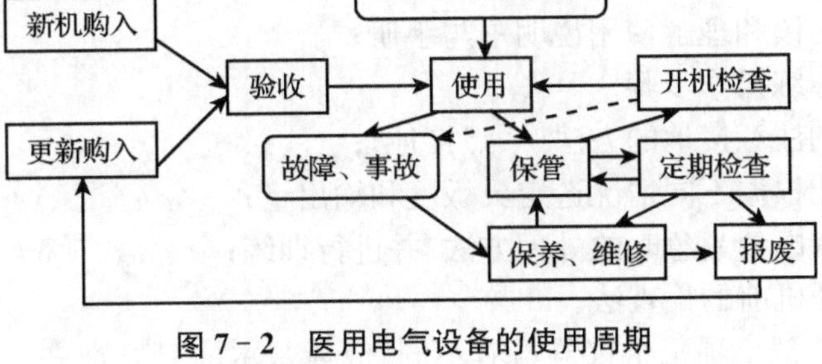

图 7 - 2　医用电气设备的使用周期

安全使用仪器的原则是，将安全的仪器放在安全的环境中，进行正规操作。为此，使用者一般必须具有安全使用仪器、设备的知识和技术，并建立检查和保养的机制。作为操作者，最重要的是要充分认识到临床上的医用电气设备的各种事故的危险性和安全的重要性。

根据医用电气设备的能量安全类型，应注意以下安全问题：

(1) 电引起的安全问题是：电击、能量过大、能量分流、对其他仪器的干扰、信息的畸变、功能停止、停电等。

(2) 机械引起的安全问题是：落下、压迫、锐利的边棱、接管脱落、橡皮管破裂、血液漏出、超声波的集中等。

(3) 化学引起的安全问题是：医用气体和药品等的误用量过多或过少、机器的腐蚀、材料的变质、爆炸、火灾等。

(4) 热引起的安全问题是：异常高温、异常低温、集中发热、恒温不能保持、爆炸、火灾等。

(5) 放射性引起的安全问题是：放射线的漏出、过大能量照射、过度集中、长期作用等。

(6) 光引起的安全问题是：能量过度集中及向目的物外漏出(反射、折射)等。

(7) 生物引起的安全问题是：由于灭菌不彻底造成细菌感染、血栓和气泡等的混入，生理反应等。

临床上应该考虑的安全问题非常广泛。当使用仪器时，对这些危险都必须予以注意，可以说保证安全的第一步就是对危险性的认识。

对危险性有了认识之后，还需要掌握关于安全性的基本知识，了解仪器的基本特性。对每台仪器必须理解其工作原理、构造和结构、级别和型号、基本性能及其限度、安全使用的条件、操作步骤等。为了熟练使用，首先需充分理解仪器的特性，在理解基础上使用，正确使用仪器是非常重要的，不理解就使用仪器，将使人被仪器所驱使。

在掌握基本知识的基础上操纵仪器时，虽能安全使用，但在操作时还必须注意：

(1) 仔细阅读和理解使用说明书与手册；

(2) 反复训练操作步骤；

(3) 要特别注意接地的方法(一点接地)；

(4) 训练能根据不同情况选定灵敏度和输出量；

(5) 事先考虑到紧急时的处理方法，并进行训练；

(6) 熟悉开机前的检查法。

使用上的注意事项每个仪器虽有不同，但最基本的只要遵守上述注意事项就能安全使用。一般的注意事项可归纳如下：

(1) 根据使用场所，要特别注意微电击(Microshock)的危险；

(2) 组合使用时，尊重制造厂的技术工作者或具有医用电气设备安全知识的工作者等的意见；

(3) 不要裸手去触及直接插入心脏的电极或插管等的末端(应使用橡皮手套)；

(4) 除内部电源仪器外，原则上应接地，最好是用 EPR 系统(患者等电位化的系统)；

(5) 不使用出了故障的破损的仪器，或有故障的仪器；

(6) 重要的仪器要准备两台，作为故障时备用；

(7) 检查电源容量，注意不要超负荷使用(停电时，各种重要仪器都要停用)。

在医疗设施中，指定专人使用医用电气设备的不多，要求可能作为操作者的每个人都具有足够的知识和技能，以便能正确操作医疗设施中的仪器，保证安全。为此，组织院内工作人员进行教育和训练是很重要的，还应定期进行医用电气设备安全使用基本知识、医用电气设备及电子工程学等方面的教育。

仪器使用更直接的安全管理业务，是掌握仪器使用情况，建立必要的制度：例如要求在每次使用仪器时，填写仪器使用报告书，在开机检查或仪器使用中，当发现仪器产生故障时，应当采取的程序必须尽可能有明确规定，特别是首先必须考虑患者的安全。根据故障和异常情况不同，相应采取的措施也不同，所以，为了在紧急时刻能作出恰当的判断和行动，必须进行安全教育和在各种不同情况下的特殊训练。

二、医用电气设备的检查和保养

仪器操作者要达到安全的目的，还有一个重要问题就是对仪器、设备进行检查和保养，消除危险的起因。检查和保养工作包括四项：预防性维护、开关机检查、定期检查、故障检查。

1. 预防性维护 PM(Prevent Maintenance)

为保持医用电气设备的高度安全性，要对仪器进行预防性维护以便早期发现故障隐患，在很多生产部门，实行工业用预防性维护制度。但在我国大部分医院，对于医用电气设备，预防性维护不一定都已实行。但在欧美国家已比较普及，这是一种在事故发生前就掌握医用电气设备的故障、性能和安全性的降低情况，早期进行处理，事先防止事故发生的思想。比过去的“出故障后才检查修理”的办法进步很多。

预防性维护工作具有极其重要的意义，它能早期发现故障隐患，避免意外事故；发现临床不注意的故障，确保仪器性能和准确度；确认所需的备件，延长仪器的使用寿命。

进行预防性维护工作的基础是调查医院仪器现状及编号，然后编制PM工作计划表，按不同重要等级、不同科室分别安排PM周期，每次按不同级别要求进行工作。一般说来，PM的分级如下：D——外观检查；C——外观＋性能检查；B——外观＋性能＋电安全；A——外观＋性能＋电安全＋校准。编好计划表之后，再对PM工作步骤进行编号，最后做好标记及记录。

2. 开机(关机)检查

为事先防止医用电气设备发生事故，在应用仪器进行诊疗工作前，需要进行安全的基本检查，因为这是每次使用时都必须做的，称为开机检查。在诊疗工作后进行检查时发现有安全性降低或故障问题等，称为关机检查。

实际开机检查和关机检查，对不同仪器的项目有所不同，不能一概而论。我们只讨论其基本项目和应注意的问题。开机检查实际上是由操纵仪器的使用者来进行的，不必太复杂，只要检查安全的基本项目即可，最基本的是确定以下两点：关于安全的必备条件的处理和有关仪器可靠性的重要性能的检查。

关于安全的必备条件处理的基本项目如下：

(1) 确认接地(接地线有无断线，组合使用时的一点接地，仪器接地端纽的连接，与墙接地端钮之间的连接等)；

(2) 确认导联线、传感器、特殊电极(电手术刀对极板等)和仪器主机间的连接正常；

(3) 确认气体管道和药液管道等的连接正常(防止误接或未连接等)；

(4) 各种引线、插头、连接器等有无破损；

(5) 漏电电流(患者漏电电流、外壳漏电电流、接地漏电电流)在容许限度内；

(6) 绝缘电阻在容许值以上；

(7) 接地线电阻在容许限度内。

除此之外，还要确定是否正常工作(如心电图机的校准信号、化验用仪器用标准试药的校正等)，治疗仪器有无输出(除颤器、电手术刀等的输出)；确认输出显示器的工作(输出指示灯或指示仪表等)；确认报警器的正常工作(心搏计、血压计的上下限报警，电手术刀对极板回路的断线报警等)；有无其他异常(意外的火花、烟、臭气、振动、异常音、气体漏出、液体漏出等)等重要性能的基本项目。

其他的重要项目，如设备的配套性(有无接地设备、管道连接器的型式等)及设备的容量(电源插座的容量，气体、压强和吸引压的大小等)等也应预先确认。

在开机检查中如发现异常时，应立即停用此仪器，使用备用仪器，且对损坏的仪器进行及时修理。在紧急情况下，经应急处理继续使用时，应该充分考虑到至少要保证对患者绝对无危险。

关机检查发现的问题有时很有用。这时除检查仪器外，观察使用该仪器的患者状态（发红、烫伤、外伤等）也很重要，这将防止事故波及下一个患者。特别是对于治疗用仪器尤其重要。

对于医用电气设备的开机和关机检查的基本项目。不同仪器的检查项目不同，检查程序也须考虑不同仪器的特点。一般先按仪器类别准备开机（关机）检查的明细表，按一定方式进行检查。

3．定期检查 SM（Scheduled Maintenance）

为保持医用电气设备的高度安全性，在开机和关机检查基础上还需要进行仔细检查，以便早期发现不良现象，这种检查应当是有计划定期进行的，很多生产部门，已经实行了工业用（检查用）测量仪器的定期检查制度。随着临床工程学的发展，医用电气设备定期检修的思想正在普及起来。相信不远的将来，各医院会采取措施，执行定期检查。

定期检查的内容大致可分为安全和性能两个方面，后者可以说是关于仪器可靠性的检查。在现代医疗中，医用电气设备担负的任务不断增加，而且它对医疗的可靠性具有很大影响，目前仪器的可靠性已成为和患者的安全直接相关的重要因素。从这个意义上来说，仪器性能检查可认为是安全检查的一部分。

定期检查的项目也和开机、关机检查一样，随不同仪器而异，不能一概而论。基本的检查项目包括安全和性能的检查。

关于安全的项目有：

（1）插头、接线栓等的检查（破损、接触不良等）；

（2）对各种引线的检查（绝缘层的破损、断线等）；

（3）面板的检查（旋钮的破损，刻度盘的破损、沾污、裂纹等）；

（4）电极的检查（沾污、弯曲、破损，表面凹凸不平等）；

（5）保险丝的检查（保护患者保险丝，防止大电流通过保险丝等）；

（6）地线电阻的测量；

（7）各绝缘处的耐电压测量；

（8）各绝缘处的绝缘电阻的测量；

（9）市用交流电源的漏电电流测量（接地漏电电流、机壳漏电电流、患者漏电电流）；

（10）通过患者的测量电流的测量（如阻抗容积描记法等）；

（11）患者功能电流的漏电电流的测量（如电手术刀、除颤器的输出漏电电流等）；

(12) 气压、液压及其漏出的测量;

(13) 仪器各部分温升的测量;

(14) 安全保护装置、安全报警装置的工作极限值的测量。

对同一项目进行定期测量,可及时掌握仪器性能,降低故障情况,也能预先估计更换零件或更新仪器的时间。

关于性能的项目如下:

(1) 可动部分的检查(旋转性、固定性,旋钮所指示刻度的可靠性);

(2) 输出显示器的检查(输出指示灯、仪表等);

(3) 灵敏度、放大倍数的测量(校准电压、标准试药等);

(4) 直线性的测量;

(5) 频率特性的测量(低频、高频截止频率,阻尼因数,交流声滤波器等);

(6) 共模抑制比的测量;

(7) 输入阻抗的测量;

(8) 噪声测量(等效输入噪声、信噪比等);

(9) 记录器,指示器速度的测量;

(10) 速率指示器的校准(心搏计、呼吸率计、转速计等);

(11) 输出测量(电手术刀、除颤器、起搏器等);

(12) 内部电源电压的测量(起搏器等);

(13) 传感器的校准(如压力计、流量计、温度计等)。

根据仪器的用途不同,其主要性能也不同,应当对每类仪器进行深入的研究后决定检查项目。各种仪器的这些检查项目的标准或规格,由国际 IEC 标准和国内 GB 规格来决定。定期检查的容许值可参照标准来确定,因此,充分理解标准和规格是非常必要的。

这些项目的检查由谁来做是个很大的问题,在我国的大医院,一般由医生、护士以及设备维修人员等共同承担。但最理想的应当由医院的医用电气设备工程师(临床工程师)来做,但是,目前就人力、设备和组织等情况来说,要求所有医院都这样做是有困难的,因此适当增加临床工程师非常必要。

和开机关机检查一样,定期检查也要准备一个检查明细表,则效果较好,表 7-3 为电手术刀定期检查明细表一例。

表 7-3　电手术刀定期检查明细表一例

检查者:________

仪器名称		检查年月日		
仪器编号		下次预定年月日		
使用场所		这次检查的处理		
检查对象	检查项目	OK	要修理(内容)	修理完成日期
电源插头	破损			
	接触性能下降			
电源线	绝缘层破损			
	插头接线柱断线			
电源保险丝	断线			
脚踏开关线	绝缘层破损			
	断线			
手术刀前端电极线	绝缘层破损			
	断线			
	附有血液或污物等			
对极板线	绝缘层破损			
	断线(测量电组)			
对极板	严重的伤痕,裂纹			
	弯曲			
	表面的凹凸程度			
	烧焦的痕迹			
手术刀前端电极架	破损(金属部分露出)			
	电极支持力下降			
控制面板	旋钮破损			
	刻度破损			
	严重污浊、伤痕			
背面	空气过滤器污浊			
	风扇污浊			
支架	可动性			
	固定功能			
指示灯	开灯试验			
声音指示器	音量			
接地端钮	极端污浊、生锈和机壳			
	导通			
接地线	断线(测量电阻)			
脚踏开关接地	和地导通			

续表(7-3)

患者安全回路	无关极板取掉报警			
	地线脱落报警			
漏电电流*	接地漏电电流			
	外壳漏电电流			
	患者漏电电流			
	额定负荷时的输出电功率			
高频漏电电流*	手术刀前端电极高频波泄漏			
	无关极板高频波泄漏			
波形观测*	切开波形			
	凝固波形			
	混合波形			
* 表示在使用者认为不合适时,由厂家来测量				
备注(特殊发现的问题)				

以上仅对医用电气设备的定期检查作了说明,而医院的其他配套电气设备的定期检查也很必要。例如电源设备(电源电压、电闸、插座的配备、布线、漏电等),备用电源(动用时间、持续时间、供电插座的情况、运转试验等),接地设备(接地电阻、接地端钮间的电阻、接地端钮的配备),管道(气体成分、气压、漏泄情况等),细菌(细菌污染、空气过滤器的配备等),空调(温度和湿度测量、温度分布测量等)。这些项目定期检查,至少必须一年进行一次。

对所有医用电气设备的定期检查,安全性检查一般应该一年最少进行四次,性能检查应该一年最少进行两次,重要的治疗仪器一年最少进行四次。

4. 故障检查

在仪器开始使用或使用中,有时会发现某些异常故障现象,这时的检查叫做故障检查。故障检查的目的是发现故障和异常的原因,并加以排除和修理。在目前这方面的故障大部分是医疗器械设备厂制造厂维护人员的工作。但是,有些查明原因和应急处理的工作,使用者也能做,这样可以缩短仪器功能的停止时间(Down-time)。这里仅就使用者应该进行的故障检查内容和顺序进行说明。

仪器发生异常时,首先应分清是由于使用上的错误,还是由于机器的故障引起的。一般说来属于使用上的差错的有如下一些:

(1) 忘记连接电极或传感器等接触不良,连接错误;

(2) 导联转换器选择错误;

(3) 灵敏度和输出旋钮选定错误(过小或过大);

(4) 报警装置选定错误;

(5) 忘记连接地线或地线脱落和无效接地(接窗框等);

(6) 电池极性接反;

(7) 电子射线管的基线位置未调整好(偏向上下或左右),电子射线管的辉度过小。

检查的第一步就是要发现上述使用上的错误。判明不是使用上的错误后,才进一步考虑仪器故障。发现故障的顺序,虽因仪器和故障情况不同而不同,但通常是如下的简单故障:

(1) 电源电池的电压下降;

(2) 电源保险丝断开;

(3) 电源线断线;

(4) 导联线或传感器引线断线(特别是插塞部分);

(5) 仪器外部连接线断线;

(6) 接地线断线;

(7) 指示灯断线;

(8) 热笔断线;

(9) 保护患者的保险丝断线。

对于这些简单故障,使用者可以进行检查,用备用品代替或作应急处理等就可复原,但像(2)、(9)那样的保险丝断线,仅仅更换一下保险丝是危险的,必须查明保险丝断线的原因。而主机内部的故障、传感器的故障、电极等手按开关的故障、仪表的故障、仪器零件的故障需要请有关厂家维护人员来检查。不过,只要作了定期检查,就能在一定程度上推测原因,也能帮助提高厂家的检查效率。而且由于可以事先准备代替的零件,从而能够缩短功能停止时间。

这些检查都应当留有记录,多查阅记录,对将来故障的检查、为制造厂改进仪器提供改进情况,同时对下一次检查与处理是有用的。

5. 修理

根据以上检查,如果发现仪器故障,则需要进行修理,使仪器恢复正常状态,修理,分为在医院内进行的内修和依靠生产厂进行的外修两种。美国和欧洲的大医院,院内设有大规模的工程部门,在那里,很多仪器都能修理。但我国的医院,一般只设设备科,没有充足人员,内部修理自然受到限制。

原则上,仪器内部故障或传感器等的修理不应当在院内进行。即便院内能够简单修理的,但只要在安全上没有把握的也不应在院内进行。

送到院外修理结束的仪器,要和接受新的仪器一样,鉴定安全性,并应向生产厂索取详细的报告书。表 7－4 为外修委托书一例。

以上就仪器使用和操作者应当担负的仪器管理工作，即检查、保养作了具体说明，如能认真执行，对事先防止医用电气设备发生事故将是非常有效的。

为了进行检查和保养，在使用仪器时，对仪器的原理、构造和特性必须具备足够的知识。所以，医院配备医用电气设备工程师那样的专家很有必要。但是，目前把这作为一项制度还有困难。在配备专家以前，实际从事操作仪器的人员必须主要承担检查和保养工作，所以需要对这些人员进行培训。

表 7－4　外修委托书一例

<table>
<tr><td rowspan="5">使用者登记栏</td><td>仪器名</td><td></td><td>单位</td><td></td></tr>
<tr><td>购入年月日</td><td></td><td>管理负责人</td><td></td></tr>
<tr><td>发现故障年月日</td><td></td><td>故障发现人</td><td></td></tr>
<tr><td colspan="4">故障的情况
登记人签字</td></tr>
<tr><td>交制造厂日期</td><td></td><td>制造厂接受负责人</td><td></td></tr>
<tr><td rowspan="4">制造厂登记栏</td><td colspan="4">故障原因
登记人签字</td></tr>
<tr><td colspan="4">修理内容
登记人签字</td></tr>
<tr><td colspan="4">安全性能试验结果
登记人签字</td></tr>
<tr><td>修理完毕交货日</td><td></td><td>交货负责人</td><td></td></tr>
<tr><td></td><td></td><td></td><td colspan="2">仪器领取人签字</td></tr>
</table>

第四节　医用电气设备的报废管理

医用电气设备凡符合报废条件的，不能临床使用，而应予以报废。报废医用电气设备，先由使用部门提出，经设备管理部门填写“报废医用电气设备申请表”进行登记造册，再由相关技术部门进行技术鉴定，报设备主管提出调剂报废意见，最后由财务部门办理相关手续。对于价值较大医用电气设备的报废，按《行政事业单位国有资产处置管理实施办法》的规定程序申报。凡减免税进口的医用电气设备，除按以上规定处理外，还应按海关有关规定办理。待报废医用电气设备在未批复前应妥善保管，已批准报废的大型医用电气设备应将其可利用部分拆下，折价入账，入库保管，合理利用。经批准报废的医用电气设备，使用单位和个人不得自行处理，一律交回设备主管部门统一处理，处理后应及时办理手续，进行医用电气设备更新。

一、报废及报损工作流程

报损业务包括在库报损、在用报损、附件报损。

（1）在库报损：指物资在库房时发生的报损。

（2）在用报损：指物资在科室使用时发生的报损。

（3）附件报损：指物资附件的报损。

报废及报损管理流程如图 7－3 所示：

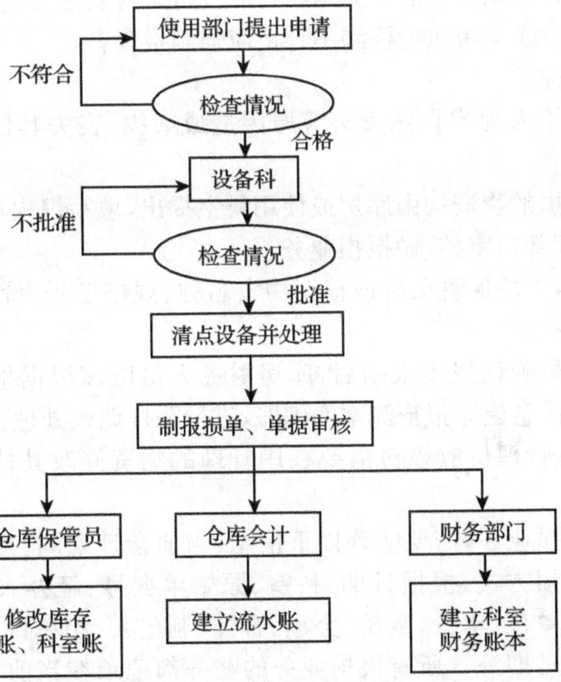

图 7－3　报废及报损流程图

二、报废及报损处理规范

1. 报废的条件

凡符合下列条件之一的固定资产应按报废处理：

(1) 严重损坏无法修复者；

(2) 超过使用寿命、基础件已严重损坏或性能低劣，虽经修理仍不能达到技术指标者；

(3) 技术严重落后，耗能过高(超过国家有关标准20%以上)、效率甚低、经济效益差者；

(4) 机型已淘汰，主要零部件无法补充而又年久失修者；

(5) 原设计不合理，工艺不过关，质量极差又无法改装利用者；

(6) 维修费用过高(一次大修超过其原值50%以上)，继续使用在经济上不合算者；

(7) 严重污染环境或不能安全运转可能危害人身安全与健康者；

(8) 计量检测或应用质量检测不合格应强制报废者。

2. 报损的条件

固定资产由于人为或自然灾害等原因造成毁损，丧失其使用功能的，按报损处理。

需要报废报损的物资均由库房或使用科室提出，填写报损单，并由维修部门认定，再由设备管理部门审核，做报损业务。

报废报损时，库房保管员应该根据物资名称、规格型号、价格、数量登账报损，减少库存账或科室账。

在库房管理员确认报废报损后，库房财务人员应该根据报损物资的数量、金额、日期、科室等信息建立报损流水明细账，进行账户调整处理。

报损后，档案管理员应该对需要在用管理的物资修改其档案资料、登记报损记录。

对于报废报损业务，需要明确以下信息：当前会计期间、报损单编号、账簿名称、核算科目、报损方式、报损日期、科室、原始单据号、经办人、备注、物资名称、规格型号、产地、单位、单价、数量、金额、合计、制单人、制单日期、审核人、审核日期、记账人、记账日期等。所有报损业务的账务都记录在当前会计期间内。在库报损、在用报损、附件报损不可以进行冲红操作。其中在库报损在会计账簿上都是借方。

3. 医院常用资产报损单单据格式

（医院名称）

固定资产报损单　　　　　　　　　　【重打】

【按核算类别小计】　　　　　　总计：¥

报损方式：

科室名称：　日期：YYYY 年 MM 月 DD 日　【核算名称】　N0：单据号码　页码

物资名称	规格	产地	单位	数量	单价	金额	入库日期
合　计	大写金额			¥小写金额			
备　注							

负责：　　记账：　　复核：　　报损：　　制单：

第五节　医用电气设备的保养管理

一、仪器保管的安全管理

为了正确地掌握仪器的情况，使它经常处于最完善的状态，定期检查、保养和维修是仪器保管时安全管理业务的最重要内容。对开机检查、定期检查等所发现的异常现象，需要迅速修理、调整，鉴别安全性，使仪器处于可供使用的状态。

此外，如果仪器经常发生故障，维修费很高，而且市场已经有性能较好的仪器，仪器已无使用价值等情况下，和事先规定的仪器报废标准相对照，进行报废更新也是必要的。

安全管理的各种业务，都是日常进行的工作。这些虽然包括在日常的业务工作中，但把它们有机地结合起来，作为工作体系来实施则很重要。把安全管理业务归纳起来，如图 7－4 所示。

二、医用电气设备档案管理

1. 医用电气设备管理原则与流程

档案管理是医用电气设备的保管管理的一个重要组成部分。医用电气设备档案在医疗、科研、教学以及医院管理中均起到重要的作用，是重要的法律文件，也是处理医用电气设备引起的各种纠纷的法律依据。根据《中华人民共和国国家档案法》的规定，属档案管理范畴的文件、原始资料，必须以档案方式保存、管理。医用电气设备从计划采购、安装验收、临床使用、维修维护直至淘汰报废的整个过程会产生大量的文书、资料，如购买设备申请报告、论证报告、标书、中标通知、内外贸易合同、海关报关文件复印件、商检报告、各类检测报告、到货验收单、设备验收安装

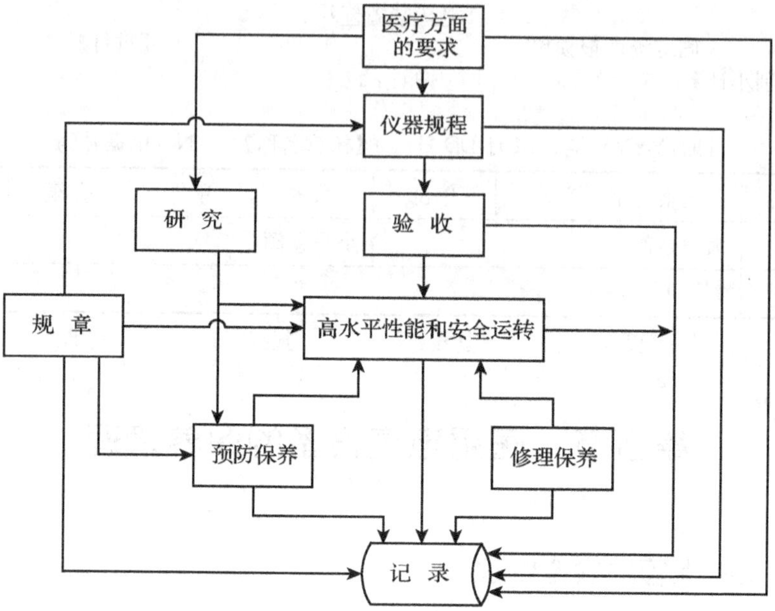

图 7-4 仪器安全管理业务

登记表、技术资料、维修情况登记、使用情况登记、报废报损申请报告等都需要建立完整的设备档案。

进行安全管理时，健全安全记录并进行保存是很重要的环节。建立医用电气设备档案的最终目的是开发利用设备一生过程中的信息资源，发挥档案的深层次效能，更好地为医院现代化建设服务，为临床、教学、科研活动服务，为决策提供各种信息资源。因此，设备技术档案管理十分重要。

目前，我国医用电气设备档案管理在医院实行"主管院长总负责，专职档案员督导，兼职档案员具体实施，设备使用、维修人员参与"的共同管理模式。医用电气设备兼职技术档案管理人员行政上归设备管理部门，业务上由院技术档案管理部（如院综合档案室）负责指导。与此同时，根据《科技档案工作条例》、《工业企业技术档案管理暂行规定》、《科学技术档案案卷构成的一般要求》等，制订医用电气设备档案归档范围及分类编号、归档办法及案卷质量要求，建立医用电气设备档案管理规定，完善医用电气设备档案的收集、整理、立卷归档、保管、保密、借阅、统计、鉴定、销毁等制度，实现医用电气设备档案管理的制度化、程序化、标准化、科学化，保证医用电气设备档案的规范管理。

一个完整的档案管理，必须合理地设置设备管理类目体系。医用电气设备档案是医院档案类目体系中的一级类目之一，必须参照国家档案分类的有关规定，结合医用电气设备管理的特性设置档案类目，达到组卷规范的目的。类目设置必须保证类目清楚，避免不同类目文件交叉立卷，避免割裂文件材料的有机联系。不少单位在组卷时，是按照文书档案的整理要求把同一问题的文件组成一个案卷，如将不同型号的设备购置合同书组成一卷，这样就使一台设备的文件材料人为地分散在其他门类的案卷中，给设备管理带来不便和麻烦。

医用电气设备档案管理的业务流程如图 7－5 所示。

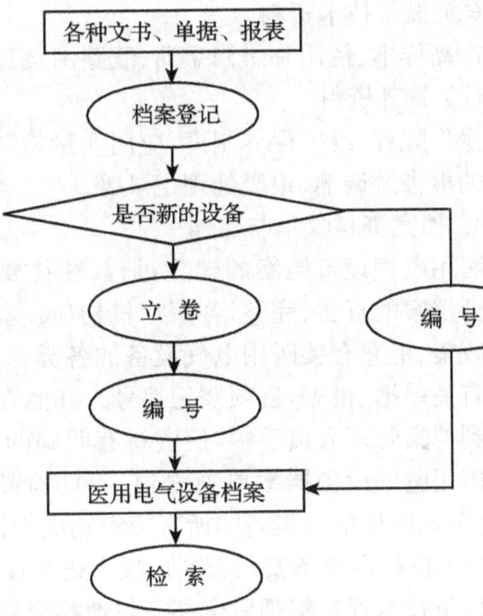

图 7－5　医用电气设备档案管理流程

2. 医用电气设备档案管理的要求

(1) 真实性

档案资料收集的应是原始资料。在医用电气设备管理的各个环节中，应随时收集各种原始资料。如因客观原因只能得到复印件时，则必须验证复印件的真实性和注明复印件的提供者，以备查证。

(2) 完整性

档案资料必须根据内容要求进行收集、整理并装订成完整的档案资料。档案目录与实际档案资料内容、数量页数必须相符，不能缺少。一般情况下原始资料不能外借，而应以复印件方式借出。当原始资料必须借出时，应严格手续，限期归还，防止流失。

(3) 动态管理

医用电气设备在整个应用周期中，随时会有新的资料产生，如设备维修、检测、计量等结果记录、各种保修合同等。因此应该注意档案内容动态更新，每年档案文件目录中的内容均要求及时更新。

3. 医用电气设备档案内容

下列项目的原始资料应列入医用电气设备档案内容。

(1) 筹购资料

申请报告(表)、论证表、审批报告与批复文件；招标、评标记录或采购谈判记录、产品生产和注册证书、销售商品的经营许可证、订货合同、到货验收报告、商检、索赔记录、安装报告等。

(2) 设备技术资料

产品样本、使用和维修手册、线路图及其他有关资料。

(3) 管理资料

操作规程、维护保养制度、应用质量检测、计量信息、使用维修记录、可疑不良事件的报告及调剂、报废处理记录等。

4. 档案资料收集与建档

医用电气设备档案的建立过程,往往要经过若干个环节和不同的部门人员。为保证档案的真实、完整,各医疗机构应设立专(兼)职设备档案管理人员,由他们负责收集、汇总有关医用电气设备的各类原始凭证、报告,以及其他管理部门所产生的有关单据、报表,逐项登记编号。其他管理部门的相关人员应及时将有关资料转交到档案管理人员手中,使资料有明确的去向。医用电气设备档案管理要求将每台医用电气设备档案单独立卷,一旦购置新的医用电气设备,即生成新的案卷号,有关该医用电气设备的所有资料均成为该案卷中的目录文件。具体要求如下:

(1) 在每台设备安装、验收、投入正常使用后两周内,将该设备所有筹购资料、随机设备技术资料整理后全部完整地移交到档案管理人员手中。档案人员应在一周内建档立卷。

(2) 设备维修管理人员应在每一季度的第一周,将有关设备维修及质量检测、计量等资料整理后移交档案管理人员,建立动态管理信息。档案文件目录须每年更新。

(3) 固定资产 10 万元以上(含 10 万元)的设备要求建立全过程档案。固定资产 10 万元以下的设备要求建立简易档案,内容包括设备技术资料与管理资料,筹购资料只要求产品与销售的有关证书。

(4) 医用电气设备档案可以由单位档案室统一管理,也可以由设备管理部门指定专人管理。简易档案由设备管理部门指定专人管理。

(5) 档案管理与检索二级甲等以上医院,要求实现计算机化管理,建立档案数据库。

(6) 档案保存期限根据相关法律规定为 15 年。

现在大部分医用电气设备档案采用计算机管理,不仅可以准确、快捷地查阅所需资料,节约人力和时间,大大提高工作效率,而且对于更新管理观念和管理手段、提高医用电气设备管理人员的素质和技术档案管理的质量,起到积极的促进作用。因此,医用电气设备档案的计算机管理,是现代医用电气设备管理发展的必然方向。

医用电气设备的技术档案计算机管理内容包括:科室申请报告、安装调试及验收资料、设备的中英文技术资料、运行过程中的维修记录、计量测试记录、重大故障及处理记录、报废报告及报废的技术鉴定资料、报废后的设备处理结果等。

安全管理档案以每台仪器或机组为准，是每台仪器从购入开始到报废为止全部期间内的履历表，表 7-5 是安全管理档案示例，建立安全管理档案便于查阅仪器的使用过程。详细项目和定期检查报告书、修理报告书等一起归档。将这些档案保管好，运用贮存的记录数据，对购入更好、更安全的仪器，发展安全程序都是很重要的。

表 7-5　安全管理档案

<table>
<tr><td colspan="2">仪器名称</td><td colspan="2">管理编号</td></tr>
<tr><td>生产单位</td><td colspan="2">型号</td><td>出厂号</td></tr>
<tr><td>购入单位</td><td colspan="3">价格</td></tr>
<tr><td colspan="2">验收日期</td><td colspan="2">保修期</td></tr>
<tr><td colspan="2">主管科室</td><td colspan="2">使用负责人</td></tr>
<tr><td colspan="4">使用场所</td></tr>
<tr><td colspan="3">重大事项</td><td>定期检查负责人：</td></tr>
<tr><td colspan="2">归还时间(年,月,日)</td><td colspan="2">处理、报废、其他(年,月,日)</td></tr>
<tr><td colspan="2"></td><td colspan="2"></td></tr>
</table>

<table>
<tr><td colspan="10">记　录</td></tr>
<tr><td colspan="4">日期</td><td rowspan="2">故障日期</td><td rowspan="2">简单记录</td><td rowspan="2">T.B.F</td><td rowspan="2">有关报告记录</td><td rowspan="2">经费</td></tr>
<tr><td>申请</td><td>设备出仓</td><td>预定归还</td><td>归还</td></tr>
<tr><td></td><td></td><td></td><td></td><td></td><td></td><td></td><td></td><td></td></tr>
</table>

思　考　题

7-1　设备一生的管理可分为哪几个主要阶段？医疗设备前期管理的主要内容是什么？

7-2　医用电气设备的安装调试包含哪些步骤？

7-3　医用电气设备的检查和保养包含哪些？

7-4　医用电气设备的报废管理流程有哪些？

7-5　说明“预防维修”与“定期检修”的主要内容。

第八章 医用电气设备的系统安全性

第一节 医用电气安全系统工程

一、安全系统工程的概念

安全系统工程的定义是:应用系统工程的原理与方法,识别、分析、评价、排除和控制系统中的各种危险,对工艺过程、设备、生产周期和资金等因素进行分析评价和综合处理,使系统可能发生的事故得到控制,并使系统安全性达到最佳状态。由于安全系统工程是从根本上和整体上来考虑安全问题,因而它是解决安全问题的战略性措施。为安全工作者提供了一个既能对系统发生事故的可能性进行预测,又可对安全性进行定性、定量评价的方法,从而为有关决策人员提供决策依据,并据此采取相应安全措施。

安全系统工程是系统工程学科的一个分支,它的学科基础除了有系统论、控制论、信息论、运筹学、优化理论等外,还有其特有的学科基础,如预测技术、可靠性工程、人机工程、行为科学、工程心理学、职业卫生学、劳动保护法规、法律以及相关的各工程学等多门学科和技术。

二、安全系统工程的目标及实现

系统思想引入到安全生产科学技术方面来,形成了系统安全的概念。作为一种概念、一种思想方法,是要指导实践,改造客观世界的。按照系统安全思想方法指导生产系统,是安全系统工程的任务。

讨论一个系统,研究其安全性时,必须考虑系统的输入、输出和系统模型。系统安全可定义为:在保证系统的功能、最短时间、最低经济成本以及其他条件限制下,在系统寿命周期的各个阶段均可达到最佳安全程度。

安全系统工程,是系统安全思想在安全生产科学技术中的实践。因此,系统安全所要达到的目标,就是安全系统工程的目标。对于一个既定的系统,系统安全所要达到的安全目标是要建立这样一种状态:使系统中的每个人都在系统的危险性均已被识别、并被控制在一个可以接受的潜在的伤害水平的环境中生活和工作。1974 年美国原子能委员会发布的《美国商用核电站风险评价报告书》,就是应用安全系统工程中系统安全分析的方法,定量地对核电站可能带来的风险进行分析,令人信服地得出了核电站是安全的结论。

应用系统安全思想方法指导安全生产,是从全局的观点和事物内部相互联系的观点来开展安全活动的。为了达到系统安全目标,一系列安全活动是贯穿在从系统形成的初期阶段到系统投入使用后的各个阶段之中。一个被开发的新系统,一般包括制订方案、设计、研制、生产、使用维修等五个阶段。针对每个阶段开展相应的主要安全活动有:拟定安全方案、参与故障分析和风险分析、鉴定安全设备、拟定安全试验计划及试验、安全教育与培训和事故调查等。

制订方案阶段,是开发系统的初始阶段,调查系统在安全方面的历史数据资料和未来技术的安全状况,是开发系统的基础。本阶段应当辨认系统中的主要危险源,分析发生危险的原因和对系统的影响程序,判断危险的类型,以便提出措施,在设计和使用阶段加以控制。本阶段还要提出安全设计标准与要求,进行设计安全审查,并就初步设计的安全性做出结论。

技术设计阶段是方案化的阶段。在此阶段要广泛地研究系统的适用性和验证初步设计,对技术风险、成本、人机工程、操作与维修的合理性以及安全状况进行全面详细的分析,提出报告,以供审查设计之用。通过技术设计,可以得到一个在安全方面可接受的合适的总体方案,以便在下一阶段进一步完善。

研制阶段,是技术设计的进一步深化与完善。本阶段要完善安全设计标准,为控制系统的危险性提出完善措施,进行更完善的试验以验证设计的可靠性和可行性,对全部故障均要进行研究并分析对系统安全的影响。通过修改设计、改进工艺、安全培训等措施,完善系统,坚持安全设计标准,审查设计的安全性,并做出结论。

生产阶段,监督制造厂有关安全试验的结论,与质量监督部门配合控制质量,同时对操作者进行安全培训,对危险性进行分析并对控制措施进行客观地审查,以便做出可行性结论。

使用维修阶段,主要工作是在系统运行以后,进行安全教育培训,并对使用维修中发生的事故进行调查分析,以便采取新的措施。

综上所述,安全活动在系统的初期阶段就开始,贯穿在系统形成的各个阶段的全过程之中,体现了系统思想的整体观点和全局观点。系统形成初期所认识的危险,可通过修改设计、改进工艺等措施得到消除和控制,是一种预测预防的工作,从而保证系统在运行时达到最佳安全状态,做到防患于未然。由此可见,安全系统工程与过去以经验为主的安全管理有着质的区别。

三、安全系统工程的研究对象

安全系统工程作为一门科学技术，有它本身的研究对象。在任何一种人类的生产活动中，始终存在着安全与危险这一对矛盾，安全系统工程的基本任务就是要解决这一对矛盾，促使矛盾向安全方面转化。一般说来，任何生产系统都包括三部分，即从事生产活动的操作人员和管理人员，生产必须具备的机器装备、厂房等各种物质条件，以及生产活动所处的环境。这三个部分构成了一个“人—机—环境”系统，每一部分是其中的一个子系统，称之为人子系统、机器子系统和环境子系统。

人子系统，涉及人的生理因素和心理因素，以及规章制度、规程等如何适合人的特性、易于为人们所接受的问题。不仅把人看做“生物人”、“经济人”，而且也是“社会人”，必须运用安全心理学、行为科学等方面科学地解决这些问题，以充分发挥人的主观能动性。

机器子系统，不仅要从工件的形状、大小、材料、强度、工艺、设备的可靠性等各方面考虑其安全性，而且要考虑仪表、操作部件对人提出来的要求，以及从人体学、生理学、心理学方面研究人在正常劳动条件下，人体参数、结构特点、运动特点、心理与生理过程等有关参数对仪表和操作部件的设计提出要求。

环境子系统，主要包括环境的物化因素和社会因素。物化因素主要有噪声、振动、粉尘、有毒气体、射线、光、温度、湿度、压力、热、化学有害物质等，社会因素主要有管理制度、工时定额、班组结构、人际关系等。

环境子系统与机器子系统和人子系统相互影响，物化因素将影响机器的寿命、精度，甚至损坏机器；机器产生的噪声、振动、温度、尘毒，又影响人和环境；而人的心理状态、生理状态往往是引起误操作的主观因素；环境的社会因素又会影响人的心理状态和生理状态，给安全带来潜在危险。所以，在“人—机—环境”系统中，这三个子系统相互联系、相互制约、相互影响，构成了一个有机的整体。安全系统工程就是从系统思想出发，研究“人—机—环境”系统，提高其整体的安全功能。

四、医用电气设备系统安全性

在现代临床上所见到的，多是复杂系统，这个系统包括医用电子仪器、计算机等硬件、控制这些并进行信息处理的软件，以及工作人员或患者等。在这样的系统中，为保持系统的安全性，想明确那个部件是重要的、各个部件和系统的安全性具有什么关系等问题，大多是非常困难的。换句话说，为了预防某事故的发生，究竟对哪部分采取怎样的安全措施效果最好，这是很难了解的。对部件安全性考虑方法来说，如果忽略或遗漏某部件的安全措施，将使整个系统失去平衡，危险性较大。

而在系统安全措施上则是先将安全问题作为系统整体加以考虑，再对每个问题进行研究，以便从整体到部分地找出问题。即采取所谓自上向下的方法，可以避免了上述的危险性。

随着疾病在质和量上的变化，促进了新的医学理论和医疗技术向着专业化方面发展。协助医生的辅助人员的急剧增加、医疗工作的专业化和共同协作已成为近代医疗的一个特征。其结果是使医疗的安全管理变得非常复杂化，使得造成灾害的原因和因素也多样化了。

引入自动化医用电气设备仪器和计算机，改变了医生和患者一对一的关系。对一名患者治疗，有医生、护士、医疗仪器操作辅助人员，再加上系统仪器，促进了医疗的自动化和系统化。诊疗室、CCU 室、ICU 室等完全改变过去医疗方式的例子已有不少。迅速的系统化带来了技术发展不够完善的问题。系统工程学告诉我们，组合的因素愈多，则系统的可靠性与此大致成正比下降，也就是说事故发生率变大。

近年来，科学技术高度发展，新产品从开始研究到实用，直到用下一个新产品来取代的期间，即技术的使用周期已大大缩短了。在本世纪初，从开始研究到实用大约需二十年，现在则已缩短到五年以下，甚至更短。因技术使用周期的缩短而发生的新产品泛滥使得所谓过去的做法，即一边经过试用，一边评价安全性，一边进行标准化的做法变得极其困难。对下一个十年间究竟能出现什么新技术完全不能预测。这就造成安全标准的多样化，使制定标准非常困难。随着临床上的迅速变化，造成灾害的原因多样化，责任问题复杂化，安全管理变得非常困难。这就需要一个和这种情况相适应的"新的安全管理方法"，这就是所谓医用电气系统安全性。

第二节　医用电气系统安全性定性分析

一、安全检查表

安全检查表(Safety Check List，简称 SCL)是进行安全检查、发现潜在危险、督促各项安全法规、制度、标准实施的一个较为有效的工具。它是安全系统工程中最基本、最初步的一种形式。

1970 年之前，日本交通事故发生频率很高，交通事故随着机动车辆的增加而直线上升。1970 年之后，日本将安全检查表运用到交通安全管理工作中，对交通安全进行严格管理。当时一旦发生交通事故，运用安全检查表要填写的原始表格有 500 多项，包括天气情况、司机年龄、司机毕业学校、道路情况、汽车牌号、轮胎花纹等都要进行调查统计填报，然后进行事故统计分析和预测。根据统计结果分析事故规律，采取相应措施，如某弯道事故多、某坡度不安全、车辆零件有问题，就相应地改进；是驾驶员素质问题，就加强培训等。通过系统地整改，并用安全检查表指导交通安全工作，如此反复、循序渐进，收到了显著效果。1970 年后机动车辆大量增加而交通事故仍基本控制在 1970 年的水平，安全检查表法成了日本交通安全管理的秘诀，随之在日本得到认可和推广。

20 世纪 70 年代末至 80 年代初，安全检查表法开始在中国应用，由于此种方法简单，故在国内得到推广，收到了较好的效果。

安全检查表必须包括的内容有：序号、项目名称、检查内容和检查结果。

安全检查表实际上就是一份实施安全检查和诊断的项目明细表，是安全检查结果的备忘录。通常为检查某一系统、设备以及各种操作管理和组织措施中的不安全因素，事先对检查对象加以剖析、分解，查明问题所在，并根据理论知识、实践经验、有关标准、规范和事故情报等进行周密细致的思考，确定检查的项目和要点，以提问方式，将检查项目和要点按系统编制成表，以备在设计或检查时，按规定的项目进行检查和诊断。

安全检查表编制的原则包括：编制工作要具有科学性，要识别、控制、预防系统中的危险性，首先必须对母系统进行充分的认识，强调运用的安全检查表应具有科学性，在编制之前充分揭示特定系统中的危险性及危险发生的可能性。既要重视“人的不安全行为”，也要重视“物的不安全状态”，及其对医院安全管理的影响，着重在物的本质安全化方面下工夫。

安全检查表具有科学性，还包括表中的内容和条目顺序必须与技术规范、安全技术规程、工艺要求等相匹配。如在编制医疗设备生产医院“气密性试验作业安全检查表”时，必须先把强度试验(水压试验)这一条目放在前面，把有关气密试验作业安全检查的条目放在后面，如果不优先编制水压试验条目(构成漏项)，即使其他所有子条目经检查都符合安全要求，因没有做水压试验，在气压试验时或在用户手中还可能发生重大意外事故，这充分说明安全检查表的科学性丝毫都不能忽视。在编制“气密性试验安全检查表”时，如把“运用观察镜去观察气压试验装置上的压力表读数”列入“气密性试验安全检查表”子条目，这种检查表就更加具有特定内涵，加大了检查表从技术角度、科学预防事故方面的技术含量。编制内容要求简洁，便于使用安全检查表是发现问题和危险的统一“标尺”，它的“刻度”既要“精密”，又要适度；既要便于“测量”，又要便于使用。所谓“精密”，指表中的项目应包括所有检查点。但检查点多，往往又会掩盖重点。因此，检查表应概括众多的检查点，做到简单明了，便于使用，既全面又突出重点，具有适度性。共同编制过程中采取“三结合”的方法，由工程技术人员、管理人员和操作工人共同编制，并在实践中不断修改补充，逐步完善。

二、危险性预先分析

危险性预先分析（Preliminary Hazard Analysis，PHA），又称预先危险分析，是一种定性分析评价系统内危险因素和危险程度的方法。

危险性预先分析是在每项工程活动之前，如设计、施工、生产之前，或技术改造后制定操作规程和使用新工艺等情况之前，对系统存在的危险性类型、来源、出现条件、导致事故的后果以及有关措施等，做一概略分析。其目的是辨识系统中存在的潜在危险，确定其危险等级，防止这些危险发展成事故。

危险性预先分析对固有系统中采取新的操作方法、接触新的危险性物质、工具和设备时，进行分析也比较合适。这种方法是一种简单易行、经济有效的定性分析方法。

1. 危险性的辨识

要对系统进行危险性分析，首先要找出系统可能存在的所有危险因素，也就是危险性辨识要解决的问题。所谓危险因素，就是在一定条件下能够导致事故发生的潜在因素，对一个系统进行危险因素辨识，可以从以下三方面入手：从能量转移概念出发，该理论的原始出发点是防止人身伤害事故。既然事故来自于能量的非正常转移，那么，在对一个系统进行危险因素辨识的时候，首先就要确定系统内存在的各种类型的能源，以及它们存在的部位，正常或不正常转移的方式，从而确定各种危险因素；其二从人的操作失误考虑。一个系统运行的好坏和安全状况如何，除了机械设备本身的性能、工艺条件外，很重要的因素就是人的可靠性。第三从外界危险因素考虑。系统安全不仅取决于系统内部人、机器、环境因素及其配合状况，有时还要受系统以外其他危险因素的影响。其中有外界发生事故对系统的影响，如火灾、爆炸；也有自然灾害对系统的影响，尽管外界危险因素发生的可能性很小，但危害却很大。因此，在辨识系统危险性时也应考虑这些因素，特别是处于设计阶段的系统。

2. 危险性等级

在分析系统危险性时，为了衡量危险性的大小及其对系统破坏性的影响程度，可以将各类危险性划分为四个等级，如表 8－1 所示：

3. 分析步骤

进行危险性预分析，一般采取以下几个步骤：

(1) 通过经验判断、技术诊断或其他方法调查确定危险源，即危险因素存在于哪个子系统中，对所需分析系统的生产目的、物料、装置及设备、工艺过程、操作条件以及周围环境等进行充分详细的调查了解。

表 8-1 危险等级划分

级别	危险程度	可能导致的后果
Ⅰ	安全的	不会造成人员伤亡及系统损坏
Ⅱ	临界的	处于事故的边缘状态，暂时还不至于造成人员伤亡、系统损坏或降低系统性能，但应予以排除或采取控制措施
Ⅲ	危险的	会造成人员伤亡和系统损坏，要立即采取防范对策措施
Ⅳ	灾难性的	造成人员重大伤亡引发系统严重破坏的灾难性事故，必须予以果断排除并进行重点防范

(2) 根据过去的经验教训及同类行业中发生的事故(或灾害)情况，对系统的影响、损坏程度，类比判断所要分析的系统中可能会出现的情况，查找能够造成系统故障、物质损失和人员伤害的危险性，分析事故(或灾害)的可能类型。

(3) 对确定的危险源分类，制成预先危险性分析表。

(4) 识别转化条件，即研究危险因素转变为危险状态的触发条件和危险状态转变为事故(或灾害)的必要条件，并进一步寻求对策措施，检验对策措施的有效性。

(5) 进行危险性分级，排列出重点和轻、重、缓、急次序，以便处理。

(6) 制定事故(或灾害)的预防性对策措施。

三、故障类型和影响分析

故障类型和影响分析(Failure Mode Effects Analysis，FMEA)是安全系统工程中重要的分析方法之一。它是由可靠性工程发展起来的，主要分析系统、产品的可靠性和安全性。它是采用系统分割的方法，根据需要将系统划分成子系统或元件，然后逐个分析各种潜在的故障类型、原因及对子系统乃至整个系统产生的影响，以便制定措施加以消除和控制。对可能造成人员伤亡或重大财产损失的故障类型进一步分析致命影响的概率和等级，称为致命度分析(Criticality Analysis，CA)。故障类型和影响分析是定性分析，而致命度分析则是定量分析，两者结合起来称为故障类型影响和致命度分析(FEMCA)。

故障不同于事故，它是指元件、子系统或系统在运行时达不到设计规定的要求，因而完不成规定的任务或完成得不好。故障不一定都能引起事故，故障类型是故障呈现的状态。

故障类型和影响分析是美国最早于1957年最早用于飞机发动机故障分析，因其容易掌握且实用性强，故得到迅速推广。目前在电子、机械、电气等领域广泛应用,国际电工委员会(IEC)已经颁布 FMEA 标准,我国有关部门亦在制定相应标准。

1. 故障类型和故障等级

所谓故障,一般是指元件、子系统或系统在规定的条件下、在规定的运行时间内,达不到设计规定的功能,因而完不成规定的任务或完成得不好。

故障类型,包括元件、子系统或系统发生的每一种故障。例如,一个阀门发生故障,可能有四种故障类型:内漏、外漏、打不开、关不严等。

故障等级,是根据故障类型对于系统或系统影响程度的不同而划分的等级,划分故障等级主要是为了分别针对轻重缓急采取相应措施。

故障等级的划分方法有多种,大多根据故障类型的影响后果划分,表 8-2 所示为其中的一种分组方法,称为直接判断法,将故障等级划分为 4 个等级。

表 8-2　故障危险程度等级

故障等级	影响程度	可能造成的伤害和损失
Ⅰ	安全的	不会造成人身伤害和职业病,系统也不会受损,不需要采取措施
Ⅱ	临界的	可能致人轻伤或轻度职业病,次要系统损坏,应采取措施
Ⅲ	危险的	会造成人员伤亡和系统破坏,应立即采取措施

由于直接判断法只考虑了故障的严重程度,具有一定的片面性。为了更全面地确定故障的等级,可以采用风险率(或危险度)分级,即综合考虑故障发生的可能性及造成后果严重度两个方面的因素来确定故障等级。其方法是把故障概率和严重度都划分成几个等级,然后做出矩阵图。这里介绍的是把两者都划分为四个等级,划分原则见表 8-3 和表 8-4。

表 8-3　严重度分级

严重度等级	内　容
Ⅰ低的	① 对系统任务无影响 ② 对子系统造成的影响可忽略不计 ③ 通过调整故障易于消除

(续表 8-3)

严重度等级	内　　容
Ⅱ 主要的	① 对系统任务虽然有影响,但可忽略 ② 导致子系统功能下降 ③ 出现的故障能够立即恢复
Ⅲ 关键的	① 系统功能有所下降 ② 子系统功能严重下降 ③ 出现的故障不能立即通过检修予以恢复
Ⅳ 灾难性的	① 系统功能严重下降 ② 子系统功能全部丧失 ③ 出现的故障需要彻底修理才能消除

表 8-4　故障概率等级的划分

故障概率等级	故障出现的机会
Ⅰ级　概率很低	元件操作期间故障出现的机会可以忽略
Ⅱ级　概率低	元件操作期间故障不易出现
Ⅲ级　概率中等	元件操作期间故障出现的机会为50%
Ⅳ级　概率高	元件操作期间故障容易出现

2. 故障类型和影响分析分析步骤

(1) 熟悉系统。首先要收集与系统有关的各种资料,如设计说明书、设备图纸、工艺流程及各种规范、标准等,了解各部分的功能和相互关系。

(2) 确定分析的深度。系统是由若干个子系统组成的,子系统又可逐层向下划分至元件。分析到哪一层应事先明确,一般根据分析目的而定。如用于设备的设计则应分析到元件为止,若用于安全管理,可分析到电子元器件模块等为止。

(3) 绘制逻辑框图。根据系统、子系统、元件之间的逻辑关系绘制成逻辑框图。逻辑框图不同于流程图,除包括各子系统输入输出关系,还应标明各部分之间并联或串联关系。如几个元件共同完成一项功能时用串联表示,冗余回路则用并联表示。

(4) 分析故障类型和影响。按照逻辑框图,以表格的方式详细查明子系统或元件可能出现的故障类型、产生的原因,并进一步分析对子系统、系统以及人员的影响,然后根据故障类型的影响程度划分等级,以便分轻重缓急采取安全措施。

(5) 结果汇总。故障类型和影响分析完成以后,对系统影响大的故障要汇总列表,详细分析并制定安全措施加以控制。对危险性特别大的故障类型尽可能做致命度分析。

FMEA故障模型效果分析是根据结果找到故障原因，分析其影响效果的大小，发生频率的多少，从而寻找对策，减少故障的发生。下面就医疗供氧，接地部件做出FEMA分析，表8-5是FMEA分析表的实例。

表8-5　FEMA的分析表

部　件	时　期	故障的形式	效　果	措　　施
供　氧	手术中	停止供给	心跳停止	装配氧气供给量检查、警报装置
接　地	人体检查中	因引线脱落触电	强电击	装配安全地线及检查漏电电流

四、医疗事故的级别和原因

医疗事故种类很多，大致可分为以下几种：和医学本身有关的误诊与治疗失误等，和为医学服务的系统有关的医疗仪器的操作失误与故障等，以及和环境有关的房屋与设备的不完善等。此外，还和社会有关系。这些因素多是互相关联结合在一起的，多数情况下，确定某一事故纯属哪一种类是比较困难的。在考虑和医学本身有关的问题时，也有因和其他原因重叠而使事故扩大的情况，但在这里不予讨论。

将医疗事故按其发生原因来区分，如表8-6所示。人、仪器、设施、药品、情报、软件、环境以及它们相互间可以潜藏着事故发生的原因。特别是与人的因素有关的人的错误、有关医学情报的错误以及和随着今后日益计算机化，而日益重要的软件有关的失误等，和广义的软件有关的问题，在部件安全性中是不作为讨论对象的，但在系统的安全性上是非常重要的。

表8-6　蕴藏医疗事故原因的地方

因　素	可能蕴藏事故的原因
人	操作错误、判断错误、决定错误、弄错等
仪　器	设计错误、故障、错误工作、错误使用等
设　施	电源不好、接地不好、施工失误、管理失误等
药　品	使用错误、拿错、管理失误、副作用等
情　报	不正确、错误解释、不明确、遗漏、不正常使用等
软　件	论理失误、编码失误、订正失误等
环　境	公害、尘埃、细菌等
相互关系	人—机、人—人、机器—机器相互作用不好

以上都只是作定性的讨论，如能给出适当的加权系数时，则将能对系统的安全性作定量的评价。

第三节　医用电气系统安全性定量分析

一、概述

医用系统安全性定量分析通常采用事故树(Fault Tree Analysis，简称 FTA)，也称故障树，它是一种描述事故因果关系的逻辑“树”，是安全系统工程中重要分析方法之一，它能对各种系统的危险性进行识别评价，既适用于定性分析，又能进行定量分析，具有简明、形象化的特点，体现了以系统工程方法研究安全问题的系统性、准确性和预测性。FTA 作为安全分析评价、事故预测的一种先进的科学方法，已得到国内外的公认和广泛采用。

1962 年，美国贝尔电话实验室的维森(Watson)提出此法。该法最早用于民兵式导弹发射控制系统的可靠性研究，从而为解决导弹系统偶然事件的预测问题作出了贡献。随之波音公司的科研人员进一步发展了 FTA 方法，使之在航空航天工业方面得到应用。20 世纪 60 年代后期，FTA 由航空航天工业发展到以原子能工业为中心的其他产业部门。1974 年美国原子能委员会发表了关于核电站灾害性危险性评价报告——拉斯姆逊报告，对 FTA 做了大量和有效的应用，引起了全世界广泛的关注，目前此法已在国内外许多工业部门和医疗机构得到运用。

FTA 不仅能分析出事故的直接原因，而且能深入提示事故的潜在原因，因此在工程或设备的设计阶段、在事故查询或编制新的操作方法时，都可以使用 FTA 对它们的安全性做出评价。日本劳动省积极推广 FTA 方法，并要求安全人员学会使用该种方法。

从 1978 年起，中国开始了 FTA 的研究和运用工作。实践证明 FTA 适合中国国情，应该在中国得到普遍推广使用。

1. 分析步骤

事故树分析是对既定的生产系统或作业中可能出现的事故条件及可能导致的灾害后果，按工艺流程、先后次序和因果关系绘成程序方框图，表示导致灾害、伤害事故(不希望事件)的各种因素之间的逻辑关系。它由输入符号或关系符号组成，用以分析系统的安全问题或系统的运行功能问题，并为判明灾害、伤害的发生途径及其与灾害、伤害之间的关系，提供一种最形象、最简洁的表达形式。

事故树分析的基本程序如下：

(1) 熟悉系统。要详细了解系统状态、工艺过程及各种参数，以及作业情况、环境状况等，绘出工艺流程图及布置图。

(2) 调查事故。广泛收集同类系统的事故资料，进行事故统计(包括未遂事故)，设想给定系统可能要发生的事故。

(3) 确定顶上事件。要分析的对象事件即为顶上事件。对所调查的事故进行全面分析，分析其损失大小和发生的频率，从中找出后果严重且较易发生的事故作为顶上事件。

(4) 确定目标值。根据经验教训和事故案例，经统计分析后，求出事故发生的概率(频率)，作为要控制的事故目标值，计算事故的损失率，采取措施，使之达到可以接受的安全指标。

(5) 调查原因事件。全面分析、调查与事故有关的所有原因事件和各种因素，如设备、设施、人为失误、安全管理、环境等。

(6) 画出事故树。从顶上事件起，按演绎分析的方法，逐级找出直接原因事件，直到所要分析的深度，按其逻辑关系，用逻辑门将上下层连接，画出事故树。

(7) 定性分析。按事故树结构运用布尔代数进行简化，求出最小割(径)集，确定各基本事件的结构重要度。

(8) 求出顶上事件发生概率。确定所有原因发生概率，标在事故树上，并进而求出顶上事件(事故)发生概率。

(9) 进行比较。将求出的概率与统计所得概率进行比较，如不符，则返回(5)查找原因事件是否有误或遗漏，逻辑关系是否正确，基本原因事件的概率是否合适等。

(10) 定量分析。分析研究事故发生概率，如何才能降低事故概率，并选出最优方案。通过重要度分析，确定突破口，可行性强的加强控制，防止事故的发生。

原则上是上述十个步骤，在分析时可视具体问题灵活掌握，如果事故树规模很大，可借助计算机进行。目前在中国，FTA一般都考虑到第(7)步进行定性分析为止，也能取得较好效果。

二、FTA使用的基本符号

事故树使用布尔逻辑门(与门、或门等)，产生系统的故障逻辑模型来描述设备故障和人为失误是如何组合导致顶上事件的。许多事故树模型可通过分析一个较大的工艺过程得到，实际的模型数目取决于危险分析人员选定的顶上事件数，一个顶上事件对应着一个事故模型。事故树分析人员常对每个事故树逻辑模型求解产生故障序列，称为最小割集，由此可导出顶上事件。这些最小割集序列可以通过每个割集中的故障数目和类型定性来排序。一般的，含有较少故障数目的割集比含有较多故障数目的割集更可能导致顶上事件。最小割集序列揭示了系统设计、操作的缺陷,对此分析人员应提出可能提高过程安全性的途径。

进行 FTA,需要掌握装置或系统的功能、详细的工艺图和操作程序以及各种故障模式和相应的结果,良好的训练和富有经验的分析人员是有效和高质量运用 FTA 的保证。

(1) 与门电路,只有当全部都输入时才有输出,如图 8－1 所示。

(2) 或门电路,即使输入只满足一个条件时也有输出,如图 8－2 所示。

图 8－1　与门电路

图 8－2　或门电路

(3) 栅极门电路(偶然发生的条件),满足一定条件时,输入本身变为输出,如图 8－3 所示。

(4) 栅极门电路(函数的条件),满足一定条件时,输入本身变为输出,如图 8－4 所示。

图 8－3　栅极门电路(1)

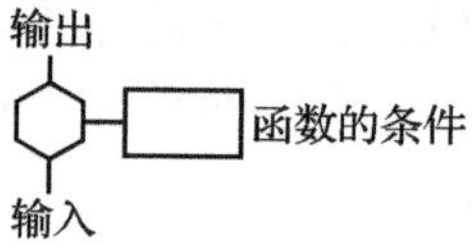

图 8－4　栅极门电路(2)

(5) 有条件的输入,指定输入条件。当指令输入顺序时,只有当满足这个条件和与门的条件时,才有输出,如图 8－5 所示。

图 8－5　指定输入条件

(6) 长方形表示逻辑门电路输出结果的现象,圆表示不能再进行细分的基本的故障,菱形表示在 FT 中的基本的故障,如图 8－6 所示。

(7) 屋形图表示通常发生的、可以预测的现象,如图 8－7 所示。

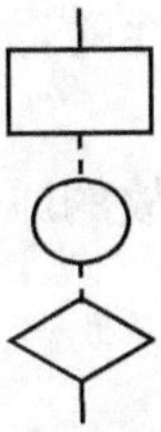

图 8－6　基本图形表示的故障

8－7　屋形图表示的故障

(8) 三角形表示当 FT 的图很大时，用此符号能进行分割，如图 8－8 所示，其中(a)图表示从别处进入，图(b)和(c)表示进入别处。

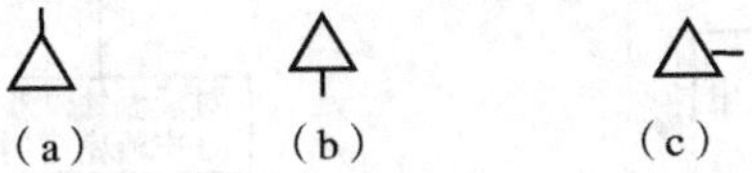

图 8－8　三角形表示的几种故障

三、电刀造成烫伤的 FT

(1) 首先根据电刀电路原理及对象(包括 ECG)画出模型如图 8－9 所示：

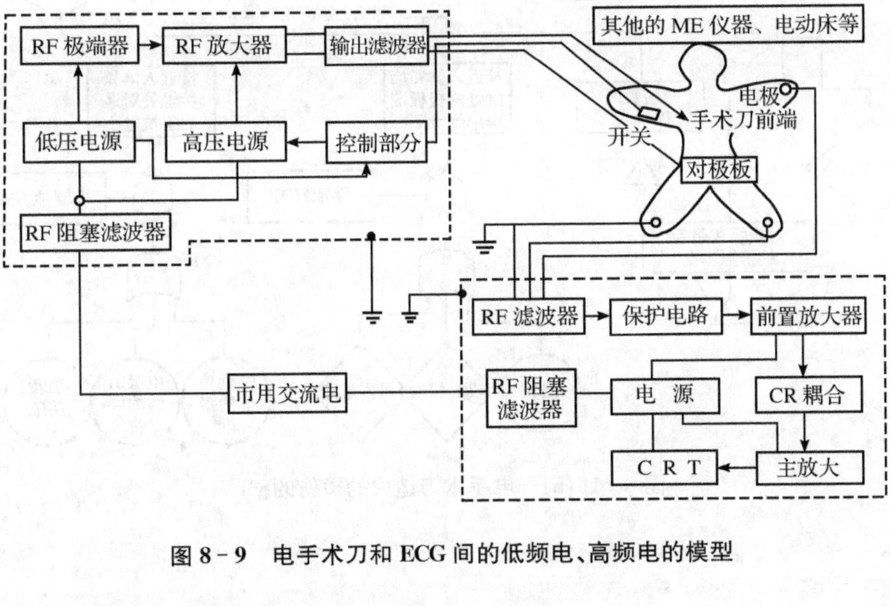

图 8－9　电手术刀和 ECG 间的低频电、高频电的模型

(2) 根据烫伤的结果查找原因，制成 FT 图表示由电刀造成烫伤的 FT 的实例。如此不难理解，根据制成的 FT 即可明确烫伤事故的因果关系，明确安全措施

的要点或电刀系统应改进之处。这个阶段还只不过是定性的，如能给出 FT 各因素发生率的定量数据时，可进行更具体的分析。

可见 FTA 实质是运用树枝图结点分析法查找产生事故的原因，寻找防患的方法，如图 8－10 所示。

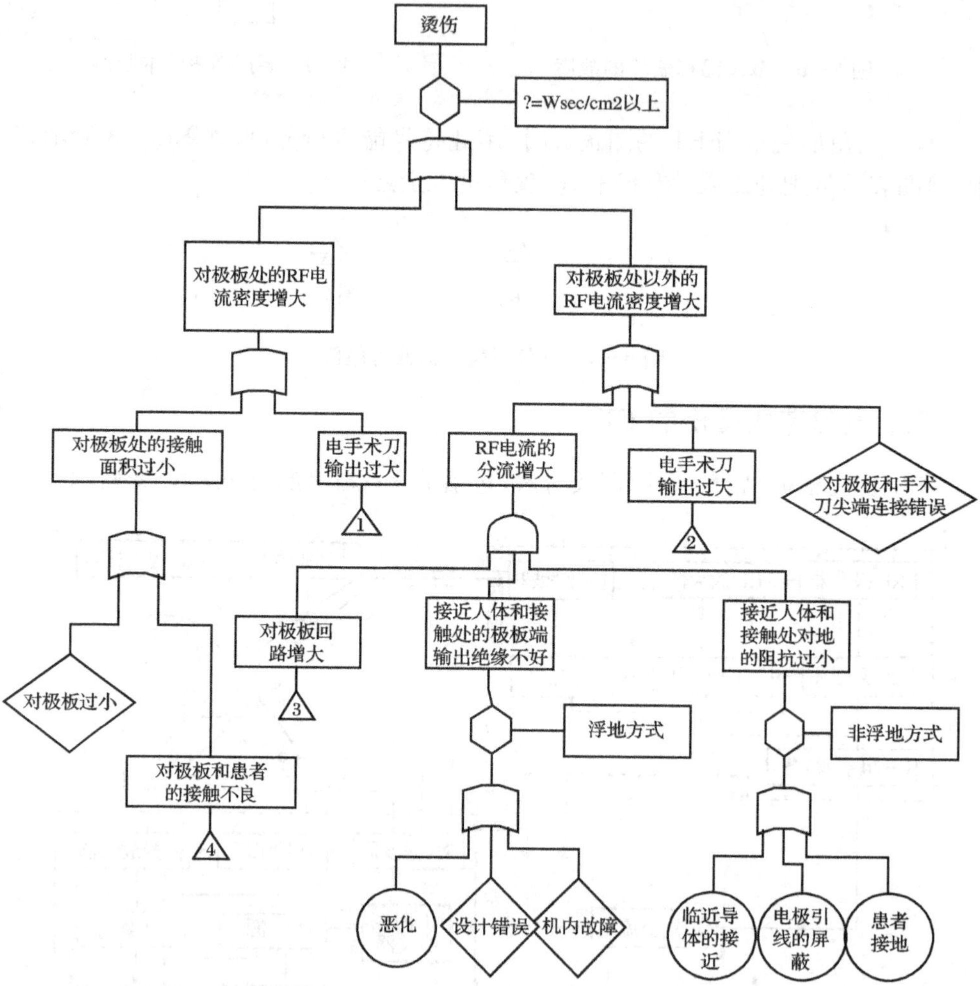

图 8－10(a)　电手术刀造成的烫伤的 FT

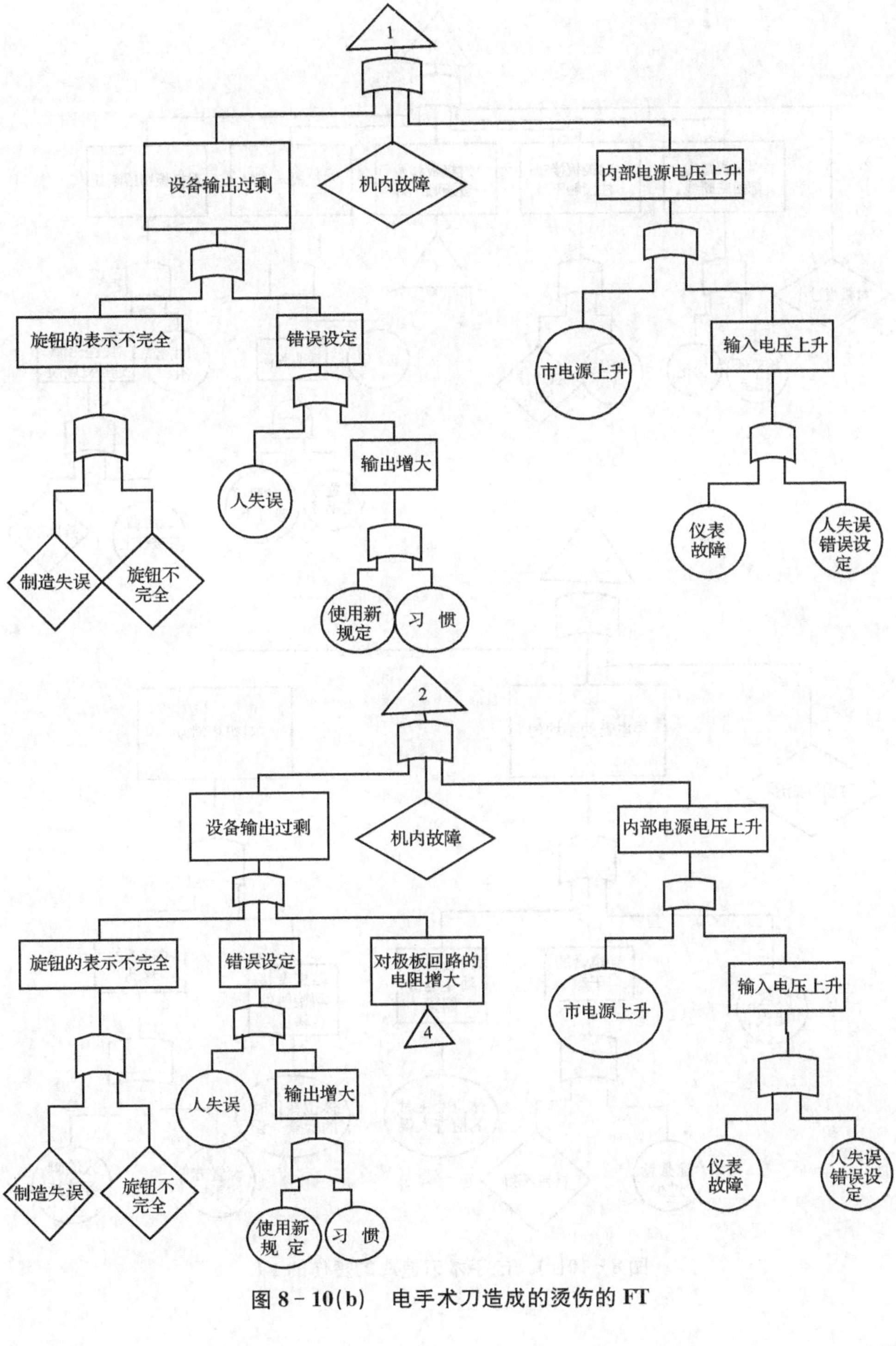

图 8－10(b)　电手术刀造成的烫伤的 FT

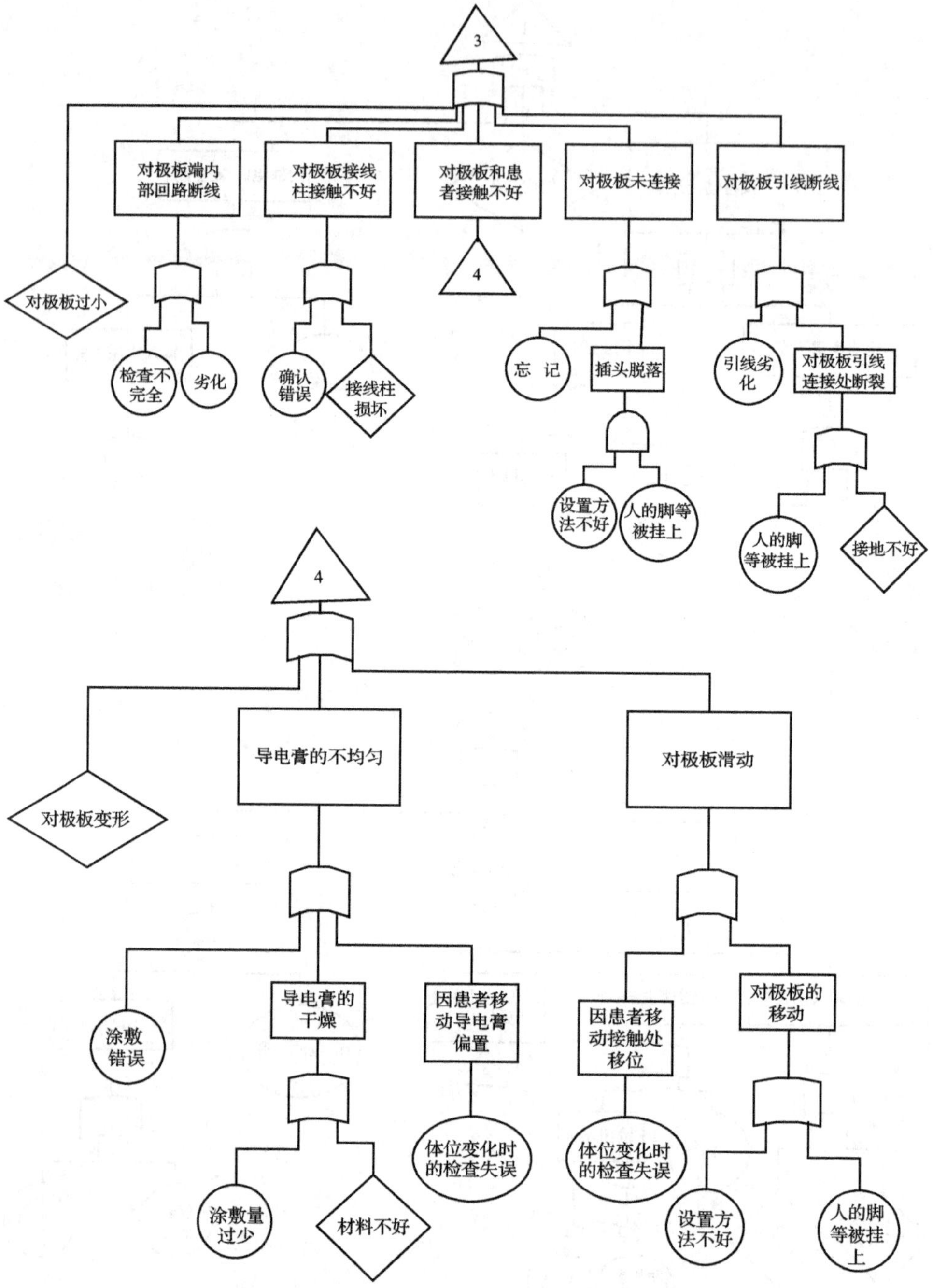

图 8-10(c)　电手术刀造成的烫伤的 FT

第四节　医用电气设备系统的安全性评价

当前，医疗中大量引入工程技术，手术室及诊查室中正在使用各种复杂自动化仪器。随着工程技术发展，可以预测工程技术将在医疗中出现急剧增长的趋势。而安全性问题，就是因工程技术中技术评价和医疗中医疗仪器使用者不合格而产生的。

某一技术已经完成并不等于就可以使用，当它在社会上具有一定位置之前，从该技术所有的正面与反面来加以评价比较，并对反面采取必要的措施，这种过程就叫做技术评价。

医疗上的技术评价，正面是对应于诊疗上的有效性，反面则对应于危险性。这两方面中只重视任何一方都是不行的。如果只重视有效性则有可能出现“手术成功而患者死亡”，如只重视安全性但愿没有事故发生，医院就得关门不再接收患者。所以两方面要加以平衡，这就是技术评价的目的。

一、安全评价的程序

安全性评价程序所示

1. 成立评价组织

由医院领导、安全技术部门负责人与医务人员、技术部门负责人与若干技术员、高级技工若干人组成评价领导组织。

2. 做好各项评价前的准备工作

(1) 制订评价计划，提出一个供讨论的初步方案。方案应是动态的，在评价过程中发现了某些缺陷或漏掉了某些项目，应及时修改、补充和完善。

一般情况下，计划中应包括以下项目：① 评价的任务和目的；② 评价的对象和区域；③ 评价的标准；④ 评价的程序；⑤ 评价的负责人和成员；⑥ 评价的进度；⑦ 评价的要求；⑧ 试点建议；安全问题的发现、统计和列表，整改措施的提出；⑨ 测试方法，整改效果分析；⑩ 总结报告等。

(2) 收集资料。包括各项目的安全性标准、评价参考资料、安全规章制度、安全教育资料、设备运行记录、事故分析报告，以及有关统计数据等。

(3) 对员工进行安全教育，并提出要求。

(4) 制定安全性评价的危险等级划分表、评价表、检查表，统一检查方法。若是用打分法评价，则应对各检查项目的安全程度进行量化。

3. 试点

试点是摸索经验，也是让评价组成员先做热身操作，考验自己的安全评价能力。在总结试点经验的基础上进行铺开，这有利于较好地掌握评价方法，避免返工，少走弯路，提高效率。

4. 全面铺开检测和评价

(1) 从管理部门的安全概念、职责、规章制度等检查入手，按预先设计好的检查表中的内容逐个检查。通过看、听、问、检测、考试、推断、打分，对每个内容或项目做出结论。

(2) 抓住主要矛盾，如对事故多发或易发区域进行全面性检查，不漏掉一个小问题。发现问题，立即采取措施，将事故隐患消灭于萌芽状态。

(3) 以专业组为单位，分头对各科室进行检查。包括对生产设备、安全装置、起重设备、运输工具、护栏、物料旋转、安全标志，以及科室的环境条件(安全通道占道率、采光、噪声、粉尘、温度、湿度、通风、垃圾清理等)是否符合标准进行评价。

5. 资料汇总、分析、计算总分、划定安全性级别、制定整改措施，写出评价报告。汇总资料应突出不安全问题，分清轻重缓急，做出标记。

安全问题的分析，包括人的素质分析(人的安全素质由安全意识和安全技能组成)，设备现状分析(包括结构安全、电器安全、安全装置完好率、管道无泄漏)，环境分析和管理分析等。

制定整改措施是评价后期的一项重要工作。所谓整改，就是采取改进方法，使未达标的事物按期达标。它包括提高全员安全素质，完善规章制度和操作规程，强化职工自我保护意识，减少人为失误。消除各种隐患，如带病运转的设备应及时安排检修，缺乏安全装置的设备都要设法配上。科室安全通道被他物所占的，限期将其撤去，所有物料要按“定置”原则进行存放。对噪声大的空压机房，要作为课题招标解决，将噪声降到规定范围。措施要具体可行，医院要拨出一定的资金，落实各项安全措施。

二、安全评价方法

安全评价起源于20世纪30年代美国的保险行业。根据评价目的、对象的不同，具体的评价内容和指标不同，所采用的评价方法也不同，目前，国内外常用的安全评价方法归纳起来主要有指数评价法、概率风险评价法、综合评价法、数值模拟与人工智能法等。

1. 指数评价法

指数评价法摆脱了以往对安全的评价只限于定性而缺乏定量分析的局面，运用了大量的试验数据和实践结果，制定了一套比较完善的方法，对化工生产装置与工艺过程中的物质、设备、数量等数据，通过逐步计算的方式，求出火灾爆炸等潜在危险的方法，评价过程中所运用的数据是源自以往的事故统计、物质的潜在能量及现行防灾措施的经验数据等。该法主要适用于化工行业的安全评价，对于医院治疗系统涉及人员众多、环境复杂的系统就很难应用类似于指数评价的方法。

2. 概率风险评价法

概率风险评价法代表了安全评价的又一个发展方向，是一种精度较高的定量安全评价方法。此法通过综合分析系统最基本单元元件的性能及其致灾结构关系，推算整个系统发生事故的概率，通过对灾害后果的估计，来综合反映系统的危险程度，并同既定的目标值比较，判定是否达到预期的安全要求；或者，将危险概率值划分为若干等级，作为系统安全评价及制定安全措施的依据。

3. 综合评价法

综合评价法包括常规评价、模糊评价等方法，是目前应用比较广泛的安全评价技术。综合安全评价方法中的模糊综合评价为多因素和多层次分析方法，在解决多因素指标综合为一个或若干个指标的评价过程中有着其他方法不可比拟的优势；缺陷是因素权重的定权和变权问题需要处理，这也是关键问题所在。模糊综合评价模型需要人为解决隶属函数和隶属度的处理和求解问题，这个核心问题的求解目前并没有成功的事例，大多采用人工确定的方法；至于权重的分配几乎完全依赖于人工方法，在模型中没有根据评价对象的指标因素的客观状态和指标自动调整权重的能力，因此，在相当程度上限制了该评价方法解决问题的能力。

4. 安全综合评价法

在系统安全评价中有许多评价方法，而安全综合评价法则是从安全的角度出发，对研究对象进行的综合评价，其优越性在于使人们对整个系统或局部的安全状况有一个整体认识，有目标有重点地采取措施，掌握安全生产的主动权。在生产阶段进行安全评价的目的在于了解生产过程中的安全状况，并通过对安全状况的总体评价，指导下一时期安全工作。这一阶段的安全性综合评价属动态评价，是综合多因素的评价。进行安全性评价有利于区分轻重缓急，并有针对性地采取相应对策，真正落实“安全第一、预防为主”的方针。另外，进行安全性评价还有助于政府安全监察部门对医院的安全生产进行宏观控制，进一步提高医院安全管理水平，使安全管理工作实现科学化和系统化。

三、医疗器械风险分析

医疗器械风险分析(ISO 14971－1:1998)，主要是研究医疗器械的随机失效事件，对危害的发生概率及伤害的严重程度进行定性乃至定量分析，并判定医疗器械的可接受性，以决定医疗器械对其预期用途的适宜性的一份重要标准。全国医疗器械质量管理和通用要求标准化技术委员会已将此项标准转化为医疗器械行业标准(YY/T 0316－2000)。

1. 医疗器械风险分析的发展和重要性

总结宇航、核电站及其他有关工业方面进行风险分析的经验，以及在医疗器械使用中出现伤亡事故的实例，使得各国医疗器械管理当局和制造者感到实施风险分析和风险控制的必要性。国际标准化组织 ISO/TC 210 于 1995 年就着手“风险分析对医疗器械的应用”工作草案的起草工作，1997 年 3 月由 ISO/TC 210 和 IEC/SC62A 成立了联合工作组 JWG1，代替原有的第四工作组 WG4，加强了“风险管理对医疗器械的应用”有关标准的制定工作，1997 年 11 月 10 日对 ISO/FDIS 14971－1 投票，获得通过，1998 年 10 月 1 日发布 ISO 14971－1 第一版“风险管理 第一部分风险分析的应用”。与此同时，还在抓紧 ISO 14971－1 的第二版 ISO 14971“风险管理对医疗器械的应用”国际标准的制定，它扩展了 ISO 14971－1 的内容，包含了风险管理的最低要求。

美国食品药物管理局(FDA)根据近 20 年的长期实践、修改，在吸取大量临床使用意见的基础上，于 1996 年发布了第三版的“医疗器械质量体系规范”，FDA 公布了 1983 年 3 月至 1989 年 9 月期间发生的医疗器械自市场撤回的评价结果，发现在这六年间导致自发收回行为的质量问题的 44%归因于设计错误或缺陷，而这些有可能被充分的设计控制所避免，而从 1983 财年到 1991 财年与软件相关的回收问题表明，所有与软件相关的器械问题 90%以上均起因于与设计相关的错误。为此，除采用加强设计控制的措施外，还要求在设计全过程中对医疗器械的风险进行分析。欧洲 1993 年 6 月 14 日生效的欧共体理事会关于医疗器械的导则(93/42/EEC)和 1998 年 10 月 27 日生效的关于体外诊断器械的导则(98/79/EEC)也规定了风险分析的要求。

因此，除了要求医疗器械满足一系列有关安全性标准要求外，还要对和医疗器械使用有关的风险，即危害的发生概率及伤害的严重程度进行定性乃至定量分析，并判定其可接受性如何，以决定医疗器械对其预期用途的适宜性。

风险分析和管理主要规定了判定危害和风险分析的程序，主要涉及与医疗器械有关的危害，这种主要是随机失效事件的研究(当然也有系统失效)，要求把风险量化，至少是具体的定性分析，以便确定医疗器械的安全性。

另外，还有器械在正常情况下的风险分析和事故率的统计数据，都是使风险量化的重要来源。同样满足安全标准要求，仍有不同技术途径和设计方案，其带来的风险是各不相同的。

ISO 14971－1 中既没有对技术安全的具体要求，也不规定具体的技术途径，它只规定了进行风险分析的程序，主要涉及随机事件的分析，因此它和其他安全标准是相辅相成的。

风险分析的重要性还可归纳为如下几点：

(1) 只有进行风险分析才能知道风险的大小，对其加以控制，根据市场需求、周期费用等，制定风险的可接受准则。

(2) 只有进行风险分析，才能对器械的安全性作出判断，只有对安全性作出判断，才能决定器械对预期用途的适宜性。否则器械的风险和安全性将处于失控状态。

(3) 风险分析是研制医疗器械必不可少的关键过程，是十分重要的关键和特殊的过程。

(4) 通过风险分析可以识别关键件和关键故障模式。

2. 医疗器械的风险管理标准框架

ISO 14971－1 由 ISO/TC21O 和 IEC/SC62A 组成的第一联合工作组 JWG1 制定，名称是风险管理第一部分：风险分析的应用。工作组名称为风险管理对医疗器械的应用。该组将医疗器械的风险管理活动分为五大步骤和十四步具体活动，具体活动如图 8－11 所示：

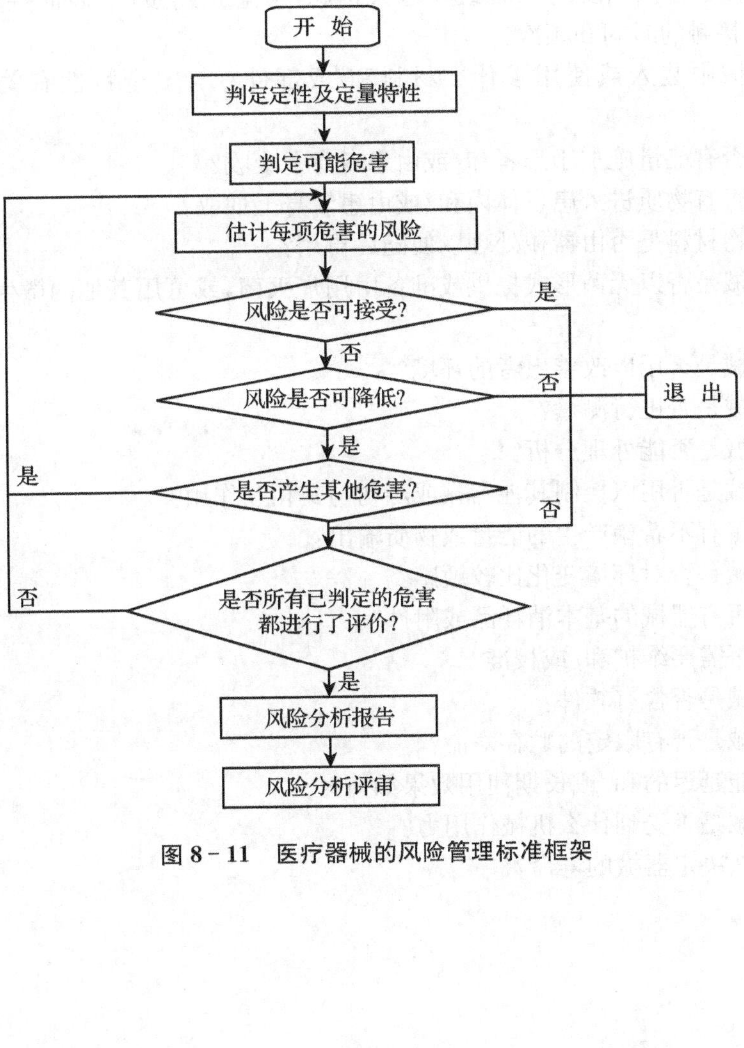

图 8－11　医疗器械的风险管理标准框架

3. 医疗器械风险分析基本内容

(1) 基本概念

风险分析是风险控制(风险管理)的基础。此标准是利用风险分析的技术对与一种医疗器械应用有关的假想事件的可能后果的概率进行定量或定性估计。利用可得到的资料,按照规定的程序,通过判定与一种器械有关的危害并估计其风险,研究其安全性。影响医疗器械安全性的因素包括:有关社会的社会经济和教育背景,以及实际和设想的患者处境与状态。这种判断必须考虑到器械的预期用途、性能、风险和益处,以及与临床过程有关的风险和益处。

(2) 分析过程

第一步:医疗器械定性和定量特征的判定。

① 预期用途是什么和器械如何使用?主要关于谁用(所需技能、残疾人、老人、儿童)、使用环境、谁安装、器械是否可控或受人因素影响?

② 器械是否预期要与患者或其他人接触,考虑预期接触、表面接触、有创接触、植入及接触的时间和频次?

③ 器械中装入或使用了什么材料和/或部件?与安全特性有关的特征是什么?

④ 是否有能量施加于患者和/或由患者身上吸收?

⑤ 是否有物质进入患者体内和/或由患者身上抽取?

⑥ 生物材料是否由器械处理以便随后再用?

⑦ 器械是否以无菌形式提供或准备由用户灭菌,或可用其他的微生物控制方法处理?

⑧ 器械是否用以改善患者的环境?

⑨ 器械是否进行测量?

⑩ 器械是否能处理分析?

⑪ 器械是否用以控制其他器械或药物与其相互作用?

⑫ 是否有不希望产生的能量或物质输出?

⑬ 器械是否对环境变化比较敏感?

⑭ 是否有器械的基本消耗品或附件?

⑮ 是否需要维护和/或校准?

⑯ 器械是否含有软件?

⑰ 器械是否有限定的贮存寿命?

⑱ 可能延迟的和/或长期使用效果如何?

⑲ 器械是否受到什么机械作用力?

⑳ 什么决定器械的寿命?

㉑ 器械预定是一次性还是可重复使用?

第二步:判定可能的危害。

能量危害指电、热、机械力、电离辐射、非电离辐射、电磁场、运动部件、悬挂质量、患者支架失效、压力(容器破裂)、声压、振动、磁场(MRI)。

生物学危害指生物污染、生物不相容性、不正确的输出(物质、能量)、不正确的配方(化学成分)、毒性、变态反应、过敏性、突变性、致畸性、致癌性、交叉感染、致热性、退化、降解。

环境危害指电磁干扰、能源或冷却剂的不适当供应、冷却的限制、与其他器械的不兼容性、意外的机械破坏、由于废物和/或器械处置的污染。

有关器械使用的危害指不适当的标签、不适当的操作说明书、不适当的附件规范、不适当的使用前的检查、过于复杂的操作说明书,没有操作说明书或说明书被拿走、由不熟练的/未经训练的人员使用、合理地或预见的误用、对副作用的警告不充分、对一次性使用医疗器械可能被重复使用的危害警告不适当、不正确的测量及其他计量制问题、不正确的诊断、错误的数据传递、结果显示错误、与消耗品/附件/其他器械的不兼容性。

由功能失效,维护及老化引起的危害指与预期用途不相适应的性能特征,缺少或不适当的维护规范,包括不适当的维护后的功能检查规范、不适当的维护、缺乏适当的终止器械寿命的规定、失去器械完整性、不适当的包装(器械污染和/或变质)、不恰当的重复使用。

第三步:对每项危害的风险进行估计。

对经判断的每项可能危害,利用可得到的资料/数据(有关标准、科学资料、已使用的类似器械所得的资料包括公开发表的报告的故障、临床证据、适当的调查结果),估计在正常及故障两种状态下所有的风险。

风险估计应检查初始事件或环境,所涉及事件的序列,任何降低已判定的危害的可能、有害后果的性质和频次,并采用定量或定性的方法进行分析。如危害发生在无失效、发生在一种失效模式下、发生在多重故障状态下的情况。

第四步:进行风险的评审。

如果一个给定的危害风险按照有关标准进行了适当的阐明或用其他方式证实了其可接受性,则可进行第七步所有已判定的危害的评估。

如这种给定的危害风险超出了可接受性的水平,则要进行第五步风险的降低。

当风险仅在失效模式下才出现不可接受性的问题,有危害发生前用户能否发现失效;能否通过更有效的制造控制或预防性维护消除;错误的使用是否会增加失效的可能性;能否增加报警装置等。

第五步:风险的降低。

适当降低，有效则进行第六步其他危害的产生，否则退出。降低的手段采用直接安全设计、间接安全防护，其中防护包括限制可达性(如辐射防护)，危害的防护(如采用保护盖)，附有说明的安全方式(如限制器械的使用时间和频次、限制用途、寿命或环境)，重新确定预期用途。

第六步：其他危害的产生。

确定在采取降低风险的过程中是否有新的危害产生。

第七步：所有已判定的危害的评估。

所有已判定的危害均进行了评估，则进行第八步风险报告，否则返回第三步重新估计每项风险。

第八步：风险报告，将前七步风险分析的结果形成文件。

制造商根据风险报告对此产品进行设计，达到风险管理目的。风险报告也是各国政府在产品上市前进行审查及取得 CE 标志时应提供的技术文件中一份必备文件。

在风险分析标准中，风险分析第四步，进行风险的评审中指出，如果一个给定的危害风险在有关标准进行了适当的阐明，则证实了其可接受性。而对于产品中的安全问题在有关的各级安全标准中均有论述。

4. 医疗器械风险分析标准

医疗器械由于是一种有使用风险的产品，为了能有效地控制其产品质量，长期以来国际 ISO、IEC 组织为此做出了积极的努力，各医疗器械标准化技术委员会制定大量的国际标准，其重要的医疗器械标准有：

医疗器械风险分析(ISO 14971——YY/T0316 - 2000)

医用电气安全要求(IEC 60601 系列——GB 9706 系列)

医疗器械生物学评价(ISO 10993 系列——GB/T 16886 系列)

消毒、灭菌标准(ISO 11134、11135 等——正在转化中)

医疗器械质量体系标准(ISO 13485、13485——YY/T 0287、0288)

这些医疗器械标准已基本覆盖了主要医疗器械产品的安全方面要求，构成了医疗器械安全方面的标准化体系。为与国际接轨，上述标准已被逐步转化为我国相应的医疗器械国家标准和行业标准。理解和掌握这些标准，将为医用电子仪器制造技术人员和医疗现场对医用电子仪器进行保养检查的相关医疗人员更好地做好医用电气安全工作打下扎实的基础。

第五节　医疗系统安全措施

研究安全系统工程的最终目的，是通过控制危险，即降低事故的发生概率和事故的严重度达到系统最优化的安全状态。根据系统安全评价的结果，为了减少事故的发生应采取的基本安全措施包括降低事故发生概率的措施、降低事故严重度的措施和加强安全管理的措施。

一、降低事故发生概率的措施

影响事故发生概率的因素很多，如系统的可靠性、系统的抗灾能力、人为失误和违章等。在医疗过程中，既存在自然的危险因素，也存在人为的医疗技术方面的危险因素。这些因素能否转化为事故，不仅取决于组成系统各要素的可靠性，而且还受到医院管理水平和物质条件的限制，因此，降低系统事故的发生概率，最根本的措施是设法使系统达到本质安全化，使系统中的人、物、环境和管理安全化。所谓本质安全，是指设备或系统的本质必须安全，一旦设备或系统发生故障时，能自动排除、切换或安全地停止运行；当人为操作失误时，设备、系统能自动保证人机安全。要做到系统的本质安全化，应采取以下综合措施。

1. 提高设备的可靠性

要控制事故的发生概率，提高设备的可靠性是基础。为此，应采取以下措施：

(1) 提高元件的可靠性。

(2) 增加备用系统。在一定条件下，增加备用系统，当发生意外事件时，可随时启用，不致中断正常运行，也有利于系统的抗灾救灾。

(3) 利用平行冗余系统。实际上，平行冗余系统也是一种备用系统，就是在系统中选用多台单元设备，每台单元设备都能完成同样的功能，一旦其中一台或几台设备发生故障，系统仍能正常运转。只有当平行冗余系统的全部设备都发生故障，系统才可能失败。在规定时间内，多台设备同时全部发生故障的概率等于每台设备单独发生故障的概率的乘积，显然，平行冗余系统发生故障的概率是相当低的，可使系统的可靠性大大增加。

(4) 对处于恶劣环境下运行的设备采取安全保护措施。

(5) 加强预防性维修。预防性维修是排除事故隐患、排除设备的潜在危险、提高设备可靠性的重要手段。为此，应制定相应的维修制度，并认真贯彻执行。

2. 选用可靠的工艺技术，降低危险因素的感度

危险因素的存在是事故发生的必要条件。危险因素的感度是指危险因素转化

成为事故的难易程度。虽然物质本身所具有的能量和发生性质不可改变,但危险因素的感度是可以控制的,其关键是选用可靠的工艺技术。

3. 减少人为失误

由于人在医疗过程中的可靠性远比医用电气设备差,很多事故都是由于人的失误造成的。要降低系统事故发生概率,必须减少人的失误。

4. 加强监督检查

建立健全各种自动制约机制,加强专职与兼职、专管与群管相结合的安全检查工作。

二、加强安全管理的措施

要控制事故发生概率和事故后果的严重度,必须以最优化安全管理作保证,控制事故的各种技术措施的制定与实施也必须以合理的安全管理措施为前提。

1. 建立健全安全管理机构

应依法建立健全各级安全管理机构,配备足够的精明强干、技术过硬的安全管理人员。要充分发挥安全管理机构的作用,并使其与设计、生产、劳动人事等职能部门密切配合,形成一个有机的安全管理机构,全面贯彻落实"安全第一,预防为主"的安全生产方针。

2. 建立健全安全生产责任制

安全医疗责任制是根据管医疗必须管安全的原则,明确规定各级领导和各类人员在医疗过程中应负的安全责任。它是医院岗位责任制的一个组成部分,是医院中最基本的一项安全措施,是安全管理规章制度的核心。应根据各医院的实际情况,建立健全这种责任制。

3. 编制安全技术措施计划,制定安全操作规程

编制和实施安全技术措施计划,有利于有计划有步骤地解决重大安全问题,合理地使用国家资金,也可以吸收工人群众参加安全管理工作。制定安全操作规程是安全管理的一个重要方面,是事故预防措施的一个重要环节。

4. 加强安全监督和检查

建立安全信息管理系统,加快安全信息的运转速度,以便对安全医疗进行经常性的"动态"检查,对系统中的人、事、物进行严格控制。经常性的安全检查是医院医疗过程中必不可少的基础工作,也是运用群众路线的方法,是揭露和消除隐患、交流经验、推动安全工作的有效措施。

5. 加强职工安全教育

职工安全教育的内容,主要包括政治思想教育、劳动纪律教育、方针政策教育、法制教育、安全技术培训和事故教训的教育等。

三、医疗系统的安全措施

系统的安全措施随着对象的问题不同而不同。将安全问题分析的结果分解到各个部件时，原来的部件安全措施虽也能适用，但对和人的因素有关的问题，对各种因素混合存在的情况，则必须采取多方面的安全措施。

从医疗系统安全措施方面来对医疗系统进行分类时，对于能用安全标准来衡量的问题与人的错误引起的和事故有关系的单纯问题，比较容易决定安全措施，但对人的错误操作引起因果关系不明确的问题等类似问题很难采取措施。

医疗系统部门安全措施的基本内容是日常的安全管理和安全教育。要使系统的安全措施有效，充分获得医疗事故实例的资料，并对此进行分析是很重要的前提。同时，在系统的使用周期中分别采取适当的措施。下面是各阶段必须进行的主要工作。

1. 构思阶段

系统的安全措施必须从这个阶段开始，对该系统在使用周期内的系统安全措施进行计划，并决定实施方法，将安全的目标和达到目标的方法写成书面材料，这也是在以后各阶段实施的评价标准。为此，对这个系统所产生的和所预料会产生的事故进行分析，并对所采取的安全措施措施进行研究。这种预备事故解析，可进行 FEMA 或 FTA 分析等，这个阶段所实行的计划对以后全阶段的影响很大。

2. 设计阶段

系统安全措施的有效性，首先要在这个阶段进行评价。在系统的设计中应该包括前阶段研究、计划，预计事故分析基础上的措施。在系统的性能、保养性、经济性等条件的基础上，必须达到最合适而且最有效果。为了决定这样的具体的安全设计，在这里要作比预备事故分析更进一步的系统安全事故分析。这个分析应当对所谓具体问题，如应对“是什么原因引起这部分发生故障，它会给系统的安全性以什么影响?”给以回答。应用安全的、防止事故的多重系统，安全余量等的人机工程学设计的概念也在这个阶段。

3. 制造阶段

在制造时必须保证每个元件、辅助系统和整个系统具有在构思与设计阶段所计划的安全度。为此，必须对制造、组装及试验的方法和过程进行研究评价，必须对实现设计中指定的标准问题进行监督和确认。此外，为了保证最终产品具有最大的安全度，对技术进步进行预测，并应估计到伴随发生的变化。在这个阶段如果发现认为可引起危险状态的缺陷时，不要忘记确立向前阶段进行反馈的体制。这个阶段也要制定装置或系统在使用中的安全管理事项。

4. 安装阶段

实际发生的灾害和事故的原因，大多是安装工作中的错误或过失。必须严格执行安装实施安全标准，必须严格进行试运转，按设计书要求工作。这时要校验的问题是前三个阶段所指定的。

5. 使用阶段

在这个阶段进行系统安全工程学的证实和检查。实际上，在使用系统时会发生各种问题。但是，如果前四个阶段中的一切工作都做得很充分，应该不再发生完全预想不到的故障，或事故出现时，造成二次灾害等。尽管如此，当发生事故时，对事故及其原因进行调查分析，重要的是要有将信息向恰当的阶段进行反馈的过程，以便有可能实行更合适的安全措施。此外，或者由于未很好阅读使用说明书，或者由于安全检查和管理不够充分，从而发生事故的情况特别多，在医疗上这个阶段极为重要。因此在医院系统中，安全教育和管理责任制是不可缺少的。

6. 更新(扩展)阶段

在技术进步、社会条件变化、设备更新或扩展时，会产生新的安全措施。沿着构思阶段中的计划路线进行更新、扩展时，虽然不会发生太多问题，但实际上，这中间有的要经过数年或十年以上，周围的许多条件已发生变化的情况居多。新的医用电气设备系统虽然从构思阶段就计划有适当的安全措施，但购入这个仪器系统的医院，其房屋和设备大多不容易得到改善。将这样的实际情况附加进来之后，就必须对安全措施重新评价。

7. 管理中的安全措施

在实施过程中，管理中的安全措施也很重要，从系统安全管理的观点来看，医用电气设备仪器系统的、合适的设计书和使用说明书(手册类)、医用电气设备仪器的保养检查及安全教育等是重要项目。

操作和管理医用电气设备系统的大多是缺乏工程学知识的医生、护士、医务辅助人员。为此，医用电气设备制造厂为使使用者能正确操纵和确保安全起见，必须准备合适的手册。手册必须包括下列四项内容：

(1) 关于使用说明的问题；

(2) 关于性能试验的成果；

(3) 关于保养管理的问题；

(4) 关于订立保修合同问题。

使用说明书不单是一个操作说明书，应该包括性能、操作步骤、限度、禁忌及用语的说明等，其中操作步骤兼有实用性。限度包括仪器的使用范围或使用条件、耐用年限等详细的注意事项。在禁忌中，写明禁止使用的环境和禁止并用的仪器等，以便明确各方的责任，还应写明用户检查修理的限度。同时，还应对手册中出现的专门用语等归纳整理，进行浅易的解释。

手册中应该附有仪器性能试验成果书，其中不仅要有仪器本来目的的性能试验结果，而且还应包含安全试验的结果。这些试验成果应将测得值定量地表示出来，并且最好是和GB 9706.1规格相比较能够清楚易懂。

为了保持一定性能，且能安全使用，用户最好也进行一定程度的保养管理。对此，手册必须起到指导书的作用，也就是说，最好是用户根据手册的指示能进行日常的保养检查。为此，需要附有仪器使用前后所进行的开机检查及关机检查用的检查明细表，这些检查明细表应该包括检查操作步骤和安全性的项目。作为生产厂家来说也应该进行专门的、定期的检查和保养。

第六节 医用电气设备的安全人机工程学

一、安全人机工程学的定义

安全人机工程学（Safety Ergonomics）是从安全的角度和着眼点研究人与机的关系的一门学科，其立足点在安全，以对活动过程中的人实行保护为目的，主要阐述人与机保持什么样的关系，才能保证人的安全。也就是说，在实现一定的生产效率的同时，如何最大限度地保障人的安全健康与舒适愉快。这主要是从活动者的生理、心理、生物力学的需要与可能等诸因素，去着重研究人从事生产或其他活动过程中在实现一定活动效率的同时最大限度地免受外界因素的作用机理，为预防与消除危害的标准与方法提供科学依据，从而达到实现安全卫生的目的，确保人类能在安全健康、舒适愉快的条件与环境中从事各项活动。从安全的角度，即以人的活动效率为条件和以人的身心安全为目标，将安全人机工程学从人机工程学中分离出来，并作为安全工程学的一个重要分支学科而自成体系，这是现代科学技术发展的必然趋势，是文明生产、生活、生存的象征。

安全人机工程学是从安全的角度，运用人机工程学的原理和方法去解决人机结合面的安全问题的一门新兴学科。它作为人机工程学的一个应用学科的分支，以安全为目标、以工效（工作、活动效率）为条件，将与以安全为前提、以工效为目标的工效人机工程学并驾齐驱成为安全工程学的一个重要分支学科。

二、安全人机工程学研究的内容及目的

这里所谓的机(Machine)是广义的,它包括劳动工具、机器(设备)、劳动手段和环境条件、原材料、工艺流程等所有与人相关的物质因素。机应执行人的安全意志,服从于人,其基础为安全设备工程学的安全机电工程学、卫生设备工程学和环境工程学等学科。

所谓人机结合面(Man Machine Interface),就是人和机在信息交换和功能上接触或互相影响的领域(或称"界面")。此处所说的人机结合面、信息交换、功能接触或互相影响,不仅指人与机的硬接触,即一般意义上的人机界面或人机接口,而且包括人与机的软接触,此结合面不仅包括点、线、面的直接接触,甚至还包括远距离的信息传递与控制的作用空间。人机结合面是人机系统中的中心环节,主要由安全工程学的分支学科,即安全人机工程学研究和提出解决的依据,并通过安全设备工程学、安全管理工程学以及安全系统工程学去研究具体的解决方法、手段、措施。

由以上分析可以看出,安全人机工程学主要是从安全的角度和以人机工程学中的安全为着眼点进行研究的,其研究对象是人、机和人机结合面三个安全因素。其目的是研究以保证工作(包括各种活动)效率为必要条件和以追求实现人的安全(含健康,TN)为目标,研究实现这一要求所需要的人机学理论、方法、手段和采取安全设备工程或其他工程措施的依据。

安全人机工程学研究的内容,除了人机工程学所研究的内容外,还研究安全人机工程的学科体系、人机结合面的安全标准依据、人机系统的安全设计等问题。

安全人机工程学的基础研究的方法与人机工程学的研究方法基本相同,但是研究问题的角度和着眼点与工效人机工程学相对成为同一研究领域的两个不同的研究侧面,即不同侧重点。安全人机工程学是从适合人的角度着眼,侧重于研究人机结合面。

人的活动效率和人的安全是同一事物运动变化过程中两个不同的要求,人们的共同心愿是既要求活动时必有收获,又力求耗费最少的能量、获取最大的成果,同时又要求在安全、舒适、健康(健康应包括躯体与精神两个方面的内容及其综合)、愉快的环境下进行生产劳动或其他活动。

在人类原始时期,人的体力是唯一的动力,后来以风力、水力、牲畜作动力,发展到利用热能、机械能、电能、光能、化学能、核能、太阳能、生物能等作为动力。现代机器有的起着动力的作用,有的担负着一系列过去只有人才能完成的工作,如复杂的运算、自动控制、逻辑推理和图像识别、信息储存、故障诊断等等。它把人从简单的劳动中解放出来,去执行更多更复杂的任务。

尽管人类采用了种种新的、高效能的机器或设备，但如果它的结构不适应人的生理和心理特征及人体生物力学要求时，则既不能保证安全，也得不到应有的效益。

可见，机的效能不但取决于它本身的有效系数、生产率和可靠性等，而且还取决于是否适应人的操作要求。而适应人的操作要求，又要取决于机的信息传递方式和操纵装置的布局等。因此，通过信息显示器、操纵器和控制装置把人和机连接成一个系统、一个整体，它们都是人机系统中不可缺少的环节，是人与机联通的桥梁。

在任何一个人类活动的场所，总是包含着人和机以及围绕着人和机的关系及其环境条件，是一个综合体。

安全工程学体系主要由以下四部分组成：① 安全管理工程学；② 安全设备工程学；③ 安全人机工程学；④ 安全系统工程学。若将安全工程学视为一个系统，则上述四部分便可分别看做四个子系统。安全人机工程学（代表安全人体工程学）是实现安全工程学的科学依据和最活跃的人的作用因素。

三、人机系统的安全可靠性

人机系统的安全可靠性既取决于机器设备本身的可靠性，又取决于操作者的可靠性。而机器或人在工作时都会出现预想不到的故障或差错，于是可能引起设备或人身事故，影响人机系统的安全性，这是不可能完全避免的。可见人机系统的安全性与机器和人的可靠性密切相关。为了保证人机系统的安全可靠性，必须提高机器和人的可靠性。机器的可靠性不仅是评价其性能好坏的质量指标，也是衡量人机系统安全性的重要依据，为人机系统安全提供了必要的物质条件；而人的可靠性也直接影响人机系统的安全性，而且往往起主导作用。影响人的可靠性因素很多，如人的生理心理因素、环境条件、家庭及社会等因素，而且这些因素是变化的。总之，人机系统是由人、机（含环境）等子系统组成，它的可靠性取决于组成的各子系统的可靠性。

1. 可靠性的定义及其度量

(1) 可靠性的定义

可靠性是指研究对象在规定条件下和规定时间内完成规定功能的能力。在可靠性定义中需要阐明以下要点：

① 规定时间，人机系统中，由于目的和功能不同，对系统正常工作时间的要求也就不同，若没有时间要求，就无法对系统在要求正常工作时间内能否正常工作做出合理判断，因此时间是可靠性指标的核心。

② 规定的条件，人机系统所处条件包括使用条件、维护条件、环境条件和操作

条件。系统能否正常工作与上述各种条件密切相关。条件的改变,会直接改变系统的寿命,有时相差几倍甚至几十倍。

③ 规定功能,人机系统的规定功能常用各种性能指标来描述,人机系统在规定时间、规定条件下各项指标都能达到,则称系统完成了规定功能,否则称为"故障"或"失效"。因此对失效的判据是重要的,否则无据可依,使可靠性的判断失去依据。

④ 能力,在可靠性定义中的"能力"具有统计意义,如"平均无故障时间"长,可靠性就越高。由于人机系统相当广泛,且各有不同,因此,度量系统可靠性"能力"的指标也很多,如"可靠度"、"平均寿命"等。

(2) 可靠性度量指标

把仪器组合成系统时,系统全体的可靠性是由每个仪器的可靠性来确定的。计算不同情况相应的概率,例如备有主要仪器的备用仪器,使之并排工作的情况和两个仪器协同组成一个系统,两个中任何一个有故障就使系统停止工作的情况等,可求出全体的可靠度。

如图 8－12(a)所示的两个仪器串联起来工作,任何一方发生故障则成为系统全体的故障,当各个仪器的可靠度分别为 r_a 和 r_b 时,系统的可靠度 r 则如式(8－1)所示:

$$r=r_ar_b \tag{8-1}$$

再如有备用仪器的情况,如图 8－12(b)所示,一个仪器出故障时可以用另一个来代替,所以只有双方都出故障才能成为系统的故障。这时系统的可靠度 r 如式(8-2)所示,可见有备用仪器时,则可靠度可提高。

$$r=1-(1-r_a)(1-r_b) \tag{8-2}$$

把图 8－12(a)更加复杂化,如有 n 个仪器串联工作,其中之一有故障则可认为系统全体有故障,设一个仪器的可靠度为 0.96 时,30 个仪器的可靠度为 0.29,可见,系统的可靠度随着 n 的增加而急剧下降,如表 8－7 所示。

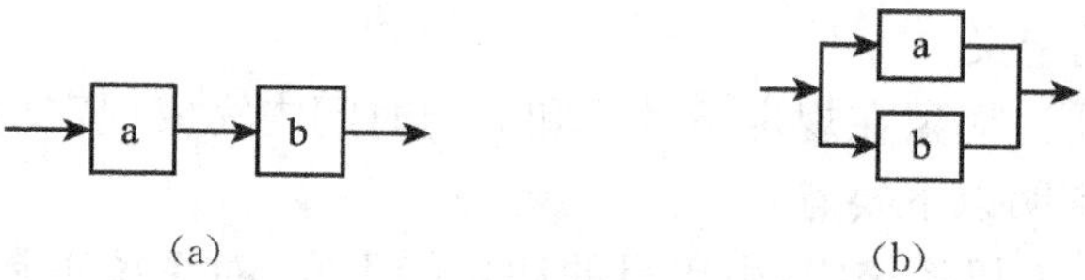

图 8－12 测试仪器可靠度方法

表 8－7　系统的可靠度变化表

n	r
1	0.96
2	0.92
10	0.67
30	0.29

2. 人与医疗系统的关系

一般来说，随系统复杂程度的增加，保持系统高的可靠度则越困难。系统的复杂程度和可靠度一般成反比例关系，这一点应引起注意。盲目地追求高性能，设计制造出和现代技术不一致的复杂系统，使得这个系统的故障增多，反而使医疗可靠度下降。

医疗中所组成的复杂系统，不只是仪器。为了完成医疗工作，医疗工作者和仪器应协同起来，共同组成一个系统。从这种意义上讲，人也是构成系统的要素。认为人是系统的构成要素时，人的判断和工作的可靠度也是值得研究的问题。人失误的概率是不可以被忽视的，“绝对不许出错”这样单纯的命令是行不通的。重要的是了解可能有哪些失误，并把它们反映在系统的设计中，从设计中下手，减少错误。

人的误操作概率受训练、疲劳、积极性等各种因素的影响。当然这些是研究的重要内容，但另一方面，仪器的研究也是重要的。对难于操作的仪器和容易引起判断错误的仪器来说，不能单纯责备操作有误的人。研究这样一系列问题的知识属于人机工程学。

由于医疗中仪器的作用是各式各样的，规定统一的可靠度是困难的。为了提高所有仪器的可靠度，但同时考虑到经济性，所以将医疗中的仪器划分为下面三个等级分别来考虑：

(1) 发生故障但对患者没有直接危害的仪器，如病房里的单个诊断仪器和检查仪器等。可通过定期检修找出毛病，加以修复，或者完全可以用其他仪器来代替。

(2) 故障虽严重，但能立刻发现并采取措施解决的仪器，如重症患者监视装置和麻醉机等。它们的故障警报装置是准确的，只要有备用仪器和备用手工操作等紧急措施即可。

(3) 故障严重有造成患者死亡危险的仪器。现在这类仪器并不太多，心脏起搏器、计算机控制的治疗器械等都属于这一类。需严格地进行可靠性管理和采取备用仪器同时并用等措施。

因此，既要考虑到较高的可靠性，又兼顾经济性是非常重要的。

第七节　医院信息系统的安全性

一、医院信息系统的形成和发展

医院信息系统（Hospital Information System，HIS）是计算机技术、通信技术和管理科学在医院信息管理中的应用，是计算机技术对医院管理、临床医学、医院信息管理长期影响、渗透以及相互结合的产物，它与医院建设和医学科学技术同步发展。从其内容、方式和规模来看，医院信息系统的发展过程大体上可分为四个阶段。第一阶段是相对独立的、单个项目的信息管理，第二阶段是多个项目的综合信息管理，第三阶段是医院各部门共享的信息系统，以上三个阶段主要着眼于医院管理信息及其管理，第四个阶段是大规模一体化的医院信息系统，既面向管理，又面向医疗。在国外，20 世纪 60 年代初美国少数医院引进大型计算机应用于医院管理，主要是以整个医院为对象进行数据处理，对耗费时间的一般业务实行自动化管理，如科研病案、具体事务管理等。由于计算机不仅价格高、处理功能低，而且专业技术人员和软件数量极少，影响了计算机在医院信息管理中的应用。进入 70 年代，廉价的小型机迅速普及，发达国家多数医院大量引进使用，主要内容是以医疗信息的记录、贮存、传递、检索为中心，使医院各部门均应用计算机进行信息管理。不少医院建成了各部门之间可以信息共享的计算机网络化的医院信息系统。到了 80 年代，由于价廉物美且功能较强的微型计算机和微型计算机局部网络、用于数据处理的高速计算机和用于数据贮存的大容量磁盘和光盘等的出现，使计算机网络化的信息系统费用大幅度下降，从而大大促进了医院信息系统的推广应用和发展。80 年代后期以来，医院信息系统的开发、应用经过 30 年的艰辛历程之后，正向广度和深度发展，达到了前所未有的新高度、新水平，这主要表现在建立大规模一体化的医院信息系统，并形成计算机区域网络，不仅包括一般信息管理的内容，还包括计算机化的病人病历，也叫电子病历（Computer-Based Patient Record，CPR）、医学图像档案管理和通信系统（Picture Achieving and Communication System，PACS）为核心的临床信息系统（Clinical Information System，CIS），以及管理和医疗上的决策支持系统、医学专家系统、图书情报检索系统、远程医疗等等。

在中国，计算机在医院中的应用始于 20 世纪 70 年代，但用于医院信息管理主要是在 1984 年微型计算机在全国推广应用以后。现已广泛应用于药品、器材、统计、病案首页、人事、财务等项目的信息管理，许多医院建立了微机局部网络，开发了一些子系统，如门诊住院收费系统、机关事务处理系统等。较为完整的医院信息系统目前正在开发研制和试用。与发达国家相比，中国医院信息系统尚处于落后阶段，但又是在迅速发展之中。目前全国医院广泛采用计算机建立医院信息系统的呼声越来越广泛与强烈。一方面，医院要强化自身的管理，医院的管理决策需要完整可靠信息的支持，临床医疗、护理以及教学、科研也需要有效的信息系统的支持；另一方面，随着改革开放的进展，医疗卫生制度的改革将把病人—医院的两元关系，改变为病人—医院—保险—政府监督的多元关系，这对医院管理现代化提出了更高的要求。大量的有关病人的诊断、治疗、用药、资源消耗等信息，不仅要在医院内部而且要在社会的许多部门之间流通、传递，提供及时和可靠的病人数据，这就要求建立广域医疗信息网络，而各个医院的信息系统是这个广域网络的基础。因此，医院信息系统的建立和实际应用，已成为中国医院现代化建设中一项十分紧迫的重要任务。

二、医院信息系统的组成

医院信息系统主要由硬件系统和软件系统两大部分组成。在硬件方面，要有高性能的中心电子计算机或服务器、大容量的存贮装置、遍布医院各部门的用户终端设备以及数据通信线路等，组成信息资源共享的计算机网络；在软件方面，需要具有面向多用户和多种功能的计算机软件系统，包括系统软件、应用软件和软件开发工具等，要有各种医院信息数据库及数据库管理系统。

医院信息系统一般可分成三部分：一是满足管理要求的管理信息系统；二是满足医疗要求的医疗信息系统；三是满足以上两种要求的信息服务系统。各分系统又可划分为若干子系统。此外，许多医院还承担临床教学、科研、社会保健、医疗保险等任务，因此也应设置相应的信息系统。

医院信息系统是一个复杂的大系统，它的具体构型、分系统和子系统的划分、功能和规模的大小以及实施途径可以是多种多样的。但是从系统论和信息论的角度来看，医院信息系统是医院这一实体在数据（信息）结构和信息处理概念上的抽象，可以用一个简单的模型来描述其基本组成，该模型共分六个层次，如图 8－13 所示。

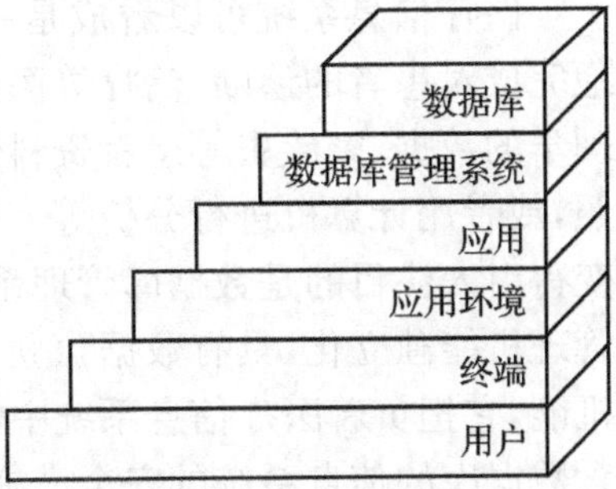

图 8－13　医院信息系统模型

第一个层次是用户；第二个层次是用户实际使用的终端，可根据用户的应用作业给以不同功能的终端(如无盘或有盘微机、多媒体微机、图形工作站等);第三个层次被称为应用环境,也就是医院信息系统的硬件和系统软件提供给用户应用时的各种装置的混合体,诸如窗口操作、屏幕表格处理、键盘上的功能键、打印工具、辅助设备等;第四个层次是应用程序或医院信息系统的子系统,在这个层次,用户得以进入医院信息系统的应用程序,完成相关的功能;第五个层次是数据库管理系统(Data Base Management System,DBMS),它实施来自下设层次对数据库的要求,应用层次的所有应用程序都可以与 DBMS 通信并访问数据库,数据库中的所有数据也能被各种应用程序访问、共享,并符合一致性的要求;第六个层次是实在的数据库,大量存贮着医院各部门有关管理、患者诊疗等各类数据,这些数据来自用户、应用程序并通过 DBMS 而获得。

三、医疗信息系统的安全性

由于计算机应用于医疗数据的处理系统,计算机出现故障就可能给医院业务工作带来重大影响。而且,如果用计算机对患者数据作处理时,这方面的故障既和患者个人的隐私有关系,同时由于错误数据而造成的误诊也是医疗上的重大问题。必须分析和计算机有关的灾害发生的可能性,并采取适当的措施。

与计算机有关的危害有两种:一种是和医用电气设备联机使用的计算机漏出的电流,通过人体,产生触电事故;另一种是和计算机的信息处理机能有关的事故。因为第一种是组合仪器的问题,所以,这里只限于讨论称为数据保护(Data Protection)问题。

数据保护可分为数据保全(Data Integrity,Data Safety)和机密保护(Data Security)。数据保全就是防止数据的破坏和损失,机密保护就是防止与人隐私有关的数据被不正常地泄漏。

医疗信息系统可以看成是一个支持系统(Support System),它能使医生有效地完成对患者的诊断、治疗等医疗工作。为此,应能高效率地将诊疗记录、病历、生理学的数据、家族史等患者资料作为数据库储存起来,根据需要或者取出来进行参照,或者用计算机进行分析等。基于这样的需要,作为综合信息管理的工具,最近变得引人注目的是数据库管理系统。数据库管理系统根据各自应用程序而使数据管理机能独立化,具有数据独立、外存储器综合化,易于维修及便于使用等优越的机能,它担负着医疗信息系统中的主要任务。医疗数据作为数据库被综合化时,包含数据库的信息系统的安全措施显得格外重要。

例如,如果中心检查室输入的检查结果和患者的号码不一致时,那么使用这个数据的诊断将是错误的。在医疗工作中如果计算机出了故障,医院医疗工作将停止而产生混乱。患者的数据如泄漏给第三者,就成为泄密问题。这些或者是因程序的理论有错误，或者是操作者中断数据处理，或者是因仪器输出错误结果，或者是由于“程序的飞逸”使其他患者的数据也被破坏。如果发生这样的事情，则不仅给医疗业务带来故障，也将容易变成社会问题。因此，需要采取适当的安全措施。

数据保全是对数据的破坏和损失等事故所采取的安全措施，发生这些事故的原因如下：

(1) 硬件的故障；

(2) 软件的错误；

(3) 操作错误；

(4) 记忆元件被盗；

(5) 数据错误或改写错误；

(6) 火灾、水灾、停电等灾害。

机密保护是对患者有关的隐私被泄漏给第三者的事故所采取的措施，发生这些事故的原因如下：

(1) 由无权限者对不正常数据的存取；

(2) 因错误对不适当数据的存取；

(3) 记忆元件被盗。

数据保护措施是对这些原因所采取的安全措施，可分为技术措施和管理措施。技术措施是根据应用硬件技术和软件技术来实现数据保护，管理措施是按照法律规定以及对计算机房及计算机人员进行的安全管理。

系统安全措施的实现，是以系统性能有一定程度的降低和成本提高为代价的，数据保护措施的实现也必须以此为交换条件。再者，为实现适当的数据保护措施，要考虑它的目的、数据处理系统的环境和费用，以及必须保护的数据的性质等条件。一般采用一种手段不行，最好是将几个不同的手段组合起来。

为了不使患者的机密数据因不注意或不正常工作而泄露，可采取下列措施：

(1) 按法律规定个人数据的使用；

(2) 在数据库内控制个人数据的存取；

(3) 使第三者对数据不能理解。

在数据库内对数据存取进行控制的方法，是作为机密保护技术措施使用最多的方法，主要有以下四种：

(1) 限制终端的使用；

(2) 限制程序的使用；

(3) 限制外存储器的使用；

(4) 限制特定项目的存取。

医院中的数据处理系统，有预约登记、会计、来自中心检查室的数据输入、诊疗用的患者数据的询问和输入，医学研究用的统计处理等，数据库被应用于各种目的。根据用户处理业务不同，使用的程序和数据也不同。为了有效实现用户机密保护措施，要对医疗数据进行适当分类。

医疗数据可分为医疗数据和医学数据，医疗数据还可分为患者姓名、ID号码、住所等的长期数据和预约、会计等的当天数据。医学数据也分为出生年月日、性别、血型等长期的（生理的）数据和检查结果、诊断病名、处方等当天数据。医疗业务通过各室的终端对医疗数据边存取边完成，临床业务通过医生的终端，对主要是医学数据，必要时也有医疗数据，边存取边完成。从检查室的终端只输入ID号码和检查结果，通常不进行数据存取。在医学研究中，根据需要可存取全部医疗数据，但应当用子程序来控制输出基本上不是患者某个人的数值，而是集体平均的统计值。

和这样的各自的医疗数据及与其相关联的业务相对应，对于使用者（医院的工作者）也必须进行适当的分类。使用者可分为医生、护士、医疗辅助人员、办事员、计算机人员及患者。患者也是问诊终端的使用者。这种分类只是大致的，实际上还需要按各业务单位、病房或科室进行细分。

如果将数据库内的数据密码化，即使由于不正常的存取数据被泄漏、外存储器元件被拿走，别人也不了解内容。所谓密码化（Ciphering）就是将原始记录（Plain Text）变换成和它相等的文字组（Cipher Text），密码键能够还原为原来的记录。

密码化法可以分为编码法、数据压缩法、置换法及位置变换法等。编码法是使用变换表等变换为不同规则的编码系的方法。数据压缩法依靠除掉剩余性等方法，是能将记录的长度缩短的方法，且有降低数据通信成本的效果。置换法使用变换规则或变换表等，在同一的编码系中将文字改换的方法。

上述保护措施要根据系统的使用环境、统计目的和处理数据的机密程度等具体情况，采取适当的措施。

思 考 题

8-1　何谓安全系统工程？安全系统工程主要研究的内容有哪些方面？

8-2　故障类型和影响分析步骤有哪些？

8-3　事故树分析的基本程序有哪些？

8-4　安全评价的方法有哪几种？

8-5　叙述医疗器械风险分析基本概念及分析过程。

8-6　叙述医院信息系统的组成以及医疗信息系统的安全性。

附录： 医用电气设备安全通用要求 GB 9706.1 国家标准

第一篇 医用电气设备安全通用要求概述

一、GB 9706.1 的适用范围和目的

GB 9706.1 等同采用国际电工委员会 IEC 601-1-1988《医用电气设备——第一部分：安全通用要求》(第二版)及其第一号修正(1991-11)

1. 适用范围

本标准适用医用电气设备，本标准主要涉及安全问题外，也包括一些与安全有关的可靠运行的要求，未考虑设备预期生理效应所导致的安全方面危险。

2. 目的

安全通用标准规定了对医用电气设备的安全通用要求，并作为制定医用电气设备专用安全要求的基础。

3. 与专用安全标准的关系

(1) 专用安全标准优于通用安全标准，也就是说专用安全标准(或产品标准)可以：

① 不加修改地采用通用标准中的某些条款；

② 不采用通用标准的某些章条或它们中的一部分(在不适用时)；

③ 以专用安全标准的某章或某条代替通用标准的相应某章或某条(或它们中的一部分)；

④ 任何补充的章条。

(2) 同时也可以包括以下几点：

① 提高安全程度的要求；

② 比通用标准的要求降低的要求(在确保安全性的条件下);

③ 关于性能、可靠性、相互关系等要求;

④ 工作数据的准确度;

⑤ 环境条件的扩展和限制。

4. 并列标准

在医用电气设备系列标准中,并列标准规定安全通用要求应适用于:

① 一组医用电气设备(例如放射设备);

② 在通用安全标准中未充分陈述的,所有医用电气设备的某一特性(例如电磁兼容性)。若某一并列标准适用于某一专用标准,则专用标准优先于此并列标准。

对于医用电气设备,企业必须执行通用标准。安全标准和其他标准在执行上一个显著的不同点,就是安全标准的强制执行,这在《中华人民共和国标准化法》已做出明确规定。因此,对于那些不属于通用标准适用范围的医用电气设备或相关的设备应参照有关 IEC 国际标准执行。由于通用标准对电气设备的安全要求较为严格,因此在无对应 IEC 或国家标准的情况下,要求各企业、检测人员执行通用标准,以保证产品的安全。

在 IEC 601－1 的并列标准——《医用电气系统安全要求》中就明确规定:在患者环境内使用的设备应符合通用标准同一安全等级的要求。在患者环境外使用的设备应符合国家安全标准中非医用电气设备相应的安全等级要求。

二、术语和定义

通用标准所列的名词术语是使用通用标准时需要统一理解的一些基本概念,它们对掌握通用标准有着重要的意义。尤其是下列一些术语具有理解通用标准的独特含义,不掌握它们就无法使用通用标准,或者造成误用。

术语共分 12 个大类、110 条名词、术语。下面重点介绍有关术语。

1. "电压"和"电流"

凡该标准中出现的"电压"和"电流"术语时,均指交流、直流或复合的电压或电流的有效值。

2. 通用标准中的助动词

(1) "必须"(shall),是指为符合通用标准而必须强制的某项要求或某项试验。但第十篇中的要求只是达到所要求的安全程度所采用的一种方法或材料,对所使用的"必须"一词,应作相应的理解。

(2) "应该"(should),是指为符合通用标准而建议的某项要求或某项试验,但不是强制的。

(3) “可以”(may)，用来说明为达到某项要求或某项试验所容许的方法。

3. 可触及的金属部件

可触及的金属部件指“不使用工具即可接触到的设备上的金属部件”。这种接触可以是使用功能上需要的接触，也可以是无意的偶然接触。设备的金属外壳是可触及的金属部件，而那些用标准试验就能触及的设备上的金属部件，也应视为可触及的金属部件。

4. 应用部分

设备中用来同被检查或被治疗的患者相接触的全部部件，包括连接患者用的导线在内。对于某些设备，专用(或产品)标准可把与操作者相接触的部件作为应用部分考虑。

对某些设备来说，F 型应用部分是从患者向设备内部看，一直向内延伸到所规定的绝缘处和(或)保护阻抗处为止。

应用部分的主要特征是与患者接触，但应用部分不仅仅是与患者相接触的部件，还应包括连接患者用的导线在内，如心电图机的导联线、高频手术设备的中性及双极电极的输出电路、微波治疗设备的发热电极的连接电缆、波导管以及接插件等。对那些操作者在操作设备时必须同时触及患者和某一部件时，该部件可以考虑作为应用部分。医用电气设备在使用过程中极易与患者接触的部件也应考虑作为应用部分。

5. 外壳(enclosure)

设备的外表面，包括：所有可触及的金属部件，旋钮，手柄及类似部件；可触及的轴；为试验目的而紧贴在低导电率材料和绝缘材料制成的部件外表面上有规定尺寸的金属箔。

6. 带电

带电指部件所处的状态。当与带电部件连接时，便有超过该部件容许漏电流值的电流从该部件流向地或从该部件流向该设备的其他可触及部件。

这里的“带电”不是我们平时所认为的“有电流或电压就是带电”，而是强调“连接”后会产生一个超值电流。

7. F 型隔离应用部分

同设备其他各部分相隔离的应用部分，其绝缘应达到在应用部分和地之间加 1.1 倍最高额定网电压时，通过的漏电流不超过单一故障状态下通过患者的漏电流。

8. 网电源部分

设备中旨在与供电网作导电连接的所有部件的总体。就本定义而言，不认为保护接地导线是网电源部分的一个部件。

这里所指的所有部件，一般是指电源变压器的一次绕组（包括一次绕组）之前的部分，包括保险丝、电源开关及有关的连接导线，有时还包括抗干扰元件和通电指示元件等或延伸至隔离之前，而保护接地导线不是网电源部分的一个部分。

这里要注意的是，在进行网电源部分与设备机身（或其他部分）之间的电介质强度试验时，如果在与网电源隔离之前的电路中装有继电器，在试验时，这些继电器都应处在通电时的吸合状态。

9. 信号输入部分和信号输出部分

(1) 信号输入部分

设备的一个部分，但不是应用部分，用来从其他设备接收输入信号电压或电流，例如为显示、记录或数据处理之用。

(2) 信号输出部分

设备的一个部分，但不是应用部分，用来输出信号电压或电流至其他设备，例如为显示、记录或数据处理之用。

信号输入部分和信号输出部分，不同于应用部分。应用部分的特征是同患者接触，信号输入部分的特征是用来接收从其他设备来的信号电压和电流，信号输出部分的特征是用来向其他设备输出信号电压和电流。信号输入部分和信号输出部分都是与其他设备有关而不是与患者有关。

10. Ⅰ类设备、Ⅱ类设备

(1) Ⅰ类设备

对电击的防护不仅依靠基本绝缘，而且还有附加安全保护措施，把设备与供电装置中固定布线的保护接地导线连接起来，使可触及的金属部件即使在基本绝缘失效时也不会带电的设备。

具有基本绝缘和接地保护线是Ⅰ类设备的基本条件。但在为实现设备功能必须接触电路导电部件的情况下，Ⅰ类设备可以有双重绝缘或加强绝缘的部件，或有由安全特低电压运行的部件，或者有保护阻抗来防护的可触及部件，如果只用基本绝缘实现对网电源部分与规定用外接直流电源（用于救护车上）的设备的可触及金属部分之间的隔离，则必须提供独立的保护接地导线。

(2) Ⅱ类设备

对电击的防护不仅依靠基本绝缘，而且还有如双重绝缘或加强绝缘那样的附加安全保护措施，但没有保护接地措施，也不依赖于安装条件的设备。

在此要作说明的是Ⅰ、Ⅱ类设备不表示设备本身安全质量的不同，而只是防电击绝缘措施、方法的不同，它们对用户来说都是安全可靠的设备。

医用电气设备除基本绝缘外，还必须具有一种符合要求的附加保护措施。

11. 医用电气设备

与某一专门供电网有不多于一个的连接，对在医疗监视下的患者进行诊断、治疗或监护，与患者有身体的或电气的接触，和(或)向患者传送或从患者取得能量，和(或)检测这些所传送或取得的能量的电气设备。

该定义规定了医用电气设备的界定范围：

(1) 设备与供电网有一个或没有(如内部电源等)连接。如果存在多于一个的连接，则该设备实质上已构成一个医用电气系统。对于医用电气系统的安全可参照 IEC 601-1-1医用电气设备系统的安全要求执行。

(2) 设备处于医疗监视下，用于对患者进行诊断、治疗或监护。这里强调设备应处于医疗监视下，用于诊断、治疗或监护病人为目的。这不同于一般家用的保健电气设备，更与非诊断、治疗或监护用途的其他设备相区别。

(3) 设备与患者有身体的或电气的接触，和(或)在医疗监视下向患者传递或从患者取得能量，和(或)检测这些所传递或取得的能量。也就是说，设备与患者间必须有身体或电气的接触，或者从患者传递或取得能量(所谓能量一般是指声能、光能、热能、电能等)或者检测这些传递的能量。这三者可以是其中之一，也可以任意组合。

以上是界定医用电气设备的条件，不属于该定义的设备可参照相关安全标准执行。

12. B型设备、BF型设备、CF型设备

由于医用电气设备使用场合不同，对设备的电击防护程度的要求也不同。这是因为人体各部位对电流的承受能力不同的缘故。医用电气设备同患者有着各种各样的接触，有与体表接触和体内接触，甚至也有直接与心脏接触。例如各种理疗设备大多同患者的体表接触，各种手术设备(电刀、妇科灼伤器)要同患者体内接触，而心脏起搏器、心导管插入装置则要直接与心脏接触，这样就把医用电气设备分成各种型式，按其使用场合的不同，规定不同的电击防护程度，在标准中划分为B型、BF型、CF型。

(1) B型设备

对电击有特定防护程度的设备。

特别要注意：容许漏电流；保护接地连接(若有)的可靠性。

(2) BF型设备

有F型应用部分的B型设备，其容许漏电流规定值增加了对应用部分加电压的电流测量。

B型、BF型设备适宜应用于患者体外或体内，不包括直接用于心脏。

(3) CF型设备

对电击的防护程度特别是在容许漏电流值方面高于BF型设备，并具有F型

应用部分的设备。CF型设备主要是预期直接用于心脏。

13. 内部电源设备

能以内部电源进行运行的设备，内部电源一般具有两种情况：

(1) 具有和网电源相连装置的内部电源设备。这种设备必须为双重分类，如Ⅱ类设备，内部电源设备。

(2) 内部电源设备打算与电网相连接时，必须符合Ⅰ类设备或Ⅱ类设备的要求。例如，有的设备使用电池就可以工作，但在设备上还有一个输入插孔，用来与电源变换器(这种电源变换器可单独配置)连接。通过这种连接，设备就可以使用网电源进行工作。

14. 基本绝缘、双重绝缘、加强绝缘、辅助绝缘

(1) 基本绝缘

用于带电部件上对电击起基本防护作用的绝缘。

(2) 双重绝缘

由基本绝缘和辅助绝缘组成的绝缘。

(3) 加强绝缘

用于带电部件的单绝缘系统，它对电击的防护程度相当于通用标准规定条件下的双重绝缘。

(4) 辅助绝缘，又称附加绝缘

附加于基本绝缘的独立绝缘，当基本绝缘发生故障时由它来提供对电击的防护。

通用标准述及了四种绝缘，为了便于理解做些简要说明：

① 基本绝缘是对带电部件提供基本防护，使之在正常条件下不会带电。如Ⅱ类设备的不可触及的带电部件就可以采用基本绝缘，在一般情况下能起到防电击的作用。

② 辅助绝缘是附加在基本绝缘上的独立绝缘，以便在基本绝缘万一失效时对带电部件进行防电击，这里特别要注意"独立"二字，即它与基本绝缘之间是相互独立的，可以分开使用，单独进行电介质强度试验，一般情况下，辅助绝缘的电介质强度要比基本绝缘高些。

③ 双重绝缘和加强绝缘的区别是：前者是由基本绝缘和辅助绝缘两个独立的绝缘构成，而后者是单独的绝缘系统。尽管它们的电介质强度相当，但应用场合不一定相同，双重绝缘一般用于需要双重保护的带电部件，加强绝缘就不宜用作需要双重保护的带电部件。

15. 电气间隙、爬电距离

(1) 电气间隙：两个导体部件之间的最短空气路径。

(2) 爬电距离：沿两个导体部件之间绝缘材料表面的最短路径。

确定电气间隙的基本因素是：瞬时过电压、电场条件（电极形状）、污染、海拔高度。还有下述可能影响电气间隙的因素：电击防护、机械状况、隔离距离、电路中绝缘故障的后果、工作的连续性。

爬电距离是考虑中的距离的微观环境决定的。影响爬电距离的基本因素是电压、污染、绝缘材料、爬电距离的位置和方向、绝缘表面的形状、静电沉积、承受电压的时间等。设计过程中，应根据具体情况，充分考虑这些影响电气间隙和爬电距离的基本因素及其他可能的影响因素。

电气间隙和爬电距离在绝缘配合中的作用是不同的，因此在按各自作用时，所选取的最小爬电距离可能会小于最小电气间隙值。在实际中这样设计和选用是不合理的，这种情况下，最小爬电距离应当等于最小电气间隙。

16. 电流

(1) 漏电流

非功能性电流。

(2) 外壳漏电流

从在正常使用时操作者或患者可触及的外壳或外壳部件（应用部分除外），经外部导电连接而不是保护接地导线流入大地或外壳其他部分的电流。

如果是Ⅱ类内部电源设备，由于它们不配备保护接地线，则要考虑其全部外壳的漏电流；但如果是Ⅰ类设备，而它又有一部分的外壳没有和地连接，则要考核这部分的外壳漏电流；另外，在外壳与外壳之间，若有未接地的，则还要考核两部分外壳之间的外壳漏电流。

(3) 对地漏电流

由网电源部分穿过或跨过绝缘流入保护接地导线的电流。

在保护接地导线断开的单一故障条件下，如果接地的人体接触到与该保护接地导线相连的可触及导体（如外壳），则这个对地漏电流将通过人体流到大地，当这个电流大于一定值时，就有电击的危险。

(4) 患者漏电流

从应用部分经患者流入大地的电流，或是由于在患者身上意外地出现一个来自外部电源的电压而从患者经 F 型应用部分流入大地的电流。

这里是指由于应用部分要接触到患者，而患者又接地，如果应用部分对地存在一个电位差，则必然有一个电流从应用部分经患者流到大地（这要排除设备治疗上需要的功能电流），便是患者漏电流。

作为 F 型隔离（浮动）应用部分本来是浮动的，但是当患者身上同时有多台设备在使用，或者发生其他意外情况，使患者身上出现一个外部电源的电压（作为一种单一故障状态),这时也会产生患者漏电流。

(5) 患者辅助电流

正常使用时,流入处于患者应用部分部件之间的患者的电流,此电流预期不产生生理效应。例如放大器的偏置电流、用于阻抗容积描记器的电流。

这里是指设备有多个部件的应用部分,当这些部件同时接在一个患者身上,若部件与部件之间存在着电位差,则有电流流过患者。而这个电流又不是设备生理治疗功能上需要的电流,这就是患者辅助电流。例如心电图机各导联电极之间的流过患者身上的电流,阻抗容积描记器各电极之间流经患者的电流均属此例。

“患者辅助电流”这一定义应区别于打算产生生理效应的电流,如对神经和肌肉刺激、心脏起搏、除颤、高频外科手术,以前称之为“患者功能电流”的电流。

17. 功能接地端子和保护接地端子

(1) 功能接地端子

直接与测量供电电路或控制电路某点相连的端子,或直接与为功能目的而接地的屏蔽部分相连接的端子。

(2) 保护接地端子

为安全目的与Ⅰ类设备导体部件相连接的端子。该端子通过保护接地导线与外部保护接地系统相连接。

“功能接地端子”与“保护接地端子”的目的不同。功能接地端子是为了安全以外的目的,而直接与测量供电线路或控制电路某一点(往往是电路的公共端)相连接,或直接与某屏蔽部分相连接,而屏蔽是为功能性目的的接地。

保护接地端子是为了安全目的而与Ⅰ类设备导体部件相连接的,这个端子必须与外部保护接地系统相连接。

18. 单一故障状态

设备内只有一个安全防护装置发生故障,或只出现一种外部异常情况的状态。

设备在单一故障状态下仍应保证安全。因此单独一个保护措施发生故障是允许的。一般来说,如设备按通用标准的要求进行设计和制造,两个独立故障同时发生的概率就相当小。各种单一故障状态是考核测试的主要项目,经验证它们必须符合标准的有关要求;各种单一故障状态在测试时,用模拟的办法来创造测试条件。通过验证,考核设备在单一故障状态下的符合性。

若一个单一故障状态不可避免地导致另一个单一故障时,则两者被认为就是一个单一故障状态。

19. 安全系数

最小断裂载荷与安全工作载荷之比。

这里涉及两个概念:最小断裂载荷与安全工作载荷。所谓最小断裂载荷是“符合虎克定律(当应力不超过材料的弹性极限时,应力与应变成正比关系)的最大载荷”,也就是平时所讲的破坏载荷。

所谓安全工作载荷是“某一部件在安装说明和使用说明中的要求都得到遵守的情况下,根据制造厂声明的可承受的最大负载”,即平时所讲的设计负载。

安全系数的选取,要根据其具体情况作具体分析。除了要考虑载荷与应力计算的准确程度、材料性质的均匀性和构件的工作条件等主观估量和客观实际间必须存在的差异等因素外,还必须保证构件有必要的强度储备,以防构件在出现偶然的不利工作条件下发生破坏。一般,脆性材料比塑性材料的安全系数应大些,动载荷比静载荷的安全系数应大些,重要的及工作条件差的构件比一般的构件安全系数应大些。

20. 电压

高电压:任何超过 1 000 V 交流,或 1 500 V 直流,或 1 500 V 峰值的电压。

电网电压:多相供电网中两相线之间的电压,或单相供电网中相线与中线之间的电压。

安全特低电压:在用安全特低压变压器或有等效隔离程度的装置与供电网隔离,且不接地的回路中,当变压器或变换器由额定供电电压供电时,导体间交流电压不超过 25 V 或直流电压不超过 60 V 标称值的电压。

21. AP 和 APG 型设备

AP 型设备(Category AP Equipment)结构、标记以及文件都符合规定要求,以免在与空气混合的易燃麻醉气中形成点燃源的设备或设备部件。

APG 型设备(Category APG Equipment)结构、标记以及文件都符合规定要求,以免在与氧或氧化亚氮混合的易燃麻醉气中形成点燃源的设备或设备部件。

三、医用电气设备的识别、标记和文件

1. 识别、标记的一般要求和试验方法

(1) 一般要求

设备应按标准中要求进行标记。标记应做到:其一要永久贴牢(只能用工具或较大的力才能取下);其二要清楚易认。

(2) 试验方法

① 对设备或设备部件的外部标记:

a. 检查设备表面是否有所要求的标记;

b. 试验标记的耐久性;

c. 所有试验完成后,标记必须清楚易认,粘贴的标记不应松动或卷边。

② 对设备或设备部件内部的标记:

按检查设备外部标记的方法进行检查，但不做擦拭试验。

③ 控制器件和仪表的标记：

检查控制器件和仪表是否有所要求的标记。

2. 设备或设备部件的标记

（1）外部标记

本标准规定了设备外部标记的最低限度要求。

当设备的尺寸或外壳特征不允许将所规定的标记全部标上时，至少必须标上生产（或供应）单位、型式标记与电源的连接（永久性安装的设备除外）、分类、生理效应等条所规定的标记。

（2）内部标记

① 电热元件或加热灯的灯座的最大负载功率，必须在发热器上或在其附近作出清楚、持久的标记。

② 有高压部件必须标以“危险电压的符号”。

③ 必须标明电池的型号及其装入方法。

3. 符号

根据本标准要求，需要使用符号时，应使用该标准附表 1 和附表 2 的符号，这些符号也与已 IEC 878《医用电气设备符号》相一致。

附表 1　医用电气设备常用表示符号

序　号	符　　号	IEC 出版物	GB 编号	含　　义
1		417… 878 - 02 - 02	—	B 型应用部分
2		417 - 5333 878 - 02 - 03	5463. 2	BF 型应用部分
3		417 - 5335 878 - 02 - 05	5465. 2	CF 型应用部分
4		878 - 02 - 07	—	AP 型设备
5		878 - 02 - 08	—	APG 型设备

（续附表 1）

序 号	符 号	IEC 出版物	GB 编号	含 义
6		878－03－01	5465.2	危险电压
7	—	—	—	不采用
8		878－030－04	—	非电离辐射
9		417…878…		防除颤 B 型应用部分
10		417－5334 878－02－04		防除颤 BF 型应用部分
11		417－5336 IEC 878－02－06		防除颤 CF 型应用部分

附表 2 医用电气设备常用符号

序 号	符 号	IEC 出版物	GB 编号	含 义
1		417－5032	4706.1	交流电
2	3 	335－1	4706.1	三相交流电
3	3N 	335－1	4706.1	带中性线的三相交流电
4		417－5031	4728.2	直流电
5		417－5033	4706.1	交、直流电
6		417－5019	4728.2	保护接地（大地）

(续附表 2)

序　号	符　　号	IEC 出版物	GB 编号	含　　义
7	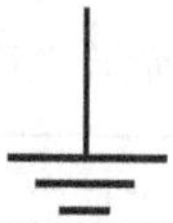	417 - 5017	4728. 2	接地(大地)
8	N	445	4728. 2	永久性安装设备中的中性线连接点
9		417 - 5021	4728. 2	等电位
10	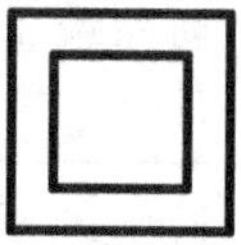	417 - 5072	5465. 2	Ⅱ类设备
11	IPX1	529	4208	防滴水
12	IPX4	529	4208	防溅水
13	IPX7	529	4208	防浸水
14		348	4793	注意！查阅随机文件
15		417 - 5008	5465. 2	断开(总电源)
16		417 - 5007	5465. 2	接通(总电源)
17		417 - 5265	5465. 2	断开(仅用在设备的一个部分)
18		417 - 5264	5465. 2	接通(仅用在设备的一个部分)

4. 导线绝缘的颜色

标准要求用颜色对导线绝缘进行标记，并规定了绿/黄色和浅蓝色的用法及电源线中导线绝缘的颜色。

(1) 保护接地线的整个长度都必须以绿/黄色的绝缘为识别标志。

(2) 设备内部将可触及的金属部件或其他具有保护功能的保护接地部件与保护接地端相连的导线上的绝缘体必须至少在导线终端用绿/黄色来识别。

(3) 电源线中要同电源系统中性线相连的导线绝缘必须采用浅蓝色的绝缘线。

(4) 电源线中导线绝缘的颜色，必须符合 GB 5013.1 或 GB 5023.1 的规定。

(5) 在设备部件之间使用多芯电线时，若只采用绿/黄色导线而保护接地电阻超过最大允许值时，可将该电线中其他导线同绿/黄色导线并联使用，但并联导线末端也应标以绿/黄色。

5. 指示灯和按钮

指示灯或按钮的颜色是提供设备状态的信息，以引起操作人员的注意，或指示操作人员完成某项工作，使操作人员安全操作设备。指示灯和按钮的要求是参照 IEC 出版物：IEC 73《用颜色和辅助手段标记指示设备和调节器》的规定。

(1) 指示灯颜色

在设备上红色必须仅用于指示危险的警告和(或)要求紧急行动；点阵和字母数字式显示装置不作为指示灯来考虑，附表 3 为设备指示灯推荐的颜色及含义。

附表 3　指示灯颜色

颜　　色	含　　义
黄	需要小心或注意
绿	准备运转
其他颜色	除红或黄色以外的其他含义

(2) 不带灯按钮的颜色

红色必须只用于紧急时中断功能的按钮。

6. 随机文件

设备必须至少包括使用说明书、技术说明书和可供用户查询的地址在内的文件，随机文件应作为设备的组成部分。如果使用和技术说明书是分开的，则所有可用的分类都必须包含在两个说明书中。如果制造厂没有把标记永久贴牢在设备上，则必须在随机文件中完整无缺地说明。

(1) 使用说明书

使用说明书一般应包括下列内容：

① 一般内容：

a. 使用说明书必须提供能使设备按技术条件运行的全部资料；

b. 使用说明书必向使用者和操作者详细说明由他们自己来进行的清洗、预防性检查、保养，以及保养周期；

c. 有关设备上的图形、符号、警告性说明和缩写的解释，必须在使用说明书中说明。

② 对信号输出和输入部分规定的说明。

③ 有关患者接触部件的清洗、消毒和灭菌方法的细节。

④ 对由电网供电，并带有附加电源的设备，若其附加电源不能自动地保持在完全可用的状态，使用说明书必须提出警告，规定必须对该附加电源进行定期检查和更换。

⑤ 配有一次性电池的设备，在使用说明中必须要有警告，长期不用时必须取出的说明。

⑥ 可充电电池的安全使用和保养的说明等。

（2）技术说明书

技术说明书一般应包括下列内容：

① 在标记中所提到的所有数据和安全运行必不可少的所有特性参数。

② 熔断器和其他部件的更换要求和方法。

③ 供方按要求提供的电路图、元器件清单等。

④ 有关运输和贮存环境限制条件的规定。

7. 输入功率

设备输入功率对安全的影响：在额定电压、稳态工作温度和制造厂规定的工作设定值时，设备的稳态电流和功率输入超过标出的额定值不得大于：

（1）输入功率主要由电动机驱动的设备：

① 输入功率≤100 W时，+25%；

② 输入功率>100 W时，+15%。

（2）其他设备：

① 输入功率≤100 W时，+15%；

② 输入功率>100 W时，+10%。

四、通用要求

1. 通用要求

通用要求是从安全的角度对医用电气设备提出了原则上的定性要求。

（1）医用电气设备必须在运输、贮存、安装、正常使用过程中和按制造厂规定保养时，正常状态和单一故障状态时保证安全，不会引起可以合理预见到的危险和同预期应用目的不相关的安全方面的危险。

（2）材料和结构形式的要求。标准中规定，设备（或设备部件）材料和结构形式的选用要求不是强制性的，但对所须达到的总体安全程度是强制性的，即允许使用与通用标准要求不同的材料或结构形式，但必须证明它们达到了通用标准要求的安全程度。

（3）单一故障状态。该标准规定的“单一故障状态”有九种。针对每一种单一故障状态在该标准中都规定了具体的要求和试验方法，这是对产品安全进行了风险分析的结果。

① 断开保护接地导线：

应考核外壳漏电流、患者漏电流、患者辅助电流（若适用）；

当设备的保护接地导线是固定的、永久性安装时，这种故障状态出现的概率很小，因而，不须进行该项考核。

② 断开一根电源导线：

应考核对地漏电流、外壳漏电流、患者漏电流、患者辅助电流（若适用）。

③ F 型应用部分上出现一个外来电压：

应考核患者漏电流。

④ 信号输入或信号输出部分出现一个外来电压：

应考核外壳漏电流（使用说明书有规定的除外）、患者漏电流。

该标准之所以把 F 型应用部分、信号输入/输出部分上出现一个外来电压作为一种单一故障状态，是因为一个患者身上可能连接有两台或两台以上的医用电气设备，当其中的某台设备出现故障时，或者一个患者身上连接着不符合通用标准要求的设备时，其保护装置出现单一故障。在这种情况下，即使未发生故障设备的 F 型应用部分或信号输入/输出部分上也会出现一个外来电压，从而使该设备处于单一故障状态。

⑤ 与氧或氧化亚氮混合的易燃麻醉混合气外壳漏气：

应考虑设备在乙醚与氧混合气中连续运行的试验。

⑥ 必要时还应考虑可能引起安全方面危险的其他故障状态，如：变压器过载；恒温器失灵；双重绝缘的一部分失效；保护接地导线断开；散热部件故障，包括通风风扇持续受阻、通风孔洞不畅、过滤器被堵、冷却剂流动中断；活动部件受制；电动机电容器的断开和短接；有安全方面危险的元件故障；设备过载，包括电热元件的设备过载、电动机的设备过载、短时或间歇运行的设备过载等；

⑦ 可能引起安全方面危险的机械零件的故障。

⑧ 温度限制装置故障:热断路器不动作。

⑨ 液体的泄漏等。

下列现象不大可能发生:

① 双重绝缘完全电气击穿(出现的概率很小);

② 加强绝缘电气击穿(出现的概率很小);

③ 固定的及永久性安装的保护接地导线断开(出现的概率很小)。

第二篇　环境条件

一、运输和贮存条件

如果制造厂没有另行规定设备的运输和贮存环境条件,设备必须能在不超出下列范围的环境条件下放置15周以下:

(1) 环境温度:－40℃～＋70℃;

(2) 相对湿度:10%～100%,包括冷凝;

(3) 大气压力:500～1 060 hPa。

二、运行环境

设备在下列条件最不利的组合环境下运行时,必须符合本标准的所有要求:

(1) 环境温度:＋10～＋40℃;

(2) 相对湿度:30%～75%;

(3) 大气压力:500～1 060 hPa;

(4) 水冷设备的进水口温度,不高于25℃。

电源条件:必须对电源的额定电压及其波动范围、内阻抗、电压波形、频率及其误差、保护措施等几个方面提出下列要求。

(1) 额定电压:按设备的不同类型提出了最高限值,该电压指的是有效值。

① 手持式设备:不超过250 V;

② 额定输入功率不超过4 kW的设备,直流不超过250 V;交流单相、多相电源不超过500 V;

③ 其他设备,不超过500 V。

(2) 电源的内阻抗足够低(由专用标准规定)。

(3) 电源电压的波动范围:

① 不超过额定电压的±10%;

② 允许短时间(不超过 1 s)跌至额定电压的－10%以下。

主要是考虑到电网上一些大容量设备，如大功率电动机、冷却系统压缩机等的启动会引起电网电压的短时间波动，设计时要采取措施，使设备能承受此类电压的低落。

(4) 系统的任何导线之间或任何导线与地之间，没有超过额定值＋10%的电压。

(5) 电压波形应为正弦波，且是对称供电系统的多相电源。

(6) 频率不超过 1 kHz。

(7) 额定频率不超过 100 Hz 时，其频率误差≤1 Hz。

额定频率在 100 Hz～1 kHz 时，其频率误差≤1%额定值。

应注意这里规定的电源电压波形和它的频率是对设备所接的外部电源而言，并不是对设备内部逆变电源的电压波形和频率的限制。

(8) 保护措施按 IEC 364《建筑物内电气设施对电击的防护》的规定。

(9) 内部电源如可更换，制造厂必须作出规定。

第三篇　对电击危险的防护

设备应设计成能尽可能避免在正常使用和单一故障状态时发生电击危险。

一、有关分类的要求

1. Ⅰ类设备

(1) 在为实现设备功能而应接触电路导电部件的情况下，Ⅰ类设备可具有双重绝缘或加强绝缘的部件，或可有由安全特低电压运行的部件，或者可有用保护阻抗来防护的可触及部分。

(2) 如果规定用外接直流电源设备的网电源部分与可触及金属部分之间的隔离是基本绝缘，则应提供独立的保护接地导线。

2. Ⅱ类设备

(1) Ⅱ类设备应是下列类型之一：

① 带绝缘外壳的Ⅱ类设备。这种设备有一个耐用、实际上无孔隙、并把所有导电部件包围起来的绝缘外壳，但一些小部件如铭牌、螺钉及铆钉除外，这些小部件至少用相当于加强绝缘的绝缘与带电部分隔离。绝缘封闭的Ⅱ类设备的外壳，可构成辅助绝缘的一部分或全部。

② 带金属外壳的Ⅱ类设备。这种设备有一个实际上无孔隙的导电外壳，在这

种设备中，整个网电源部分采用双重绝缘(除因采用双重绝缘显然行不通而采用加强绝缘外)。

③ 由上述①和②两类型综合的设备。

(2) 如设备装有使其从Ⅰ类防护转为Ⅱ类防护的装置，下列要求应全部满足：

① 转换装置应明确指出所选类别；

② 需使用工具方能转换；

③ 设备在任何时候应符合所选用防护类别的全部要求；

④ 在Ⅱ类设备工作位置上，该转换装置应切断保护接地导线与设备的连接，或把它转变成功能接地导线。

(3) Ⅱ类设备可备有功能接地端子或功能接地导线。

除上述要求外，Ⅰ类和Ⅱ类设备还要求除基本绝缘外，设备应按Ⅰ类或Ⅱ类设备要求配备附加保护，规定由外接直流电源供电的设备(例如，在救护车上使用)，当极性接错时应不发生安全方面危险。

对于具有与供电网相连的装置的内部电源设备，当其与供电网相连时应符合Ⅰ类或Ⅱ类设备的要求，当其未与供电网相连时应符合内部电源设备的要求。

二、电压和(或)能量的限制

用插头与供电网连接的设备，应设计成在拔断插头之后 1 s 时，各电源插脚之间以及每一电源插脚与外壳之间的电压不超过 60 V。

1. 通过下列试验来检验是否符合要求

设备在额定电压或额定电压范围上限的电压上运行。用拔断插头的方法使设备与供电网断开，且设备电源开关置于“通”或“断”中最不利的位置上。在断开电源后 1s 时，用一个内阻抗不影响测量值的仪表来测量插头各电源插脚间及电源插脚与外壳间电压。测得的电压不应超过 60 V，试验应进行 10 次。

若采用了干扰抑制电容器，且每一线对地的电容量在额定电压小于或等于 250 V 时小于 3 000 pF，或额定电压小于或等于 125 V 时小于 5 000 pF，则不应进行每一线与外壳之间的试验。

当线间接入的干扰抑制电容器其电容量小于或等于 0.1 μF 时，也不应进行线间试验。

在设备电源切断后立即打开在正常使用时用的调节孔盖就可触及的电容器或与其相连的电路带电部分上的剩余电压，不应超过 60 V，若电压超过此值，则剩余能量不应超过 2 mJ。如果不能自动放电且仅在使用工具时才能打开调节孔盖，则允许在设备中设有手工放电装置。对这些电容器和(或)与其相连的电路，应加以标识。

2. 用下述试验来检验是否符合要求

在额定电压下运行设备，然后断开电源。在正常情况下以尽可能快的速度打开正常使用时用的调节孔盖。立即测量可触及的电容器或电路部件上的剩余电压，并计算残留的电能。如果制造商规定了一个非自动放电装置，应通过检查来弄清其内部情况和标识。

三、外壳和防护罩的要求

该要求分为以下几种情况：

1. 设备应制造和封闭得能防止与带电部分以及在单一故障状态下可能带电的部分接触。本要求适用于当设备以正常使用条件运行时，甚至在不用工具或按使用说明书打开盖子和门以及拆卸部件之后，设备所有的可触及部位。若不用工具就能更换灯泡时，应保证在装、卸灯泡时防止与灯的带电部分接触。

2. 外壳顶盖上任何孔的位置或尺寸，都应使直径为 4 mm，长度为 100 mm 的试验棒在整个长度都进入孔内自由垂直悬挂时，仍不会触及带电部分。

是否符合要求，应在正常使用时将直径为 4 mm，长度为 100 mm 的金属试验棒插入孔中进行检验。试验棒自由垂直悬挂，插入深度为棒的全长。该试验棒不应变成带电状态，也不应触及基本绝缘或仅用基本绝缘与网电源部分隔离又未保护接地的任何部件。

3. 当取下手柄、旋钮、控制杆等之后，就能触及控制器操作机构的导体部件时，应当用开路试验电压不超过交流 50 V，试验电流不低于 1 A 测量时，测得的上述导体部件至设备保护接地端子的电阻值不应大于 0.2 Ω。

本条要求不适用于次级回路中至少用基本绝缘与网电源部分隔离的且具有额定回路电压小于或等于交流 25 V、直流或峰值 60 V 的控制器。在这些情况下，轴及类似部件可仅以基本绝缘与电路部件相隔离。用电流值和压降值来计算电阻值，以检验是否符合要求，不应超过规定值。另外，应检查证实其有充分的隔离。

4. 设备外壳内带有交流 25 V 或直流 60 V 以上线路电压的各部件，如果不能由一随时可触及的外部电源开关或插头装置与电源断开(例如室内照明、主开关遥控等电路)，应采用附加罩盖防护，从而即使在外壳打开后(例如为了保养)也可防止接触，或在空间互相隔开排列的情况下，应清晰做出“带电”标记。通过对所要求的罩盖或警告标志(如果有)进行检查来检验是否符合要求。

5. 防止与带电部分接触的外壳应仅用工具才能移开，否则应采用一个自动装置在打开或移开外壳时，使这些部件不带电。下列部件除外：

(1) 不用工具便可移开的外壳或设备部件，以及允许操作者在正常使用时触及的一些带电部分，这些带电部分的电压不应超过交流 25 V、直流或峰值 60 V，且由一种方法与供电网相隔离的电源供电。可适用的例子为：带灯按钮罩；指示灯罩；记录笔罩；插入式组件；电池箱盖。

(2) 在取下灯泡后允许触及的灯座带电部分。

在这种情况下，使用说明书应提示操作者不要同时接触这类部件和患者。

通过检查和下列试验，检验是否符合要求：

① 试验自动断电装置或放电装置的有效性；

② 用标准试验指测量可触及的带电部分的电压。

6. 有些预置控制器可由使用者在正常使用时利用工具来调节，为调节这些控制装置而开的孔，应设计成调节工具在孔内不能触及基本绝缘或任何带电部分，或仅用基本绝缘与网电源部分相隔离又未保护接地的任何部件。是否符合要求，应通过检查并把直径为 4 mm、长度为 100 mm 的试验棒从各可能位置插入孔中进行检验。如有疑问，则施加 10 N 的力，试验棒不应触及基本绝缘或任何带电部分，或仅用基本绝缘与网电源部分相隔离又未保护接地的任何部件。

四、绝缘和保护阻抗的要求

绝缘和保护阻抗的要求分为以下几种情况：

1. 在正常状态和单一故障状态下，应用部分应与设备的带电部分隔离到漏电流容许值不被超过的程度。采用下述方法之一，本要求可满足：

(1) 应用部分仅用基本绝缘与带电部分隔离但保护接地，且应用部分对地有一个低的内阻抗以使正常状态和单一故障状态时漏电流不超过容许值。

(2) 应用部分用一个已保护接地的金属部件与带电部分隔离，此金属部件可以是一个全封闭的金属屏蔽。

(3) 应用部分未保护接地，但用一个在任何绝缘失效时均不产生超过容许值的漏电流流向应用部分的保护接地中间电路与带电部分隔离。

(4) 应用部分用双重绝缘或加强绝缘与带电部分隔离。

(5) 用元件的阻抗防止超过容许值的患者漏电流和患者辅助电流流向应用部分。

如果应用部分和带电部分之间的爬电距离和(或)电气间隙不符合要求，该爬电距离和(或)电气间隙应短接。

测量患者漏电流和患者辅助电流，且不应超过给定的正常状态时的限值。如果对上述应用部分和保护接地的金属部件，以及中间电路的检查表明，在单一故障状态时隔离的有效性可疑时，应在短接带电部分与应用部分之间的绝缘、带电部分与金属部件之间的绝缘，或带电部分与中间电路之间的绝缘后，测量患者漏电流和患者辅助电流。在短路后最初 50 ms 内产生的瞬时电流无须考虑。在 50 ms 以后，患者漏电流和患者辅助电流不应超过单一故障状态时的容许值。

此外，应对设备和（或）其电路进行检验，以确定把漏电流和（或）患者辅助电流限制在规定值内是否取决于置于应用部分与网电源部分之间的、应用部分与其他带电部分之间的，以及 F 型应用部分与接地部件之间的半导体器件结的绝缘性能。

如果是取决于半导体器件结的绝缘性能，则应每次短接器件结来模拟关键结的击穿，检验在单一故障状态时容许的漏电流和患者辅助电流是否被超过。

2. Ⅰ类设备手持式软轴应采用辅助绝缘与电动机轴隔离。

由Ⅰ类防护电动机驱动的，在正常使用时可能与操作者或患者直接接触，但又不可能保护接地的可触及金属部分，应采用至少能承受与电动机额定电压相应的电介质强度试验且具有足够机械强度的辅助绝缘与电动机轴隔离。通过检查并对手持式软轴和（或）被驱动的Ⅰ类设备的可触及金属部分与电动机轴之间的绝缘试验，来检验是否符合要求。应采用对辅助绝缘规定的试验此外，要检验爬电距离和电气间隙是否符合要求。

3. 在正常状态和单一故障状态下，非应用部分的可触及部分，应与设备的带电部分隔离到使漏电流不超过容许值的程度。

通过对所要求的隔离作检查以发现哪一处绝缘失效会引起安全方面危险来检验是否符合要求。如果可触及部分与带电部分之间的爬电距离和（或）电气间隙不符合要求，则该爬电距离和（或）电气间隙应短接。接着应测量外壳漏电流，且不超正常状态时的限值。

如果对上述保护接地的金属部件或上述中间电路的检查表明对单一故障状态时隔离的有效性有怀疑时，应通过短接带电部分与金属部件之间，或带电部分与中间电路之间的绝缘来测量外壳漏电流。在短路后最初 50 ms 内产生的瞬态漏电流无须考虑。在 50 ms 以后，外壳漏电流不应超过单一故障状态的容许值。

此外，应对设备和（或）其电路进行检验，以确定把漏电流和（或）患者辅助电流限制在规定值内是否取决于置于可触及部分与带电部分间半导体器件结的绝缘性能。如果是取决于半导体器件结的绝缘性能，则应每次短接一个结以模拟关键结的击穿，来检验在单一故障状态时容许的漏电流和患者辅助电流是否被超过。

4. 用于将防除颤应用部分与其他部分隔离的布置应设计成：

(1) 在对与防除颤应用部分连接的患者进行心脏除颤放电期间，危险的电能不出现在：① 外壳，包括可触及导线和连接器的外表面；② 任何信号输入部分；③ 任何信号输出部分；④ 试验用金属箔，设备置于其上，其面积至少等于设备底部的面积。

(2) 施加除颤电压后，再经过随机文件中规定的任何必要的恢复时间，设备应能继续行使随机文件中描述的预期功能。

用以下的脉冲电压试验来检验是否符合要求：

(1) (共模试验)设备接至附图1所示的试验电路。试验电压施加于所有互相连在一起且与地隔离的患者连接；

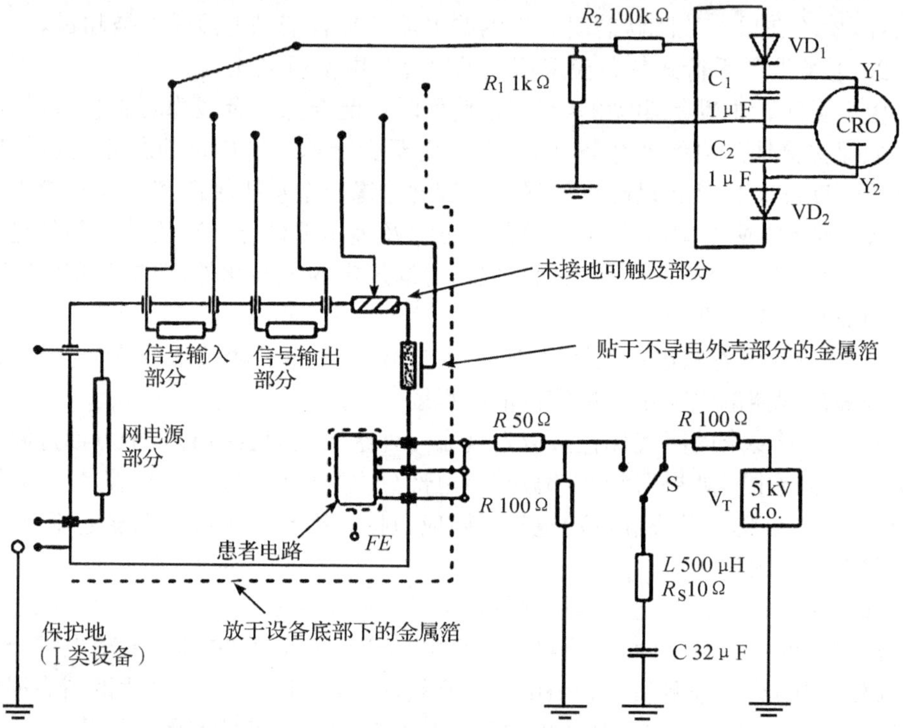

附图1 测试电压施加于防除颤应用部分跨接的患者连接处

V_T—测试电压；S—提供测试电压的开关；R_1、R_2—误差2%，不低于2 kV，其他元件误差5%；CRO—阴极射线示波器；VD_1、VD_2—小信号硅二极管。

(2) (差模试验)设备接至附图2所示的试验电路。试验电压依次施加于每一个患者连接，其余的所有患者连接接地。

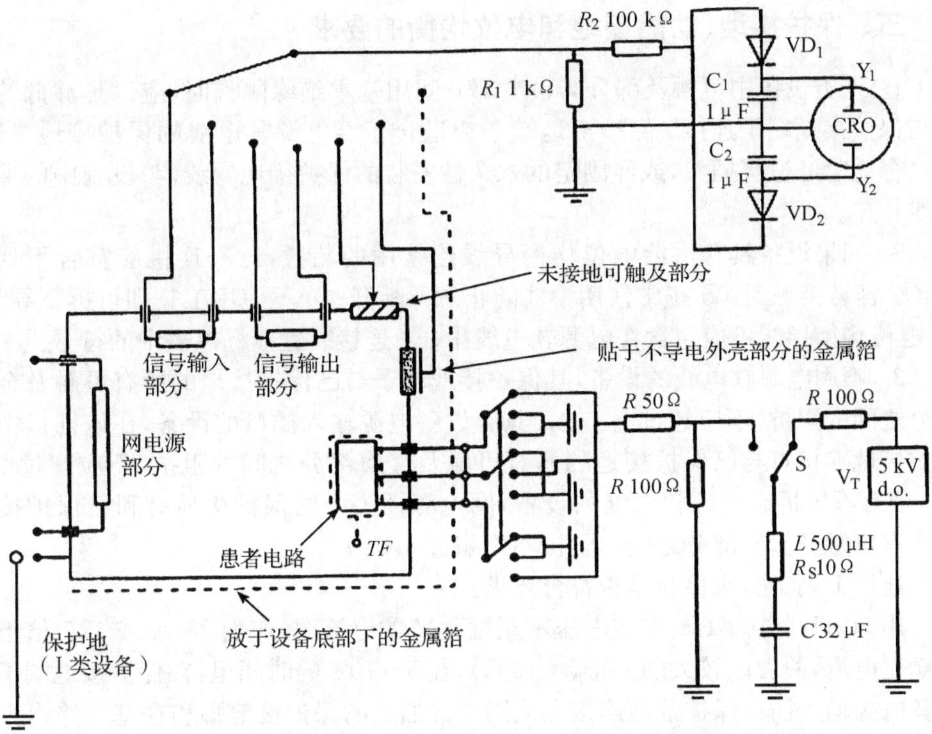

附图 2　测试电压施加于防除颤应用部分的单个患者连接处

V_T—测试电压；S—提供测试电压的开关；R_1、R_2—误差 2%，不低于 2 kV，其他元件误差 5%；CRO —阴极射线示波器；VD_1、VD_2 —小信号硅二极管。

当应用部分只有一个患者连接时，不采用差模试验。

在每次试验期间：

① Ⅰ类设备的保护接地导线接地。没有供电网也能运行的Ⅰ类设备，如具有内部电池，在断开保护接地连接后再试验一次；

② 设备应不接通电源；

③ 应用部分的绝缘表面用金属箔覆盖或浸在规定的盐溶液中；

④ 断开任何与功能接地端子的连接，当一个部分因功能目的被内部接地时，这类连接应被看做保护接地连接并应要求，或者应予以断开；

⑤ 本试验方法①中规定的未保护接地的部件接至示波器。

五、保护接地、功能接地和电位均衡的要求

1. Ⅰ类设备中可触及部分与带电部分间用基本绝缘隔离时，应以足够低的阻抗与保护接地端子连接。保护接地端子应适合于经电源软电线的保护接地导线，以及合适时经适当插头，或经固定的永久性安装的保护接地导线，与设施中的保护导线相连。

2. 如果设备具有供给电位均衡导线连接用的装置，这一连接应符合下列要求：① 容易接触到；② 正常使用中能防止意外断开；③ 不使用工具即可拆下导线；④ 电位均衡导线不应包含在电源软电线中；⑤ 连接装置应标以表中的符号。

3. 不用电源软电线的设备，其保护接地端子与已保护接地的所有可触及金属部分之间的阻抗，不应超过 0.1 Ω。具有设备电源输入插口的设备，在该插口中的保护接地连接点与已保护接地的所有可触及金属部分之间的阻抗，不应超过 0.1 Ω。带有不可拆卸电源软电线的设备，网电源插头中的保护接地脚和已保护接地的所有可触及金属部分之间的阻抗不应超过 0.2 Ω。

通过下列试验来检验是否符合要求：

用 50 Hz 或 60 Hz、空载电压不超过 6 V 的电流源，产生 25 A 或 1.5 倍于设备额定电流，两者取较大的一个（±10%），在 5～10 s 的时间里，在保护接地端子或设备电源输入插口保护接地连接点或网电源插头的保护接地脚和在基本绝缘失效情况下可能带电的每一个可触及金属部分之间流通。

测量上述有关部分之间的电压降，根据电流和电压降确定的阻抗，不应超过本条中所规定的值。

4. 如可触及部分或与其连接的元器件的基本绝缘失效时，流至可触及部分的连续故障电流值限制在某值之下，以致在单一故障状态时外壳漏电流不超过容许值时，保护接地连接阻抗容许超过 0.1 Ω。通过检查和测量单一故障状态的外壳漏电流来检验是否符合要求。

功能接地端子不应当作保护接地使用。如果带有隔离的内部屏蔽的Ⅱ类设备，采用三根导线的电源软电线供电，则第三根导线（与网电源插头的保护接地连接点相连）应只能用作内部屏蔽的功能接地，且应是绿/黄色的。该内部屏蔽和与其相连的所有内部布线的绝缘，应是双重绝缘或加强绝缘。在此情况下，这种设备的功能接地端子应标识得与保护接地端子能区别，另外还应在随机文件中加以说明。

六、连续漏电流和患者辅助电流

连续漏电流和患者辅助电流通用要求如下：

(1) 起防电击作用的电气绝缘应有良好的性能，以使穿过绝缘的电流被限制在规定的数值内。

(2) 连续的对地漏电流、外壳漏电流、患者漏电流及患者辅助电流的规定值适合于下列条件的任意组合：

① 在1规定的工作温度下和规定的潮湿预处理之后；

② 在正常状态下和在规定的单一故障状态；

③ 设备已通电处于待机状态和完全工作状态，且网电源部分的任何开关处于任何位置；

④ 在最高额定供电频率下；

⑤ 电压为110%的最高额定网电源电压下。

测量值不应超过表6-2中给定的容许值。

(3) 规定接至SELV电源的设备，仅在该电源符合本标准要求，且设备与该电源组合起来试验符合容许漏电流要求时，才能认为符合本标准的要求。

(4) Ⅰ类设备外壳漏电流的测量应仅限于：

① 未保护接地外壳的每一部分(如有)到地；

② 未保护接地外壳的各部分(如有)之间。

(5) 应测量的患者漏电流：

① 对B型应用部分，从连在一起的所有患者连接，或按制造商的说明对应用部分加载进行测量；

② 对BF型应用部分，轮流地从应用部分的同一功能的连在一起的所有患者连接，或按制造商的说明对应用部分加载进行测量；

③ 对CF型应用部分，轮流地从每个患者连接点进行测量。

如果制造商为应用部分的可拆卸部件规定了选用件(例如，患者电线和电极)，患者漏电流应采用最不利的规定可拆卸部件来测量。

(6) 患者辅助电流应在任一患者连接点与连在一起的所有其他患者连接之间进行测量。

(7) 具有多个患者连接的设备应通过检验，以确保在正常状态下当一个或多个患者连接处于以下状态时患者漏电流和患者辅助电流不超过容许值：

① 不与患者连接；

② 不与患者连接并接地。

如果对设备电路的检查表明，在上述条件下患者漏电流或患者辅助电流可能增加至超出容许值时，应进行试验，且实际测量宜限于几种有代表性的组合。

(8) 连续漏电流和患者辅助电流单一故障状态：

① 对地漏电流、外壳漏电流、患者漏电流及患者辅助电流，应在下列单一故障

状态下进行测量：

a. 每次断开一根电源导线；

b. 断开一根保护接地导线(在对地漏电流时不适用)。若是固定的永久性安装的保护接地导线，不需进行这一测量；

② 此外，患者漏电流应在下列单一故障状态下测量：

将最高额定网电源电压值的110%的电压加到地与任一信号输入部分或信号输出部分之间。

本要求不适用于：

a. B型应用部分，对其电路和物理布局的检查表明不存在安全方面危险；

b. 对F型应用部分。

③ 此外，应将最高额定网电源电压值的110%的电压加到地与信号输入部分或信号输出部分之间来测量外壳漏电流。这一要求仅适用于制造商规定信号输入部分或信号输出部分与存在外部电压风险情况的设备相连时。

第四篇 对机械危险的防护

一、机械强度

除对设备设计和制造的通用要求外，设备所包括形成其部件的任何调节孔盖及其所有零件，应有足够的强度和刚度。可用下述试验检验是否符合要求：

1. 外壳或外壳部件及其所有零件的刚度试验，用45 N直接向内的力加在面积为625 mm^2的任何表面上，不应造成任何显而易见的损伤或使爬电距离和电气间隙降低到规定值以下。

2. 外壳或外壳部件及其所有零件的强度试验，用弹簧冲击试验装置，对试样施加冲击能量为(0.5±0.05) J的撞击。释放机构的弹簧调整到能施加足够的压力以保持释放爪处于啮合位置。把击发球形柄拉到释放爪与锤柄上的槽口啮合为止，于是释放杆把释放机构打开，让锤头往下打。设备要牢固地支撑，应对外壳上可能的每个薄弱点撞击三次。对手柄、控制杆、旋钮、显示装置和类似装置以及信号灯及其灯罩也应施加压力，但对信号灯或灯罩仅在其高出外壳10 mm以上或其面积超过4 cm^2时才进行。装在设备内部的灯及灯罩仅对正常使用时容易损坏的进行试验。

试验后，所受的任何损伤应不产生安全方面危险，特别是带电部分。若在上述试验后，对辅助绝缘或加强绝缘的完整性有疑问，则只应对有关的绝缘(而不是对设备的其余部分)进行所规定的电介质强度试验。

对光洁度损伤、不使爬电距离和电气间隙降到规定值以下的凹痕,以及不影响防电击或防潮的小裂口,应忽略。

肉眼看不见的裂纹、纤维增强模制件表面裂纹及类似损伤均应忽略。

如果内盖外衬有装饰盖,只要在取下装饰盖后内盖能经得起试验,装饰盖上的裂纹应忽略。

3. 可携带式设备上的提拎把手或手柄,应能承受下列加载试验:

把手及其固定用零件承受等于设备重量 4 倍的力。均匀地加力于把手中心处 7 cm 的长度上,不要猛拉,在 5～10 s 内从零开始逐渐加大到试验值,并保持 1 min。

设备装有一个以上把手时,力应分布在把手之间,应根据设备在正常提拎位置时所测定的每个把手所承受设备质量的百分比来确定力的分布。设备若装有一个以上把手,但设计成易于仅用一个把手提拎,则每一把手应能承受总的力。把手与设备间不应松动,也不应出现任何永久变形、开裂或其他损坏现象。

4. 设备中用于支承和(或)固定患者的各部件,应设计、制造成使身体损伤和固定件意外松动的危险减到最小。支承成年患者的部件应按患者有 135 kg 的质量(正常载荷)设计。

5. 正常使用时,手持的设备或设备部件,不应因为从 1 m 高处自由坠落在硬性表面上而出现安全方面危险。

通过下列试验来检验是否符合要求:

试样应从 1 m 高处以三个不同起始姿态自由坠落到平放于硬质基础(混凝土)上的 50 mm 厚的硬木(例如,$>700\ kg/m^3$ 的硬木)板上各一次。

试验后,设备应符合本标准要求。

6. 可携带式设备或移动式设备,应能承受由于粗鲁搬运而产生的应力。

通过下列试验来检验是否符合要求:

(1) 50 mm 厚的硬木板上方,把可携带式设备举到如附表 4 所规定的高度。木板尺寸应至少是设备尺寸的 1.5 倍,且应平放在硬质基础(混凝土)上。设备从正常使用可能放置的每种姿态坠落三次。

附表 4　坠落高度

设备质量(kg)	坠落高度(cm)
$m \leqslant 10$	5
$10 < m \leqslant 50$	3
$m > 50$	2

试验后，设备应符合本标准要求。

(2) 对于移动式设备，尽可能接近地面的一点上用力推动设备，使设备以 (0.4 ± 0.1) m/s 的速度按正常运动方向，在一梯级高度为 20 mm 的斜坡上推下，该斜坡固定安装在另外的平坦地面上。对自动推进式设备采用其最大速度来推动。试验进行 20 次后，该设备应符合本标准要求。

二、运动部件

1. 设备在运行时不需敞露，但一旦敞露后可能造成安全方面危险的运动部件：

(1) 在可移动式设备中，应配备足够的防护件，这些防护件应是形成设备整体的一个部分。

(2) 在固定式设备中，除非技术说明书中制造商提供的安装说明要求那些防护件或等效的防护物将另外提供外，应同样地配备防护件。

2. 缆绳(绳索)、链条和皮带应被限制不会脱离或跳出其导引装置，或应有其他方法防止安全方面危险。为此保护目的而采用的机械装置仅用工具才能移开。

3. 设备或设备部件的运动如可能伤害患者，就应只能由设备部件的操作者对控制器件进行连续的开动。

4. 受机械磨损可能引起安全方面危险的部件，应可接触，以便检查。

(1) 若电动的机械运动会造成安全方面危险，应提供容易识别和易于接触的安全措施，使设备有关部分紧急切断。如果对操作者出现明显的紧急形势，并考虑到操作者的反应时间，则这些措施应只能被认为是安全装置。

(2) 紧急开关或停止装置的启动，应不会引起其他安全方面危险，也不应影响为排除原来安全方面危险所必需的全部工作。

(3) 紧急装置应能切断有关电路的满载电流，包括可能堵转的电动机电流等。

(4) 制动装置应一个动作就起作用。

三、面、角和边

可能造成损伤的粗糙表面、尖角及锐边，都应避免或予以覆盖。应特别注意凸缘或机架的边缘和毛刺的清除。

四、正常使用时的稳定性

1. 在正常使用时，将设备倾斜 10°，应不失衡。

2. 当倾斜到 10°时，设备如失去平衡，则应满足下述所有要求：

(1) 除运输外，在正常使用的任何位置倾斜到 5°时，设备不应失衡。

(2) 设备应有警告性标志说明宜仅在某一位置时进行搬运，且应在使用说明书中清楚说明或在设备上用图例表示。

(3) 在规定的搬运位置，当设备倾斜到 10°时不应失衡。

用下列试验来检验是否符合要求，试验时设备不应失衡。

(1) 设备接好所有规定的连接线(电源软电线和互连线)。将可能拆卸的部件和附件按最不利的情况组合。具有设备电源输入插口的设备，接好规定的可拆卸电源软电线。连接线应放在最不利于稳定的倾斜面。

(2) 如果没有规定提高稳定性的运输位置，将设备以正常使用的任何可能位置放在与水平面成 10°倾斜的面上。若设备装有脚轮，应把它们暂时固定在最不利的位置上。应把门和抽屉及其类似物放在最不利的位置上。

(3) 如果规定了并在设备上标志了提高稳定性的专用运输位置，则在进行上述试验时，仅将设备以规定的运输位置放在与水平面成 10°倾斜的面上。此外，该设备还应如本条所述，以正常使用的任何可能位置进行试验，但倾斜角应限制到 5°。

(4) 带有液体容器的设备，在容器装满或装一部分或不装液体中最不利的状态下试验。

3. 把手或其他提拎装置的要求如下：

(1) 质量超过 20 kg 且正常使用时要搬动的设备或设备部件，应备有合适的提拎装置(如把手、起重环等)，或在随机文件中应指明设备可安全起吊的位置或安装时宜如何搬运。搬运方法清楚且不会产生安全方面危险时，不要求专门的解释和说明。通过称重(如必要)及检查设备和(或)随机文件来检查是否符合要求。

(2) 质量超过 20 kg，且被制造商规定为可携带式设备，应有合理布置的携带用把手，以便设备可能由两人或更多的人携带。通过称重(如必要)和携带来检验是否符合要求。

五、飞溅物

如果飞溅物能引起安全方面危险，应采取防护措施。通过检查有无防护措施来检验是否符合要求。

屏幕最大尺寸大于16 cm的显像管，对内爆和机械冲击的影响应是固有安全的，或设备外壳应对管子内爆影响提供足够的防护。非固有安全的显像管，应备有不用工具不能拆除的有效防护屏；若采用分离的玻璃屏，则其不应与显像管表面直接接触。除非提供有检验合格证，否则应按GB 8898中有关规定进行检验。

六、悬挂物

若有悬挂质量(包括患者)的设备部件，悬挂装置的机械故障应考虑安全方面危险的防护。

1. 有安全装置的悬挂系统。

(1) 当悬挂的牢固性取决于例如弹簧的部件，由于其制造过程可能有隐性缺陷，或有的部件的安全系数不符合要求，应备有安全装置。

(2) 在悬挂装置失效和安全装置(例如备用缆绳)启用后，设备仍能使用时，应向操作者显示安全装置已被启用。

2. 无安全装置的金属悬挂系统。

如果不提供安全装置，则悬挂系统的结构应符合下列要求：

(1) 总载荷应不超过安全工作载荷。

(2) 当磨损、腐蚀、材料疲劳和老化不可能损害支承的性能时，所有支承件的安全系数应不低于4。

(3) 当预计到磨损、腐蚀、材料疲劳和老化可能损害支承的性能时，有关的支承部件安全系数应不低于8。

(4) 当使用断裂延伸率低于5%的金属作支承零件时，则上述②和③中所述的安全系数应乘以1.5。

(5) 滑轮、链轮、皮带轮和导向装置，应设计和制造成使悬挂系统能保持本条规定的安全系数。并在规定更换绳索，链条和皮带的最短寿命期内维持不变。

第五篇　对不需要的或过量的辐射危险的防护

来自在医疗监督下以诊断、治疗为目的用于患者的医用电气设备的辐射，可能超过人类通常可接受的限值。应对患者、操作者、其他人员以及设备附近的灵敏装置采用足够的防护装置，以使他们免受来自设备的不需要的或过量的辐射。对供诊断或治疗用的设备所产生辐射的限值，由专用标准规定。对 X 射线辐射分为两种情况：

1. 对诊断用 X 射线设备，见并列标准 GB 9706.12；

2. 对放射治疗设备，无通用要求，见相关的专用要求。

如果所产生的 X 射线不打算用于诊断和(或)治疗目的的设备，由激励电压超过 5 kV 的真空管所发出的电离辐射，在距离设备任何可触及表面 5 cm 的地方，每小时不应超过 130×10^{-9} C/kg(0.5 mR)。

用适合于所发射的辐射能量的辐射检测器来测量辐射量和辐射率，以检验是否符合要求。为了得到窄射束在一个适当面积上的辐射量平均值，检测器应有一个约 10 cm 的入射窗。装在设备内部和外部的为改变高电压源电压值的控制器和调节器，置于发射 X 射线为最大值处。会造成最不利状况的元器件的单个故障，要依次模拟。有关元器件故障的详细要求，可由专用标准规定。对 α、β、γ 中子辐射和其他粒子辐射、微波辐射、光辐射(包括激光)、红外线辐射、紫外线辐射、声能(包括超声)无通用要求。关于电磁兼容性有相应的 YY 0505－2005 规定。

第六篇　对易燃麻醉混合气点燃危险的防护

一、位置和基本要求

1. 与空气混合的易燃麻醉气

由于易燃麻醉剂与氧或氧化亚氮混合气从外壳泄漏或释放，产生了与空气混合的易燃麻醉气，被认为是扩散到距泄漏点或释放点 5～25 cm 围绕该点容积内。

2. 与氧或氧化亚氮混合的易燃麻醉气

与氧或氧化亚氮混合的易燃麻醉气，可能存在于全部或部分封闭的设备部件中以及患者的呼吸道内。这种混合气被认为扩散到距封闭部件的泄漏点或释放点 5 cm 的范围内。

二、标志、随机文件

必须在 APG、AP 型设备的显著位置上，以至少 2 cm 宽、上面印有绿色色带作标志，字样必须经久不掉、清晰易认。该标记的尺寸应尽可能大。如果无法作这种标记，应在使用说明书中给出有关信息。在仅能与有标记的设备一起使用的可拆卸部件上，不必重复标记。随机文件应包括对使用者的指示，使他们能区别 AP 型设备的部件和 APG 型设备的部件。

三、AP 型和 APG 型设备的共同要求

1. 电气连接

(1) 电源软电线连接点之间的爬电距离和电气间隙，必须是按标准提供的辅助绝缘之值。

(2) 连接点必须能防止在正常使用时的意外脱开，或必须设计成只有用工具才能进行连接和(或)脱开。

(3) AP 型和 APG 型设备一般不得配备可拆卸的电源软电线。

2. 结构说明

(1) 防止气体或蒸汽进入设备或其部件用的外壳，必须只能用工具才能打开。

(2) 为防止外物侵入外壳而可能引起的燃弧和火花。

(3) 当电线的基本绝缘可接触到内有与氧或氧化亚氮混合物的易燃麻醉气或单纯的易燃气体或氧气的部件时，这些导线间的短路或一根导线与内有气体或混合气的导电容器间的短路，都不得降低该部件的完好性或引起不能容许的温度，或使该部件发生安全方面的危险。

通过检查来检验是否符合要求。如有疑虑，必须作短路试验(无爆炸性气体)，如有可能必须测量有关部件上的温度。如果开路电压与短路电流的乘积不超过 10，则不必作短路试验。

3. 静电预防

(1) 在 AP 型和 APG 型设备上，应采用适当措施的组合来预防静电，例如：

① 采用规定的有限电阻值的抗静电材料。

② 提供从设备或设备部件至导电地板，或至保护接地系统，或至电位均衡系统、或通过轮子至医用房间的抗静电地板的电气导电通路。

(2) 麻醉管道、褥子、垫子、脚轮轮胎及其他抗静电材料的电阻限值应符合 ISO 2882 的要求：通过按 GB/T 2941《橡胶试样环境调节和试验的标准温度、湿度及时间》、GB 2439《导电和抗静电橡胶电阻率(系数)的测定方法》和 GB 11210《硫化橡胶抗静电和导电制品电阻的测定》的测量来检验是否符合 ISO 2882 中给出的容许电阻限值。运行在交流 2 000 V 以上或直流 2 400 V 以上的设备部件或元器件，外壳的内部应设计成不会发生电晕。

四、对 AP 型设备及其部件和元件的要求和试验

在正常使用和正常状态下，设备、设备部件或元件不会点燃与空气混合的易燃麻醉气。设备、设备部件或元件符合 GB 3836.5《爆炸性环境用防爆电气设备：正

压型电气设备“p”》、或 GB 3836.7《爆炸性环设备用防爆电气设备:充砂型电气设备“q”》、或 GB 3836.6《爆炸性环设备用防爆电气设备:充油型电气设备“o”》或本标准,认为符合 AP 型设备的要求。

1. 对 AP 型设备温度极限要求

不会产生火花的设备、设备部件或元器件,在环境温度为 25℃时,测量其在正常使用和正常状态下与混合气接触的表面的工作温度。若在垂直空气对流受限制时工作温度不超过 150℃,在垂直空气对流不受限制时工作温度不超过 200℃,则该设备、设备部件或元器件就被认为符合要求。

2. 对 AP 型设备低能量电路要求

在正常使用和正常状态下可能产生火花的设备、设备部件或元器件(例如开关、继电器、不用工具就能拆掉的插头连线、包括设备内部未充分锁紧或固定的连接及有电刷的电动机),应符合规定温度要求。

3. 内部过压且向外通风

装在以内部过压且向外通风的外壳的设备、设备部件或元器件,应符合以下要求:

(1) 在接通设备或设备部件以前,应采用通风装置将可能已进入设备或设备部件外壳的与空气混合的易燃麻醉气排除,而后应充入不包含易燃气或蒸发气的空气,或用生理上可接受的惰性气体(例如氮气),以保持设备或设备内部过压,来防止易燃气或蒸发气的空气在工作期间进入设备或设备部件的外壳内。

(2) 在正常状态,外壳内的过压应至少为 0.75 hPa。即便空气或惰性气体可能通过设备或设备部件正常工作所必需的外壳上的孔逸出,在有潜在点燃可能的位置应保持过压。只有在所要求的最小过压已保持一段时间,足以使有关外壳通风,使得替换的空气或惰性气体的体积至少为外壳体积的 5 倍后,方能使设备通电(然而,如果过压是连续地保持时,则设备可随时或重复通电)。

(3) 如果在工作过程中,过压降到 0.5 hPa 以下,应采用一装置自动切断点燃源。

(4) 测量保持内过压的外壳外表面温度,在环境温度为 25℃、正常状态和正常工作时,测得的工作温度不应超过 150℃。通过对温度、压力和流量的测量和对压力监视装置的检查来检验。

4. 限制通气的外壳

装在限制通气的外壳内的设备、设备部件或元器件,应符合以下要求:

(1) 限制通气的外壳,应设计成当外壳周围存在着高浓度的与空气混合的易燃麻醉气,而外壳内外无压差时,至少在 30 min 内不会在外壳内形成与空气混合的易燃麻醉气。

(2)如果用密封垫和(或)密封物得到了所要求的密封性，则所用材料应能抗老化。

按 GB 2423.2 在温度为(70±2)℃下，持续试验 96 h，来检验是否符合要求。

(3) 若外壳上有软电线的进线口，当电线受到弯曲或拉伸应力时，进线口应仍能保持气密性。电线应配用适当的零件固定以限制这些应力。

用下列试验来检验是否符合以上 3 条的要求：

在完成(2)的试验后，如合适，形成 4 hPa 的内过压，对每一软电线按附表 5 所给值交替地沿进线口轴向和最不利的垂直方向共拉动 30 次，每次不要猛拉，持续 1 s。在试验结束时，内过压不应降到 2 hPa 以下。当设备部件或元器件的外壳是密封的或是气密性的，对外壳符合上述要求无疑问时，只用检查来试验外壳。在环境温度为 25℃时，测得外壳外表面的工作温度，不应超过 150℃。还应测量外壳稳态工作温度。

附表 5　电线进线口处气密性

设备质量(kg)	拉力(N)
$m \leqslant 1$	30
$1 < m \leqslant 4$	60
$m > 4$	100

五、对 APG 型设备及其部件和元器件的要求和试验

设备、设备部件或元器件应不会点燃与氧或氧化亚氮混合的易燃麻醉气。不论是在正常使用时还是在任何可适用的单一故障状态时，本要求均适用。对不符合以下温度和低能量电路要求的设备、设备部件或元器件，要在达到热稳定状态后(但通电之后时间不长于 3 h)，在乙醚与氧混合气(乙醚容积百分比为 12.2%±0.4%)中进行 10 min 以上的连续运行试验。

1. 电源

工作在与氧或氧化亚氮混合的易燃麻醉气中的 APG 型设备部件或元器件，应由至少用基本绝缘与大地隔离，并由用双重绝缘或加强绝缘与带电部分隔离的电源供电。通过对电路图的检查和测量来检验是否符合要求。

2. 温度和低能量电路

在正常使用、正常状态和单一故障状态下，设备、设备部件或元器件只要符合下述条件，不应进行所规定的上述试验，即可被认为符合上述要求：

(1) 不会产生火花，并且温度不超过 90℃。

(2) 不超过 90℃的温度极限，设备或设备部件中的元器件，在正常使用、正常状态和适用的单一故障状态下可能产生火花。

3. 加热元件

对与氧或氧化亚氮混合的易燃麻醉气加热用的设备、设备部件和元件，应配备非自动复位热断路器，作为防止过热的附加保护。加热元件的载流部分，不应直接接触到与氧或氧化亚氮混合的易燃麻醉气。

通过检查来检验是否符合要求。

4. 潮化器

见 ISO 8185。

第七篇 对超温和其他安全方面危险的防护

一、对超温的防护

(1) 标准中规定：在正常使用和正常状态下，并在规定的环境温度范围内，具有安全功能的设备部件及其周围的温度不应超过附表 6 给定值。

附表 6 容许的最高温度①

部 件	最高温度(℃)
绕组及与绕组接触的铁芯，如绕组的绝缘材料是：	
——A 级材料②、③	105
——B 级材料②、③	130
——E 级材料②、③	120
——F 级材料②、③	155
——H 级材料②、③	180
具有 T 标记④、⑤的开关和恒温器附近的空气	T
具有 T 标记④、⑥的内外线布线和软电线的天然橡胶或聚氯乙烯绝缘	T
具有最高工作温度标记(t_c)的电动机用电容	t_c-10
与闪点为 t(℃)的油相接触的部件	$t-25$
电池(内部电源)	70
不用工具即可触及的部件，除电热器及其防护罩、灯和在正常使用的由操作者握持的手柄外	85

(续附表 6)

部　　件	最高温度(℃)
在正常使用时,操作者持续接触的所有设备的控制杆、旋钮、手柄等类物件的可触及表面:	
——金属材料	55
——瓷质或玻璃材料	65
——模制材料、橡胶或木材	75
在正常使用时,仅由操作者短时接触的控制杆、旋钮、手柄和类似物件(如开关)的可触及表面:	
——金属材料	60
——瓷质和玻璃材料	70
——模制材料、橡胶或木材	85
在正常使用中,可能与患者短时接触的设备部件	50

(2) 当设备在正常使用和在 25℃环境温度的正常状态下运行时,设备部件及其周围的温度不应超过附表 7 给定值。

附表 7　容许的最高温度①

部　　件	最高温度(℃)
设备电源输入插口的插脚:	
——对热环境⑧	155
——对其他环境	65
连接外部导线的所有接线端子	85
无 T 标记的开关和恒温器周围的空气④	55
内外布线和软电线的天然橡胶或聚氯乙烯绝缘:	
——如导线被弯曲或很可能被弯曲	60
——如导线未弯曲或不大可能被弯曲	75
部件用的天然橡胶,其磨损或老化对安全有影响:	
——当用作辅助绝缘或加强绝缘时	60
——用于其他情况	75
用作辅助绝缘的软电线护套	60
不作导线或绕组绝缘的电气绝缘材料:	
——浸渍过的或浸过漆的织物、纸或压制板	95
——层压板:	
·用密胺甲醛树脂、苯酚甲醛树脂或苯酚糠醛树脂黏合的	110
·用脲醛树脂黏合的	90
——模制件:	

(续附表 7)

部　　件	最高温度(℃)
·带纤维素充填料的苯酚甲醛	110
·带矿物充填料的苯酚甲醛	125
·密胺甲醛	100
·脲醛	90
——热塑性材料[10]	
——玻璃纤维增强聚酯	135
——硅橡胶及其烃似物[11]	
——聚四氟乙烯	290
——纯云母和烧结致密的陶瓷材料用作辅助绝缘或加强绝缘时	425
——其他材料[13]	
用作隔热及与热金属接触的材料：	
——层压板：	
·用密胺甲醛树脂、苯酚甲醛树脂或苯酚糠醛树脂黏合的	200
·用脲醛树脂黏合的	175
——模制件：	
·带纤维素充填料的苯酚甲醛	200
·带矿物充填料的苯酚甲醛	225
·密胺甲醛	175
·脲醛	175
——其他材料[13]	
一般木材[12]	90
无 t_c 标记的电解电容器	65
无 t_c 标记的其他电容器	90
试验中所叙述的试验角的支架、墙壁、天花板和地板	90

注：附表 6 和附表 7 的说明：

① 放在绝缘油里的并不与空气或氧气接触的绝缘材料，有较高的最高容许温度是公认的。

② 分类按 GB 11021 进行。

A 级材料举例：

——浸渍过的棉纱、丝绸、人造丝和纸；油树脂或聚酰胺树脂基磁漆。

B 级材料举例：

——玻璃纤维、密胺树脂和苯酚甲醛树脂。

E 级材料举例：

——带纤维素充填料的模制件，用密胺甲醛树脂、苯酚甲醛树脂，或苯酚糠醛树脂作黏合剂的棉织：

层压板和纸层压板：

——交键聚酯、三乙酸纤维素薄膜、聚乙烯对钛酸盐薄膜；

——以油改性醇酸树脂漆黏合的涂聚乙烯对钛酸盐的织物；

——聚乙烯醇缩甲醛磁漆、聚氨苯甲酸酯磁漆或环氧树脂磁漆。

F级材料举例：

——玻璃纤维；

——涂漆玻璃、玻璃纤维织物、组合云母(有或无支承材料)，这些材料是浸渍过的，或用醇酸环氧树脂、交键聚酯或具有高度热稳定性的聚氨基甲酸酯，或用硅醇酸树脂黏合。

H级材料举例：

——玻璃纤维；

——浸渍过的或用适当的硅树脂或硅弹性体黏合的涂漆玻璃纤维；

——组合云母(有或无支承材料)、玻璃纤维层压板，这些材料是浸渍过的或用适当的硅树脂黏合的。

③ 电动机须有绝缘等级标志或制造商的证明。全封闭式的A、B、E、F和H级绝缘的电动机的最高温度值可比规定值高5℃。

④ T表示最高工作温度。

⑤ 如果设备制造商要求将带有T标记和最高温度限值的开关和恒温器视为无T标记的。在此情况下，表9-7适用。

⑥ 仅当这些导线是国家标准中规定的耐高温导线和软电线时，此极限值才适用。

⑦ 内部电源的工作温度不应达到会引起安全方面危险的值，该值应与内部电源制造商商定。

⑧ 正在考虑是否可能降低设备电源输入插口中的插脚在热环境时的最高温度限值，参见GB 17465.1。

⑨ 可移动式设备或手持式设备的接线端子除外。

⑩ 对热塑性材料没有规定专门限值，然而，这些材料必须符合耐热、防火或抗漏电起痕的要求，为此目的必须测定最高温度。

⑪ 由材料供应者规定。

⑫ 该限值涉及木材的劣化而未涉及表面光洁度的劣化。

⑬ 可能使用不是由表9-6和表9-7所给出的电绝缘或热绝缘材料，只要制造商证明这些材料适用于预定的用途即可。

(3) 在标准中另外规定：不向患者提供热量的设备的应用部分，其表面温度不应超过41℃。

对于该类设备通过运行设备和测量温度来检验是否符合要求，具体如下：

1. 定位和散热

(1) 将电热设备放在试验角里。试验角由两块相互垂直的板壁和一块地板组成，必要时再加块天花板。全部采用厚20 mm的无光黑色胶合板。试验角的直线尺寸至少应为受试设备相应直线尺寸的115%。受试设备按下述规定放在试验角内：

① 如制造商对设备使用无特殊规定，则通常放在地板上或桌子上的设备，要尽可能地靠近板壁。

② 如制造商对设备安装无特殊规定，则通常固定在墙上的设备，要像在正常使用时那样安装在一面板壁上，并尽可能靠近另一面板壁和地板或天花板。

③ 如制造商对设备安装无特殊规定，则通常固定在天花板上的设备，要像在正常使用时那样固定在尽量靠近板壁的天花板上。

④ 其他设备应按正常使用的位置进行试验。

· 手持式设备按通常位置静止地悬吊在空中。

· 打算安装在箱柜内或墙内的设备，按安装说明书的要求装入，用 10 mm 厚无光黑色胶合板模拟箱柜的板壁（若安装说明书如此规定），用 20 mm 厚无光黑色胶合板模拟建筑物的墙壁。

（2）一般说，受试设备在通常的环境温度下运行，该温度值是测量过的。若试验期间环境温度有变化，应记录。

2. 供电

（1）有电热元件的设备按正常使用运行，所有电热元件除开关连锁阻断外均通以电流，供电电压等于最高额定电压的 110%。

（2）由电动机驱动的设备，在正常负载和正常负载持续率下运行，使用从最低额定电压的 90%到最高额定电压的 110%之间最不利的电压。

（3）由电动机驱动并和电热元件组合的设备及其他设备应在最高额定电压的 110%和最低额定电压的 90%两种电压下进行试验。

3. 持续率

设备被运行于：

（1）短时运行设备，运行于其额定运行时间。

（2）间歇运行设备，其"通"、"断"的周期按额定的"通"、"断"周期连续运行，直至达到热平衡状态。

（3）连续运行设备：

① 一直工作到按下述温度测量试验所测得的每小时温度增长不大于 2℃时为止；

② 连续工作达 2.5 h，取两者中时间较短者。

4. 温度测量

除非绕组是不均匀的，或为测量电阻需要进行十分复杂的接线，用电阻法测定绕组温度。在此情况下，所用测量仪器的选用和位置的放置，均不应对受试部件温度有不可忽略的影响。用来测量试验角的板壁、天花板和地板表面温度的装置，应被嵌在被测表面或附在直径为 15 mm、厚为 1 mm 涂成黑色的铜或黄铜小圆板的背面，此背面和被测表面要紧贴。设备尽可能安放得使可能达到最高温度的部件接触小圆板。铜绕组温升值按下式计算：

$$\Delta t=\frac{R_1-R_2}{R_1}(234.5+t_1)-(t_2-t_1)$$

式中　Δt——温升（℃）；

R_1——试验开始时绕组的电阻值(Ω);

R_2——试验结束时绕组的电阻值(Ω);

t_1——试验开始时室温(℃);

t_2——试验结束时室温(℃)。

试验开始时,绕组处于室温。建议在断开电源后尽快地测量试验刚结束时绕组的电阻值,然后每间隔一段时间再测,这样就能绘出电阻值与时间关系曲线,以确定切断电源瞬时的电阻值。除绕组绝缘外的电气绝缘的温度,一旦电气绝缘发生故障会引起短路、带电部分与可触及金属部分接触、绝缘短接、爬电距离或电气间隙降低到规定值以下,则要在该电气绝缘的表面上测定。多芯电线芯的分离点处和在绝缘线进入灯座处,都是可测量温度的地方。

5. 试验准则

在试验过程中,热断路器应处于工作状态且不应动作。试验结束测定表 9-6 所列各部件最高温度时,要考虑到试验环境的环境温度、受试件的温度及所规定的环境温度范围。表 9-7 所列设备各部件在试验时所测得的温度值,如有必要,应修正为工作在环境温度为 25℃时相对应的温度值。

二、防火

强度和刚度:设备在使用过程中可能由于滥用造成部分或全部损坏而引起失火危险,因此设备应有足以防止失火危险的强度和刚度。通过对外壳机械强度的试验来检验是否符合要求。

三、溢流、液体泼洒、泄漏、受潮、进液、清洗、消毒、灭菌和相容性

1. 概述

设备的结构应确保对由于溢流、液体泼洒、泄漏、受潮、进液、清洗、消毒和灭菌而造成安全方面危险有足够的防护能力。

2. 溢流

设备的水槽或贮液器可能被装得太满或在正常工作中有溢流,则从水槽或贮液器中溢流出的液体不应弄湿易受其危害的电气安全绝缘,也不应引起安全方面危险。除非有标记或使用说明书的限制,否则当可移动式设备倾斜 15°时,应不会产生安全方面危险。通过将贮液器全部装满,接着再在 1 min 内将容量为贮液器容量 15%的液体匀速加入的试验,来检验是否符合要求。随后要把可移动式设备从正常使用的位置向着最不利的一个或几个方向倾斜 15°(必要时可再将贮液器装满)。这些程序之后,设备中无绝缘的带电部分或可能引起安全方面危险的电气绝缘部分,不应有任何受潮痕迹。若对绝缘有疑问,应进行电介质强度试验。

3. 液体泼洒

正常使用中要用液体的设备，应制造成液体泼洒时不会弄潮可能会引起安全方面危险的部件。用下列试验来检验是否符合要求。

设备置于规定的位置。将 200 ml 水从不高于设备顶部表面 5 cm 处，在大约 15 s 时间内，匀速地倒在设备顶部表面的任意一点。试验后，在正常状态下设备应符合本标准的所有要求。

4. 泄漏

设备应制造成在单一故障状态下泄漏的液体不会引起安全方面危险。封闭的可再充电的电池免除这一要求，因为它们泄漏时仅漏出少量液体。

用下列试验来检验是否符合要求：

用滴管把水滴到管接头、密封口以及可能破裂的软管上，运动的部件可处于运动状态或静止状态中最不利的状态。这些程序之后，设备应符合本标准在单一故障状态下所有的要求。

5. 受潮

在正常使用时易受潮湿影响的设备包括任何可拆卸的部件，都应对潮湿有充分防护。

通过预处理和试验来检验是否符合要求。

6. 进液

设计成给定防护程度以防止有害进水的外壳，应提供按 GB 4208 分类的防护。通过 GB 4208 的试验来检验是否符合要求：

设备应能承受规定的电介质强度试验。检查应证明可能进入设备的水没有有害影响，特别是在规定的爬电距离的绝缘上没有水迹。

7. 清洗、消毒和灭菌

正常使用时与患者接触的部件、设备或设备部件，包括应用部分和患者呼气部件，应能承受在正常使用时可能遇到的或由制造商在使用说明书中规定的清洗、消毒和灭菌，而又不损坏或影响其安全防护性能。如果使用说明书对整个设备或其某些部件规定了特殊的清洗、消毒或灭菌方法，则只应使用这些方法。

按照规定的方法对设备或设备部件进行 20 次消毒或灭菌来检验是否符合要求。若没有规定的消毒或灭菌方法，则用温度为(134±4)℃的饱和蒸汽作 20 次试验，每次持续 20 min(间隔时间以设备冷却到室温为准)。不应出现可觉察的变质迹象。处理完毕充分冷却和干燥之后，设备或其部件应经得起所规定的电介质强度试验。

四、压力容器和受压部件

若压力容器的压力容积值大于 200 kPa·L，且压力大于 50 kPa，就应承受水压试验压力。

用下列试验来检验是否符合要求：

试验压力应是最大容许工作压力乘以从附图 3 得到的一个系数。将压力逐渐增至规定的试验值，并保持此值达 1 min。试样应不破裂、不永久(塑性)变形，也不泄漏。试验时密封垫圈处，除非在压力低于所要求试验值的 40%或低于最大容许工作压力时两者中较大值发生泄漏，否则不作为故障。装有毒、易燃或其他危险物质的压力容器，不允许泄漏。当提供的管道布置和配件(如钢制的和铜制的)是按国家标准制造的，可认为它们有足够的强度。未标记的压力容器和管道不能作水压试验时，应采用其他合适的试验，例如与水压试验中试验压力相同的合适气体的气压试验来检验其完整性。

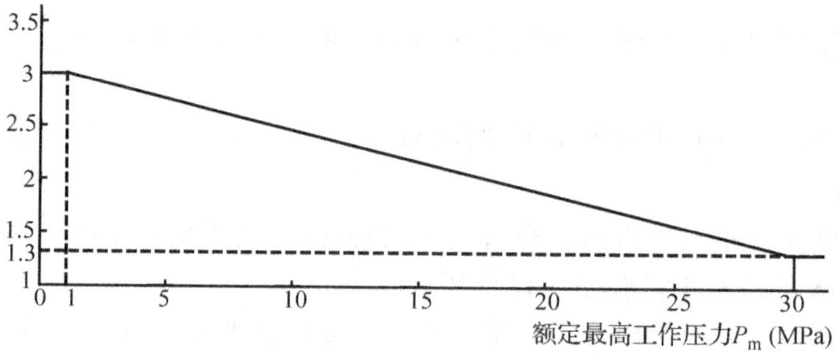

附图 3　水压试验压力与最高容许工作压力的比例关系

部件在正常状态和单一故障状态下所能承受的最大压力，应不超过其最大容许工作压力。可能产生过压的设备应配有压力释放装置，通过检查和功能试验来检验是否符合要求。负责限制容器压力的控制装置，应在额定载荷下完成 100 000 次工作循环，并应防止在正常使用的任何状态下压力超过压力释放装置设定值的 90%。

五、电源供电的中断

如果由于自动复位会造成安全方面危险，则不应使用自动复位热断路器和过电流释放器，通过功能试验来检验是否符合要求。设备应设计成当电源供电中断后又恢复时，除预定功能中断外，不会发生安全方面危险，通过中断并恢复有关电源来检验是否符合要求。应有当电源中断时消除患者身上的机械束缚的措施。

第八篇 工作数据的准确性和危险输出的防止

在 GB 9706.1 标准中对工作数据的准确性，控制器件和仪表的标记控制器件和仪表的准确度无通用要求，对危险输出的防止主要有：有意地超过安全极限，有关安全参数的指示元件的可靠性；意外地选成过量的输出有要求。

对意外地选成过量的输出标准中规定一台多功能设备，设计成能按不同治疗要求提供低强度或高强度的输出时，应采用适当措施以减少选高强度输出的可能性，例如为慎重操作而设的联锁、分开的输出端子，通过检查来检验是否符合要求。

第九篇 不正常的运行和故障状态

设备应设计制造成甚至在单一故障状态时也不存在安全方面危险，对于包含可编程电子系统的设备的安全，采用并列标准 IEC 60601 - 1 - 4 中的规则进行检查。

一、故障状态应考虑的安全方面危险

(1) 喷出火焰、熔化金属、达到危险量的有毒或可燃物质；

(2) 外壳变形到有碍于符合本标准的程度；

(3) 试验时，温度超过附表 8 给出的最大值，这些温度适用于 25℃ 的环境温度。

附表 8 故障状态下的最高温度

部　分	最高温度(℃)
试验角的板壁、墙和天花板①	175
供电电线①	175
非热塑性材料的辅助绝缘和加强绝缘	相应物质允许的最高温度的 1.5 倍减去 12.5℃

注：①无电热器的电动机驱动的设备，不进行这些温度的测量。

温度应按相应的规定测量。网电源部分和外壳之间的绝缘冷却至室温左右时，应承受相关的电介质强度试验。对热塑性材料的辅助绝缘和加强绝缘，在进行规定的球压试验时，其试验温度比这些试验已测得的温度值高 25℃。

正常使用时浸入或充满导电液的设备，在电介质强度试验前，其试样浸入或充满导电液或水达 24 h。应对热断路器和过电流释放器进行检查，以确定它们的设定无明显改变(由于受热、振动或其他原因)而影响其安全功能。

二、规定要求和试验的单一故障状态

在每次只引入一个故障时，由本标准规定的电气间隙和爬电距离若小于规定值时，应同时或相继地短接起来，以造成最不利结果的组合。

设备的电源变压器过载，选择恒温器被短路或断开中较不利的情况。单独短接双重绝缘的每一组成部分。中断保护接地导线按相应规定试验。

对于下列条件在标准中有规定：

1. 对于散热条件变差

不按使用说明书所述，而是模拟实际使用中可能出现的散热条件变差的情况，例如：

① 唯一的通风风扇持续受阻；

② 顶盖和侧板上孔洞的通风，因下述原因而减弱；外壳顶上的孔被盖住，或设备贴墙放置；

③ 模拟过滤器受堵；

④ 冷却剂流动中断。

2. 活动部件被制住

活动部件被制住是由于设备：

① 有易被卡住的可触及运动部件，或

② 可能在无人看管情况下运行(这包括设备是自动控制或遥控的)，或

③ 有一台或几台堵转转矩小于满载转矩的电动机。

如果设备有一个以上的上述运动部件，在试验时每次只卡住一个部件。

3. 断开和短接电动机的电容器

辅助绕组回路有电容器的电动机，将转子堵住依次短接或断开电容器运行。如果电动机的电容器符合 GB/T 3667.1 中规定的要求，且不是在无人看管下(包括自动控制或遥控)使用的设备，短接电容器的试验可免做。

4. 电动机驱动设备的附加试验

在单一故障状态试验中，由电动机驱动的设备应在额定电压或额定电压范围的上限电压下，从冷态开始运行下述的时间周期：

(1) 30 s

① 手持式设备；

② 用手保持开关接通的设备；

③ 用手维持实际加载的设备；

(2) 不打算无人看管运行的其他设备为 5 min；

(3) 不是(1)或(2)所指的，若采用定时器来停止运行的设备，为定时器的最长设定时间；

(4) 对其余的设备，按达到热稳定状态所需的时间。

注：自动控制或遥控的设备，被认为是无人看管使用的设备。

温度按规定进行测量。规定试验周期结束时或熔断器、热断路器、电动机保护装置及类似装置动作时确定绕组的温度。温度应不超过附表 9 的限值。

附表 9　电动机绕组的温度极限(℃)

设备类型	绝缘等级				
	A 级	B 级	E 级	F 级	H 级
带定时器且不打算无人看管使用的设备和运行 30 s 或 5 min 的设备	200	225	215	240	260
其他设备					
——用阻抗保护的，最大值	150	175	165	190	210
——若所用保护装置在第一小时内就动作，最大值	200	225	215	240	260
——在第一小时后动作，最大值	175	200	190	215	235
——在第一小时后动作，平均值	150	175	165	190	210

5. 元件的故障

一次模拟一个会引起在标准中所述安全方面危险的元件故障。这一要求和有关的试验不应用于双重绝缘或加强绝缘的故障。连接在网电源相反极性部分之间的符合 GB/T 14472 要求的电容(X_1 和 X_2)，不需模拟这些电容的故障。

6. 过载

(1) 有电热元件的设备分为下列几种情况分别试验来检验是否符合要求：

① 用恒温器控制的有电热元件且打算按照装入式运行或无人看管运行的设备，或有未用熔断器保护的电容器或类似器件并联在恒温器触点两端的设备；

② 有短时工作的电热元件的设备；

③ 其他有电热元件的设备。

如果对同一台设备有一个以上适用的试验时，这些试验应连贯地进行。如果在任何一个试验中，一个非自动复位热断路器动作，一个电热元件或一个有意做得脆弱的部件断裂或其他原因而使电流中断，且在达到热稳定状态前不能自动恢复时，加热周期被终止。然而，如果因电热元件或有意做得脆弱的部件断裂而使电流中断时，应在第二个试样上重新试验。第二试样的电热元件或有意做得脆弱的部件断开时，对元部件本身不会引起不符合标准要求的故障。两个试样都应符合规定的条件。

(2) 有电动机的设备用下列试验来检验是否符合要求：

① 设备的电动机部分，相关电机适用的试验；

② 有电动机又有电热元件的设备，应在规定电压下，让电动机部分和电热元件部分同时运行所产生的最不利条件下进行试验。

③ 如果对同一台设备有一个以上适用的试验时，这些试验应连续进行。

(3) 有电热元件的设备按规定的条件试验，但不充分散热，供电电压取为额定供电电压的 90%或 110%中较不利的值。如果一非自动复位热断路器动作，或在达到热稳定状态前电流中断而不能自动恢复时，运行周期被中止。如果电流不会中断，当达到热稳定状态时应立即切断设备电源，并应允许冷却到接近室温。短时工作的设备，试验的时间应等于其额定的运行时间。

(4) 设备的电热部件按下列所有条件试验：

① 按对超温和其他安全方面危险的防护规定；

② 设备在正常状态下；

③ 供电电压为额定供电电压的 110%；

④ 除热断路器外，让第七篇中要求限制温度用的任何控制器不起作用。

⑤ 如设备有一个以上的控制器，轮流地使它们不起作用。

(5) 检验电动机的过载保护，当电动机是：

① 打算遥控或自动控制时；

② 当无人看管时易于连续运行的。

在额定电压或额定电压范围上限电压下，让设备在正常载荷状态运行直到热稳态。然后增大载荷使电流按相应步骤增加，电压仍维持起始值。当达到热稳态时，再增大载荷，以适当的步骤逐渐地增大载荷，直到过载保护装置动作，或直到温度不再进一步增加时。电动机绕组温度在每一稳态时测定，所记录的最大值不应超过附表 10 的温度极限。

附表 10　电动机绕组在每一稳态时的温度极限

绝缘等级	A	B	E	F	H
最大温度(℃)	140	165	155	180	200

如果设备的载荷不能按相应的步骤变化，为了进行试验，将电动机从设备上拆下进行试验。

(6) 短时运行或间歇运行的设备，除了：

① 手持式设备；

② 用手保持开关接通的设备；

③ 用手维持实际加载的设备；

④ 带定时器和备用系统的设备。

在额定电压或额定电压范围上限电压下，让设备带正常载荷运行，直到热稳态或保护装置动作在热稳态下或保护装置即将动作前，测定电动机绕阻温度，不应超过规定的温度值。若在正常使用时设备的减载装置动作，让设备空转继续试验。

(7) 有三相电动机的设备带正常载荷运行，接至三相供电网并断开一相，运行的周期按相关规定。

第十篇 结构要求

结构要求中规定了有关设备安全的电气和机械结构的细节。目的是规定出一些要求，以便制造商在设计和制造设备时，有尽可能广泛的选择。

对按功能排列、维修方便，设定值的意外改变、外壳和罩盖、材料机械强度、调节孔盖把手和其他提拎装置等无通用要求。

一、对元器件的要求

1. 对元器件的标记要求

元器件的标称值与其在设备中的使用条件不应相违。网电源部分和应用部分中的所有元器件，应有标记或另加识别，以便能弄清其标称值。标记可就标在元器件上，或者可在参考结构图、零件表及随机文件中做出标记。检查元器件的标称值，弄清这些标称值与元器件在设备中的使用条件是否相违来检验是否符合要求。

2. 对元器件电线的固定要求

导线和连接器应固定妥善和(或)绝缘良好，使意外的拆卸不会引安全方面危险。如因它们的连接点松开且绕它们的支承点活动，而可能触及引起安全方面危险的电路时，就认为它们未被妥善固定。松开的例子应被认为是单一故障状态，通过检查来检验是否符合要求。

二、对于连接的要求

1. 连接器的构造

电气、液压、气动和气体的连接端及连接器的设计和制造，应能防止可触及的连接器的不正确连接，以及不用工具装卸时所引起的安全方面危险。

(1) 连接器应符合相应的要求。

(2) 除非能证明不会引起安全方面危险,否则,患者电路导线连接用的插头,应设计成插不进同一设备上供其他用途的插座。

(3) 正常使用时,设备上供不同医用气体的连接头,不得互换。通过检查来检验是否符合要求,如有可能,将连接头互换,以证实不存在安全方面危险(漏电流超过正常状态时的值、移动、温度、辐射等)。网电源部分的连接和连接器的构造,电气、液压、气动和气体的连接端及连接器的设计和制造,应能防止可触及的连接器的不正确连接,以及不用工具装卸时所引起的安全方面危险。

2. 设备各部分之间的连接。

设备各部分之间互连用的可拆卸软电线,应有这样的连接措施,使得即使其中有一个连接装置松动或连接中断时,可触及金属部分仍不会带电。通过检查和测量来检验是否符合要求,如有必要,用标准试验指按相关标准试验。

3. 与患者连接的导线

在与患者有导电连接的导线上的任何连接器应按以下方式构造,即在患者远端的上述连接器部分的导电连接不应接地或接触可能有危险的电压。通过检查和使用以下试验中适用于上述连接器部分的导电连接的试验来检验是否符合要求:

(1) 所述部分不应触及直径不小于 100 mm 的导电平面;

(2) 对于单极点连接器,采用与标准试验指直径相同的笔直的、无铰接的试验指,在对可触及开口处施加(10±2)N 的力时,在最不利的位置上不应与所述部分有电气接触;

(3) 所述部分如果能插入网电源插座,应通过至少有 1.0 mm 的爬电距离和 1 500 V 的电介质强度的绝缘方式来防止与带有网电源电压的部件接触。

4. 电容器的连接

(1) 电容器损坏时会引起可触及部分变成带电状态时,电容器不应接在带电部分和未保护接地的可触及部分之间。

(2) 直接接在网电源部分和保护接地的可触及金属部分之间的电容器,应符合 GB/T 14472 标准的要求或等效的要求。

(3) 接至网电源部分且仅有基本绝缘的电容器外壳,不应直接固定在未保护接地的可触及金属部分上。

三、对爬电距离和电气间隙的要求

1. 数值

爬电距离和电气间隙应至少符合附表 11 所规定的值。

对一些绝缘来说符合电介质强度要求。

基准电压(U)满足试验电压的值。如果基准电压值在附表 11 所规定的两个数值之间,应采用两者中的较高值。

基准电压高于交流 1000V 或直流 1200V 时的数值,正在考虑中。

对电动机的槽绝缘,应容许爬电距离自表 9－11 的值减至 50%,在 250V 时最小值为 2mm。

在防除颤应用部分和其他部分之间,爬电距离和电气间隙应不小于 4mm。

2. 应用

对网电源部分相反极性之间的绝缘,若轮流短接其中一个爬电距离和电气间隙,不会造成安全方面危险时,则可不要求最小的爬电距离和电气间隙。

保护装置动作不应认为是安全方面危险。

任何宽度不足 1mm 的槽或空气隙的爬电距离,应只考虑其宽度。

带电部分之间所要求的电气间隙,不应用于恒温器、热断路器、过电流释放器、微动开关等的开关触点之间的空气隙,或电气间隙随触头移动而变化且其标称值已被证明这些装置的载流部件之间的空气隙是足够的。

在估算爬电距离和电气间隙时,金属外壳或罩盖里的绝缘衬垫的作用应考虑在内。

如因相对定位而使有关部件保持刚性,并通过模制件得到定位,或在设计上使间隙不可能因有关部件的变形和移动而缩小时,才可仅用电气间隙作为带电部分之间的、应用部分和未保护接地的可触及部分之间的隔离。

如果有关部件发生有限移动是正常的或是可能的话,则在计算最小间隙时应考虑这一点。

3. 爬电距离和电气间隙的测量

通过规则进行测量来检验是否符合要求。

对具有设备电源输入插口的设备,用一个合适的连接器插入进行测量。对配有电源软电线的其他设备,要接上所规定的最大截面积的电源导线进行测量,还要不接导线进行测量。

活动部件置于最不利的位置,螺母和非圆头螺钉拧紧到最不利的位置,接线端子和可触及部分之间的电气间隙和爬电距离,也是把螺钉或螺母尽可能旋松后进行测量;此时电气间隙应不低于附表 11 所示值的 50%。

附表 11 爬电距离和电气间隙

类别	直流电压(V)	15	36	75	150	300	450	600	800	900	1200	
	交流电压(V)	12	30	60	125	250	400	500	660	750	1000	
相反极性部分间等同于基本绝缘	A—f	0.4	0.5	0.7	1	1.6	2.4	3	4	4.5	6	电气间隙
		0.8	1	1.3	2	3	4	5.5	7	8	11	爬电距离
基本绝缘或辅助绝缘	A—a_1,A—b A—c,A—j B—d,B—c	0.8	1	1.2	1.6	2.5	3.5	4.5	6	6.5	9	电气间隙
		1.7	2	2.3	3	4	6	8	10.5	12	16	爬电距离
双重绝缘或加强绝缘	A—a_2, A—e,A—k B—a,B—e	1.6	2	2.4	3.2	5	7	9	12	13	18	电气间隙
		3.4	4	4.6	6	8	12	16	21	24	32	爬电距离

四、保护装置

设备不应配备靠产生的短路电流使过电流保护装置动作而切断设备与供电网连接的保护装置。通过检查来检验是否符合要求。

五、温度和过载控制装置

1. 应用

(1) 设备不应配备这种具有安全功能的热断路器,该热断路器是通过焊接后才能复位的,且焊接后可能会影响动作值的。

(2) 当需要防止工作温度超过规定的限值时,应配备热安全装置。

(3) 当恒温器的故障会形成安全方面危险时,应另外配备一个独立的非自动复位热断路器。该附加装置的动作温度应高于正常控制装置在最大设定值时所达到的温度,但不应超过预期功能所需的安全温度限值。

(4) 当热断路器动作引起设备功能消失而存在安全方面危险时,应发出音响警报。

通过检查和下列试验(如适用)来检验是否符合要求:

热安全装置可与设备分开试验。热断路器和过电流释放器的试验,应在设备按第 9 节规定的条件运行时进行。自动复位热断路器和自动复位过电流释放器应动作 200 次。

非自动复位过电流释放器应动作 10 次。试验时，可用强制冷却和间歇周期运行来防止设备的损坏。试验后，试样应没有影响继续运行的损伤。若无液体时会出现危险的过热，则配有装满液体的容器且有加热液体的电热装置的设备，应有安全装置以防止当容器内无液体时接通电热元件。让有关设备在容器空着时运行来检验是否符合要求。不应出现过热引起设备损坏而造成安全方面危险。

2. 温度设定

(1) 当恒温器配有可调的温度设定装置时，温度设定应清楚地表明。

(2) 热断路器的动作温度，应清楚地表明，通过检查来检验是否符合要求。

六、电池

1. 电池罩壳

充电或放电时可能从电池罩壳有气体逸出时，应进行通风以减少积聚和点燃的危险。

电池箱应设计得能避免电池发生引起安全方面危险的意外短路。通过检查来检验是否符合要求。

2. 连接

如果不正确的连接或更换电池可能引起安全方面危险时，设备应配备防止极性接错的装置。通过下述方法来检验是否符合要求：

(1) 确定是否有接错电池的可能性。

(2) 如果有上述可能性存在，确定接错电池的影响。

七、指示器

除非对位于正常操作位置的操作者另有显而易见的指示，否则应安装指示灯，用于：

(1) 指示设备已通电。

(2) 设备装有不发光的电热器如会产生安全方面危险时，指示电热器已工作。

主要参考文献

1 SDA 中国标准出版社第一编辑室. 医用电气设备安全标准汇编. 北京:中国标准出版社，2002

2 [美]W· 卡德尔著;张乃国译. 危险场所的电气安全与仪器防护. 北京:机械工业出版社,1998

3 《电工产品强制性安全认证用标准汇编》编委会. 电工产品强制性安全认证用标准汇编·医疗电器卷. 北京:中国标准出版社，2003

4 曹荣桂，于冬. 医院管理学(医院建筑分册). 北京:人民卫生出版社，2003

5 陈永信，韩瑞芬. 医用电子学基础(上册). 太原:山西科学教育出版社,1985

6 电气安全技术(培训教材). 成都:四川科学技术出版社,1985

7 丁玉兰. 人机工程学. 北京:北京理工大学出版社，2000

8 傅征. 医院信息系统建设与应用. 北京:人民军医出版社，2002

9 郭仲礼. 高压电工实用技术. 北京:机械工业出版社,2000

10 郭子恒. 医院管理学. 北京:人民卫生出版社，2001

11 郝和平. 医疗器械监督管理和评价. 北京:中国医药科技出版社,2000

12 胡秀枋,邹任玲,严红剑. 医用漏电流自动检测仪的研制. 计算机软件与应用，2006 (27):7

13 蒋军成,郭振龙. 安全系统工程. 北京:化学工业出版社，2004

14 金新政. 医院信息系统. 北京:科学出版社，2004

15 赖旭芝. 电工基础实用教程(机电类). 长沙:中南大学出版社，2003

16 李少林. 核医学与放射防护. 北京:人民卫生出版社，2003

17 李悦，杨海宽. 电气安全工程. 北京:化学工业出版社，2004

18 林柏泉，周延，刘贞堂. 安全系统工程. 徐州:中国矿业大学出版社，2005

19 凌智敏. 漏电开关及其应用. 北京:水利电力出版社,1991

20 卢信义. 激光眼科学. 北京:人民卫生出版社，1981

21 陆荣华. 电气安全手册. 北京:中国电力出版社，2005

22 美国劳工部职工安全与卫生管理局. 电气安全图解指南. 北京:冶金工业出版社,1988

23 欧阳文昭. 安全人机工程学. 北京:煤炭工业出版社，2002

24 钱晓阳. 医用电气系统安全的讨论. 中国医疗器械，2005(29):1

25 强永刚，张林. 医学影像辐射防护学. 广州:广东世界图书出版公司，2001

26 邵富春，赵玉荣. 现代医疗仪器原理、使用与维护. 北京:机械工业出版社，1993

27 王汉卿，刘兆启. 电子测量仪器的误差及分贝. 大连:大连理工大学出版社，1993

28 小川契以知. JIS使い方シリーズ 医用电気机器の安全性マニュアル. 日本规格协会，1989

29 谢松成,徐伟伟. 医院设备管理与技术规范. 杭州:浙江大学出版社，2004

30 徐晓森. 电工基础(中级技术理论教育用书). 北京:中国铁道出版社,1989
31 [美]约翰·G 韦伯斯特著;马立业译. 医学仪器——应用与设计. 北京:新时代出版社, 1982
32 杨岳. 电气安全. 北京:机械工业出版社,2003
33 医疗器械监督管理人员培训材料(试用本). 国家药品监督管理局医疗器械司, 2000
34 医疗器械监督管理条例及相关配套规章. 上海:上海市药品监督管理局, 2000
35 本书编写组. 医疗与医疗事故处理. 北京:中国法制出版社, 2003
36 余学飞. 医学电子仪器原理与设计. 广州:华南理工大学出版社, 2003
37 斋藤正男著;谈正卿,姜远海译. 医用电子仪器的安全性. 北京:人民卫生出版社, 1979
38 中国标准出版社第一编辑室. 医疗器械生物学评价标准实施指南. 北京:中国标准出版社, 2002
39 周松椿, 李万平. 漏电保护开关. 天津:天津科学技术出版社,1989
40 邹赛德. 医药信息技术基础. 广州:广东科技出版社, 2000
41 A B Watson,J S Wright. Electrical thresholds for ventricular fibrillation in man. Medical Journal of Australia,1973-06-16
42 A M Dolan, B M Horacek,P M Rautaharaju. Medical Instrumentation(abstract),1953-01-12,1978
43 C Frank Starmar,Robert E. Whalen. Current density and electrically induced ventricular fibrillation. Medical Instrumentation,Vol. 7,No. 1. 1973-01-02
44 Charles F Dalziel. Re-evaluation of lethal electric currents,IEEE Transactions on Industry and General Applications,Vol. l,UGA-4,No. 5,1968-09-10
45 Charles F Dalziel. Effect of frequency on perceptioncurrents. *Transactions of AIEE*, 1950: 1162、1168
46 Charles F Dalziel. The threshold of perception currents. *Transactions of AIEE*(IIIB),1954: 990、996
47 E B Rafferty,H L Green,M H Yacoub. Cardiovascular Research. Vol. 9,No. 2. 1975-03,pp: 263-265
48 H L Green;Electrical Safety Symposium Report. Department of Health and Social Security. United Kingdom,1975-10
49 INTERNATIONAL ELECTROTECHNICAL COMMISSION GENEVE, 1994, IEC 60335-1, Safety of Household and Similar Electric Appliances, Part 1: General Requirements
50 INTERNATIONAL ELECTROTECHNICAL COMMISSION GENEVE, 1994,IEC 479-1, Effects of Current on Human Beings and Livestock. Part 1: General Aspects
51 Kohn C Keesey,Frank S Letcher. Human thresholds of electric shock at power transmission frequencies;(Arch. Environ. Health),Vol. 21,1970-10
52 O Z Roy. 60 Hz Ventricular fibrillation and rhythm thresholds and the non-Pacing intracardiac cathether. Medical and Biological Engineering,1975-03